獣医学教育モデル・コア・カリキュラム準拠

獣医臨床麻酔学

日本獣医麻酔外科学会 編

山下和人 著

獣医学共通テキスト編集委員会認定

学窓社

序　文

　全国大学獣医学関係代表者会議は，平成23年3月に獣医学教育モデル・コア・カリキュラムを策定し，全国の獣医系大学すべてにおいてこの獣医学教育モデル・コア・カリキュラムに沿った獣医学教育が実施されることになった。獣医学教育モデル・コア・カリキュラムでは，選定された51の授業科目の中に「麻酔学」が取り上げられた。本書は，「獣医学教育モデル・コア・カリキュラム平成24年度版」に示された講義科目4－15麻酔学モデル・コア・カリキュラムに準拠して作成した教科書である。

　麻酔学モデル・コア・カリキュラムの全体目標は，「麻酔・疼痛管理および心肺蘇生・集中治療の基礎理論とそれぞれに用いられる薬と技法に関する基礎知識とその応用法について，動物種差を含めて学習する」となっている。獣医麻酔学は，これまで外科学の一部として教育されてきたが，麻酔学は生理学と薬理学を基本としており，麻酔管理の理論や技術はそのまま呼吸循環器疾患の治療に応用できる。すなわち，麻酔学は，基礎獣医学教育分野と臨床獣医学教育分野の橋渡しとなる科目であり，外科学の一部として上級学年で教育するより，生理学や薬理学のすぐあとに教育する方が教育効果は高いと考えられる。事実，麻酔学モデル・コア・カリキュラムの到達目標は，獣医学生が4～5年次に受験する獣医学共用試験の出題範囲となっている。

　現在の獣医麻酔の目的は，単に動物を麻酔して覚醒させることだけではなく，麻酔や外科的処置によって生じる生理的および心理的な有害作用を持続させることなく麻酔から回復させることである。この目的を達成するために，動物の麻酔と疼痛管理に関する多くの知識や技術が研究開発され，獣医麻酔学は大きく発展してきた。この獣医麻酔学の発展とともにわが国の動物の麻酔・疼痛管理の技術は進歩し，臨床獣医師は重症度の高い動物の複雑な疾患の治療に挑戦できるようになるとともに，術後疼痛に苦しむ動物は少なくなり，動物の福祉も向上した。本書は，動物の麻酔・疼痛管理，周術期管理，および心肺蘇生の基本を網羅した教科書であり，獣医学生が身につけるべき内容となっている。

　最後に，本書の発刊に多大なご配慮を頂いた学窓社代表取締役 山口啓子氏，山口勝士氏，そして編集部の皆様に心から感謝申し上げたい。

平成29年3月
山下和人

目 次

第1章　麻酔の概要と歴史
1. 麻酔の概念 ……… 7
2. 麻酔の目的 ……… 8
3. 麻酔の歴史 ……… 8
4. 麻酔法の分類 ……… 9
5. 麻酔薬の取り扱い方 ……… 10

第2章　鎮　静
1. 鎮静に用いられる薬物 ……… 15
2. トランキライザー ……… 15
3. α_2-アドレナリン受容体作動薬（α_2-作動薬） ……… 18
4. オピオイド ……… 21
5. ケタミン ……… 24
6. 各種動物における鎮静 ……… 24

第3章　局所麻酔
1. 局所麻酔薬の分類と作用機序 ……… 31
2. 局所麻酔薬の使用上の原則，禁忌と合併症 ……… 33
3. 局所麻酔薬 ……… 34
4. 局所麻酔薬の適用法 ……… 35
5. 各種動物における局所麻酔法 ……… 35

第4章　全身麻酔
1. 麻酔状態が生じる機序 ……… 49
2. 吸入麻酔薬 ……… 50
3. 吸入麻酔に使用される器材，機器 ……… 56
4. 注射麻酔薬 ……… 62
5. 筋弛緩薬 ……… 69
6. 全身麻酔の実際 ……… 74

第5章 疼痛と鎮痛

1. 痛みが生体に及ぼす影響 — 83
2. 痛みが伝達・認識される機序 — 84
3. 鎮痛法 — 88
4. 急性痛の特徴とその管理法 — 93
5. 慢性痛の特徴とその管理法 — 93
6. 癌性疼痛の特徴とその管理法 — 94

第6章 周術期管理

1. 麻酔症例の術前評価と術前準備 — 97
2. 麻酔モニタリング — 102
3. 麻酔中の呼吸管理 — 112
4. 麻酔中の循環管理 — 116
5. 体温管理 — 118
6. 術後疼痛管理 — 121

第7章 動物種と麻酔

1. 馬の麻酔 — 125
2. 反芻動物の麻酔 — 134
3. 犬の麻酔 — 140
4. 猫の麻酔 — 144
5. 豚の麻酔 — 145
6. 実験動物の麻酔 — 148

第8章 心肺蘇生

1. 心肺停止(CPA)の診断と一次救命処置(BLS) — 153
2. 二次救命処置(ALS) — 156
3. 心肺停止後の管理(PCA管理) — 157

第9章 安楽死

1. 倫理的な安楽死法 — 159
2. 安楽死の具体的な方法 — 159
3. 死の確認方法 — 160

索引 — 161

第1章 麻酔の概要と歴史

> 一般目標：鎮静，局所麻酔，全身麻酔とは何かを理解し，この概念が形成された歴史を学ぶ。また，薬剤管理の重要性について理解する。

> 到達目標：1) 麻酔の概念，目的，歴史を説明できる。
> 　　　　　2) 麻酔法の分類と，麻酔薬の取り扱い方を説明できる。

1. 麻酔の概念

　麻酔（anesthesia）とは，薬物投与によって神経活性を抑制して痛みなどの感覚を人為的に消失させることであり，耐え難い苦痛を取り除いて外科手術を可能にする。麻酔には，局所麻酔法（local anesthesia），区域麻酔法（regional anesthesia），および全身麻酔法（general anesthesia）がある。局所麻酔では，知覚神経末端を麻痺させて局所の無痛を得る。区域麻酔では，知覚神経線維の伝導路を遮断してその支配領域で広く無痛を得る。全身麻酔では，中枢神経系を抑制し，①鎮痛，②意識消失，③筋弛緩，および④有害反射防止の4つの全身麻酔の要素を満たすことで動物の肉体的および精神的苦痛を取り除く。

　以下に麻酔薬の効果を表現するために使用される用語の定義を示す。

- 鎮痛（analgesia）：痛みからの解放または痛みがない状態
- 精神安定（tranquilization）：不安が解消されリラックスしている状態。この状態の動物は周囲の環境を認識しているが，軽い痛みには無頓着である。
- 鎮静（sedation）：眠気を伴う中枢神経系の抑制状態。この状態の動物は周囲環境に無頓着であるが，痛みを伴う操作には反応する。
- 神経遮断鎮痛（neuroleptanalgesia：NLA）：神経遮断作用のある薬物（トランキライザー，鎮痛薬）と鎮痛作用のあるオピオイドの組み合わせによって鎮静と鎮痛を得ること。この方法では必ずしも意識の消失は得られない。
- 昏睡（narcosis）：薬物によって引き起こされた深い眠りであり，動物は簡単には目を覚まさない。昏睡では，鎮痛を伴う場合も伴わない場合もある。
- 催眠（hypnosis）：人為的に引き起こされた深い眠りあるいは眠りに似た恍惚状態である。中等度の中枢神経系抑制によって引き起されるが，容易に目が覚める。
- 外科麻酔（surgical anesthesia）：外科手術を円滑に実施できる意識消失，筋弛緩，および鎮痛が得られた全身麻酔のステージである。
- バランス麻酔（balanced anesthesia）：全身麻酔の4つの要素をそれぞれの作用を有する鎮痛薬，麻酔薬，筋弛緩薬などを組み合わせて得る全身麻酔法。
- 解離性麻酔（dissociative anesthesia）：視床皮質系と大脳辺縁系を解離させる薬物（例：ケタミン）によって引き起こされる全身麻酔。解離性麻酔では，目を見開いたままで嚥下反射が残るカタレプシー様症状が特徴的である。強力な鎮静状態，末梢性または中枢性筋弛緩にあるが，骨格筋緊張は亢進している。

2. 麻酔の目的

獣医療の麻酔は，人医療と同様に，第一に痛みを伴う手術や処置のために実施される。さらに，獣医療では非協力的な動物，攻撃的な動物，または展示動物や野生動物など極めて過敏で通常の保定が不可能な動物を扱うこともあり，口腔内検査やX線検査などの痛みを伴わない検査においても麻酔が必要となる場合がある。このような場合には，動物の不動化(immobilization)を目的として全身麻酔や鎮静が実施される。また，動物に恐怖を感じさせない人道的な安楽死を実施するために，中枢神経系を抑制する全身麻酔薬が使用される。

実験動物に関しては，2006年に日本学術会議が『動物実験の実施に関する基本指針』を策定し，実験動物の苦痛軽減が動物愛護の観点のみならず，実験成績の信頼性や再現性を確保する上で重要であるとしている。また，研究の目的を損なうことのない麻酔・鎮痛法を選ぶためには，獣医師などの専門家に助言を求めることとしている。獣医師は，動物の福祉および実験動物の使用上の倫理に関して注意を払う必要があり，とくに麻酔と鎮痛の知識をもとに実験動物の苦痛排除に十分配慮することが要求されている。

3. 麻酔の歴史

麻酔の歴史は，西暦1500年以前の薬草の時代，15～18世紀までの新興の時代，19世紀の開発の時代，1900～1950年代の目標達成の時代，そして1950年代以降の拡大の時代としてとらえることができる。

(1) 薬草の内服による麻酔

紀元前4000年頃，シュメール人が，ケシ，ヒヨス，マンドラゴラなどを鎮痛薬として粘土版に記録している。古代エジプト(紀元前1500年頃)の『パピルス・エーベルス』にはアヘンやマンダラゲの記載があり，ギリシャ神話(紀元前1200年頃)では医神アスクレピオスがネペンテ(鎮痛麻酔作用のある薬物)で無痛手術を行ったとされている。紀元前400年頃にヒポクラテスは催眠海綿(アヘン，ヒヨス，マンダラゲ等の混合液を海綿に浸して乾燥)で痛みを和らげていたとされ，テオフラステス(紀元前300年頃)が「植物の歴史」にアヘン，マンドラゴラ，マンダラゲなどに催眠作用や意識混濁作用があることを記載した。西暦50～70年頃にギリシャ人医師のディオスコリデスが薬物誌「マテリア・メディカ」にケシやマンドラゴラについて記載した。西暦3世紀頃，華陀が"麻沸散"という全身麻酔剤を内服させて外科手術を行ったと「三国志」に記録されている。日本では1804年(文化元年)10月13日に，華岡青洲がマンダラゲ(チョウセンアサガオ)から抽出した物質を主成分とする"通仙散"の内服による全身麻酔下で乳癌切除手術を成功させた。これは，記録が残る世界初の全身麻酔下での外科手術である。

(2) 吸入による麻酔

1540年にヴァレリウス・コルドス(ドイツ)によってエーテルが合成された。1771年にカール・ヴィルヘルム・シェーレ(スウェーデン)，1774年にジョセフ・プリーストリー(英国)が別々に酸素を発見した。1772年にプリーストリーが亜酸化窒素を発見し，1795年にハンフリー・デービー(英国)が亜酸化窒素の麻酔作用を発見して笑気と命名した。1831年にユストゥス・フォン・リービッヒ(ドイツ)，ウジェーヌ・ソーベイラン(フランス)，およびサミュエル・ガスリー(米国)が別々にクロロホルムを発見した。

1842年にウィリアム・クラーク(米国)はエーテル麻酔で抜歯を行い，同年にクロフォード・ロング(米国)がエーテル麻酔で頸部腫瘍の切除手術を実施した。ホーレス・ウェルズ(米国)は，1844年に抜歯に笑気を使用し，1845年に笑気麻酔下の抜歯の公開デモを行ったが，失敗した。1846年にウィリアム・モートン(米国)はエーテル麻酔の公開手術(頸部の腫瘍切除)を成功させた。1847年にジェームズ・シンプソン(英国)がクロロホルム麻酔で無痛分娩に成功し，1853年にジョン・スノー(英国)がヴィクトリア女王にクロロホルム麻酔で無痛分娩を実施した。

クロロホルム麻酔では重篤な心毒性があり死亡例が相次いだことから，使用されなくなった。また，外科手術に電気メスを使用するようになってエーテルの引火性が問題となり，エーテル麻酔は使用されなくなった。1956年にハロゲン化エーテルのハロタンが英国で合成され，1980年代までわが国の医療や獣医療でも全身麻酔薬として広く用いられていた。その後，より安全で麻酔導入と麻酔回復が速やかなイソフルランとセボフルランが開発され，1990年に日本でも臨床応用が可能となった。現在では，動物用医薬品として承認されたイソフルラン製剤とセボフルラン製剤を利用できるようになっている。

(3) 注射による麻酔

1804年にフリードリッヒ・ゼルチュネル（ドイツ）がアヘンからモルヒネを単離し，1860年にアルベルト・ニーマン（ドイツ）がコカインを精製した。この間，1831年にチャールズ・プラバ（フランス）が注射器を発明し，1854年にアレキサンダー・ウッド（イギリス）が中空の金属針を開発してプラバの注射器に用い，皮下投与ができるようになった。その後，消毒・滅菌法の確立によって1880年代以降には静脈注射が可能になった。また，1886年にスタニスラス・リムーザン（フランス）がガラスアンプルを開発した。これらの医療器具の開発によって，注射による麻酔が可能になった。そして，1905年にアルフレッド・アインホルン（ドイツ）が塩酸プロカインを合成し，局所麻酔が広く用いられるようになった。さらに，1932年にアーネスト・ヴォルワイラー（米国）がチオペンタールを合成し，1934年にはメイヨークリニックのジョン・ランディ（米国）がチオペンタールを人の麻酔導入に臨床応用した。

現在では，より安全で強力な局所麻酔薬，注射麻酔薬，トランキライザー，鎮静薬，麻薬性オピオイド鎮痛薬，非麻薬性オピオイド鎮痛薬，および非ステロイド系抗炎症薬などの注射用製剤が開発され，獣医療においても広く用いられている。また，筋弛緩薬も開発され，全身麻酔に利用されている。これらの注射用製剤の一部は日本において動物用医薬品として承認を受けている。

4. 麻酔法の分類

現在，獣医療では，局所麻酔法，区域麻酔法，および全身麻酔法が用いられている。局所麻酔法は，表面麻酔および浸潤麻酔に分類される。区域麻酔法は，末梢神経ブロック，硬膜外麻酔，脊椎麻酔，および経静脈局所麻酔に分類される。全身麻酔法は，吸入麻酔，バランス麻酔，および全静脈麻酔に分類される。また，一般的ではないが，低体温麻酔および鍼麻酔がある。

(1) 局所麻酔法

- 表面麻酔（topical anesthesia）：局所麻酔薬を粘膜，皮膚，眼球の表面に滴下，噴霧，あるいは塗布してその部位の知覚神経末端を麻痺させる方法である。
- 浸潤麻酔（infiltration anesthesia）：局所麻酔薬を皮下，皮内，粘膜に直接注射し，その部位の知覚神経末端を麻痺させる方法である。

(2) 区域麻酔法

- 末梢神経ブロック（peripheral nerve block）：知覚神経線維の伝導路を局所麻酔薬で遮断し，その支配領域を麻痺させる方法である。伝達麻酔とも呼ばれる。
- 硬膜外麻酔（epidural anesthesia）：硬膜外腔に局所麻酔薬を注入し，脊髄神経根（背根）で知覚神経の伝導路を遮断する方法である。
- 脊椎麻酔（spinal anesthesia）：クモ膜下腔に局所麻酔薬を注入し，脊髄神経根（背根）で知覚神経の伝導路を遮断する方法である。
- 経静脈局所麻酔（intravenous regional anesthesia：IVRA）：四肢を駆血帯で駆血して全身の血液循環より遮断し，駆血帯の遠位に位置する静脈から局所麻酔薬を注入して駆血帯より遠位の領域の知覚神経末端を麻痺させる方法である。

(3) 全身麻酔法

- 吸入麻酔(inhalation anesthesia)：麻酔ガスや揮発性麻酔薬の気化ガスを酸素などのキャリアガスとともに動物に吸入させる全身麻酔法である。
- バランス麻酔(balanced anesthesia)：全身麻酔の4つの要素をそれぞれの作用を有する鎮痛薬，麻酔薬，筋弛緩薬などを組み合わせて得る全身麻酔法である。
- 全静脈麻酔(total intravenous anesthesia：TIVA)：注射製剤のみを組み合わせて得るバランス麻酔法である。

(4) その他の麻酔法

- 低体温麻酔法(hypothermic anesthesia)：動物を全身的または局所的冷却によって代謝を大幅に低下させて酸素要求量と麻酔要求量を低く抑える全身麻酔法である。体外循環を必要とする開心術などの心臓血管手術に用いられる。
- 鍼麻酔(acupunctual anesthesia)：鍼を経穴に刺入し，低周波の電流を通したり細かな振動を与えたりして鎮静・鎮痛効果を得る麻酔法である。

5. 麻酔薬の取り扱い方

獣医師には，法的に人の医師にない裁量権が付託されている。例えば，動物用医薬品として許可されていない麻酔薬でも獣医師の判断で使用できる。また，獣医師は，麻薬や向精神薬も医師などと同様に使用できる。しかし，この幅広く認められた権利と表裏一体の関係として重い責任を負っていることも認識すべきである。関連する法規は，薬事法，飼料安全法，獣医師法，麻薬および向精神薬取締法，覚せい剤取締法，毒物および劇物取締法，その他毒物劇物に関する政令などである。とくに，麻薬や覚醒剤に関する法律の罰則規定は最高で無期懲役が課せられるほど厳しい。また，向精神薬についても7年以下の懲役が課せられるほどであり，十分な知識と認識が必要である。

(1) 人体用医薬品と動物用医薬品

医薬品には，人に用いられる人体用医薬品と，動物に用いられる動物用医薬品があり，どちらも薬事法の規制を受けている。動物用医薬品は，「専ら動物のために使用されることが目的とされている医薬品」であり，対象動物において実施された治験をもとにその安全性と有効性が確認されている。したがって，獣医療では動物用医薬品を用いることが推奨される。近年，動物用医薬品を製造販売する製薬企業の努力によって，動物用医薬品として吸入麻酔薬，注射麻酔薬，鎮静薬，および鎮痛薬が続々と承認されてきた。しかしながら，動物用医薬品の種類は未だ十分ではなく，獣医師の裁量で動物に数多くの人体用医薬品が利用されている現状もある。今後，さらに動物用医薬品を増やして動物の麻酔と鎮痛における選択肢を増やすためには，獣医師が積極的に動物用医薬品を利用することで，製薬企業の動物用医薬品の開発に対する意欲をさらに高めていく必要がある。

(2) 一般薬と要指示薬

要指示薬とは，医薬品の中で使用の際に医師，歯科医師，獣医師などの専門的な知識を有する者の監視下で使用されることが義務づけられた薬であり，薬事法によって指定されている。要指示薬は，医師・獣医師の処方箋や指示書がなくては購入できない。これは，薬局などで自由に購入できる「一般薬」と区別される。

(3) 毒薬・劇薬の取り扱い

麻酔に用いられる薬物の大部分は，厚生労働大臣が指定する「指定医薬品」である。毒性の強い薬物は「毒薬」，毒薬ほど毒性は強くないがその取り扱いに注意が必要な薬物は「劇薬」に指定されている。

アトロピンのように，錠剤は劇薬，粉末は毒薬に指定され，剤形によって取り扱いが異なる薬物もある。吸入麻酔薬は劇薬である。毒薬・劇薬は，法律によって輸送や販売，保管法が規制されている。医薬品として用いられる毒薬・劇薬は薬事法の対象となり，鍵のかかる保管庫で保管し，十分な管理のもとに使用しなくてはならない。

(4) 医薬品の適正使用

動物用医薬品には添付文書が必ず同梱されている。添付文書には，法律に定められた基準に従って，①対象動物，②効能または効果，③用法および用量，④使用上の注意等が記載されている。獣医師は，これらの指示に従って適正に使用することが原則である。添付文書の記載から外れて使用することは「承認外使用」となる。承認外使用は獣医師に裁量権として認められている行為であるが，医療上の事故が生じた場合は，使用した獣医師の過失を問われる可能性がある。逆に，添付文書通りの方法で適正に使用したにもかかわらず，添付文書に記載のない副作用がみられた場合には，製造物責任法（PL法）の原則から通常は獣医師の責任は問われない。人体用医薬品や海外から輸入した薬物（後述）を使用して事故が生じた場合，その使用法に対して合理的な説明が求められるが，製造上の欠陥以外は獣医師の責任を問われる可能性が強い。

人体用医薬品を動物に使用する場合や犬に牛用に開発承認された医薬品を使用することは，「適応外使用」と呼ばれる。適応外使用は獣医師に認められた行為であるが，この場合，確かな知識と情報に基づいた慎重な使用でなくてはならない。単に個人の経験に基づいた使用で事故が生じた場合には，獣医師の責任が問われることも考えられるので注意を要する。

(5) 輸入医薬品の取り扱い

診療に必要な薬物でしかも国内で調達できない場合，医療サービスをより充実させるための行為として，獣医師が海外へ出た際の携帯品としてその薬物を輸入することが認められている。ただし，ワクチン等の生物製剤は許可されず，総額で10万円を超えてはならない。限度を超えた輸入や診療に無関係な譲渡は違法行為となる。この制度は，個人的使用に限った特例的制度であり，わが国で必要充分な動物用医薬品の数が揃うまでの暫定的な処置とされている。獣医師に倫理的問題が生じた場合や，動物用医薬品が充足されれば，今後変更があり得る事項である。

(6) 副作用の報告義務

医薬品は十分な調査研究によって市場に出た薬物であるが，開発時には予想できなかった副作用が生じることがある。また，製造過程で思いもよらぬ不具合が生じることも考えられる。医薬品の事故防止の観点あるいは市場に出た薬物の成熟のためにも，獣医師は副作用等を報告する義務が課せられている。

(7) 麻薬の取り扱い

麻薬は強力な鎮痛薬として有用性が高く，適切な使い方をすれば安全性も高い。しかし，その濫用を防ぐために取り扱いは厳しく規制されており，飼育動物の診療に麻薬を使用しようとする獣医師は，都道府県知事に「麻薬施用者免許」の取得を申請し，免許を受ける必要がある。この免許は，隔年ごとに更新される。麻薬施用者免許は個人に与えられることから，同一診療施設内に麻薬施用者免許を持つ獣医師がいても，実際に麻薬を使用する獣医師が免許を受けていなければ，その獣医師は麻薬を取り扱うことはできない。また，麻薬施用者が2名以上いる飼育動物診療施設では，その診療施設の麻薬を管理する者（麻薬管理者）を定めて，麻薬管理者として別途免許を取得する必要がある。わが国で医薬品として市販されている麻薬を表1-1に示した。

診療施設で使用する麻薬は，麻薬以外の医薬品と区別して診療施設内に設けた鍵をかけた堅牢な設備内（金庫等）に保管しなければならない。麻薬の譲り受け（業者からの購入等）には，譲受証と譲渡証が必

表1-1 わが国で市販されている麻薬と第一種および第二種向精神薬

種別	一般名称	医薬品の販売名
麻薬	アヘン	アヘン，アヘンチンキ，ドーフル
	モルヒネ	塩酸モルヒネ，アンペック，プレペノン，オプソ
	モルヒネ徐放剤	パーシフ，カディアン，MSコンチン，MSツワイスロン，ピーガード
	エチルモルヒネ	塩酸エチルモルヒネ
	モルヒネ配合	モヒアト
	アヘンアルカロイド	オピアル，パンオピン
	アヘンアルカロイド配合	オピアト，パンアト，オピスコ，パンスコ
	オキシコドン	オキノーム，オキシコンチン
	複方オキシコドン	パビナール
	ペチジン	オピスタン，ペチロルファン
	フェンタニル	デュロテップ
	フェンタニルクエン酸塩	フェンタニル，タラモナール
	コデインリン酸	コデインリン酸塩1%・10%・錠
	ジヒドロコデインリン酸塩	ジヒドロコデインリン酸塩
	オキシメテバノール	メテバニール
	メサドン塩酸塩	メサペイン錠
	ケタミン	ケタラール，ケタミン注「フジタ」（動物用医薬品）
第一種向精神薬	セコバルビタール	アイオナール
	メチルフェニデート	リタリン，コンサータ
	モダフィニル	モディオダール
第二種向精神薬	アモバルビタール	イソミタール
	フルニトラゼパム	サイレース，ロヒプノール
	ブプレノルフィン	レペタン，ノルスパン
	ペンタゾシン	ソセゴン，ペンタジン，ペルタゾン
	ペントバルビタール	ラボナ，ソムノペンチル（動物用医薬品）

要であり，譲渡証は2年間保管する。麻薬施用者が麻薬を使用（施用）した時には，症例の名前，麻薬施用者免許番号，使用年月日，麻薬管理者から交付を受けた麻薬の品名，数量，使用量，残量，および返納者を記した「麻薬施用票」を作成し，さらに，診療録（カルテ）に飼い主の住所，氏名，動物の病名と主要症状，麻薬の品名および数量ならびに使用した年月日を記載しなくてはならない。また，診療録は5年間保存しなくてはならない。麻薬管理者（または麻薬施用者）は，診療施設に帳簿を備え，麻薬の受け払いにあたり，譲り受け，譲り渡し，あるいは使用した麻薬の品名，数量，およびその年月日を記載しなくてはならない。麻薬管理者は，その診療施設の開設者が譲り受けた麻薬および使用した麻薬の品名，数量等を都道府県庁に届け出なければならない。麻薬を使用している診療施設には，必要に応じて都道府県庁からの立入検査が行われることから，いつ立入検査が入っても良いように，日頃から万全の管理対応が求められる。

(8)向精神薬の取り扱い

向精神薬に該当する薬物は，精神安定薬，催眠鎮静薬，鎮痛薬などで濫用の恐れがあるとして「麻薬および向精神薬取締法」で指定されている薬物であり，その容器等に向の表示がある。向精神薬は，その濫用の危険性および医薬上の有用性の程度によって第一～三種まで分類され，それぞれ規制内容が異

なる。獣医療に用いられている麻薬と第一種および第二種の向精神薬を表1-1に示した。

　飼育動物診療施設が向精神薬を取り扱う場合には，新たな免許取得の必要はない。向精神薬は，診療施設の開設者が譲り受けるのであって，獣医師個人の資格では譲り受けできない。第一種および第二種の向精神薬を譲り受け，譲り渡し(症例への使用は除く)，または廃棄した時には，品名(販売名)，数量，年月日，譲り渡しまたは譲り受けの相手方の営業所等の名称・所在地を記録し，2年間保存しなければならない(伝票の保存でも可)。向精神薬の保管場所が無人となる場合には，部屋の出入り口に施錠または鍵のかかる保管庫に保管する。決められた数量以上の紛失が生じた場合には，都道府県庁へ届けなければならない。明らかに盗難と思われる場合には，数量にかかわらず届け出る。麻薬と同様の立入検査が実施される。

(9)吸入麻酔薬の取り扱い(排出ガスに対する注意)

　吸入麻酔を実施する施設では，適切な余剰ガス排気装置を設置していないと，好むと好まざるにかかわらず術者や補助者等の診療スタッフが動物の麻酔中に麻酔器から排出される微量の吸入麻酔薬を吸引することとなる。微量の吸入麻酔薬の吸引によって流産の確率が高くなることが指摘されているが，そうでないとする報告もある。女性の麻酔技術者に癌発症の確率が高いとの報告があるが，これを否定する報告もある。このように微量の吸入麻酔薬の吸入が及ぼす麻酔従事者に対する毒性は未だ明確な答えは出てないが，たとえリスクが小さいとしても，診療スタッフによる麻酔ガスの吸入は可能な限り避ける努力が必要である。これは，手術の当事者だけではなく，手術に立ち会う飼い主に対しても考慮されるべき事項である。

第2章 鎮　静

> 一般目標：鎮静薬の作用機序と応用法について理解する。

> 到達目標：1）トランキライザー，鎮静薬の分類，薬理作用，使用法を説明できる。

1. 鎮静に用いられる薬物

　獣医療では，動物の不動化に物理的保定（いわゆる保定）と化学的保定（鎮静）が用いられている。大動物の保定では枠場とロープなどが利用され，小動物では用手的に保定できる。しかし，無鎮静での保定は動物に大きなストレスを生じ，非協力的な動物は保定者に危害を加える場合もある。化学的保定では，トランキライザーや鎮静薬を用いて動物の中枢神経系（CNS）を抑制することで不動化を得ることから，動物のストレスは軽減され，動物の取り扱いも容易になる。動物の鎮静には，フェノチアジン系トランキライザー，ブチロフェノン系トランキライザー，ベンゾジアゼピン化合物，α_2-アドレナリン受容体作動薬（α_2-作動薬），オピオイド，および解離性麻酔薬のケタミンなどが，単独または組み合わせて静脈内投与（IV）や筋肉内投与（IM）で用いられている。とくに，強い鎮痛作用のあるオピオイドとCNSを抑制するトランキライザーまたはα_2-作動薬の組み合わせは神経遮断鎮痛（neuroleptanalgesia：NLA）と呼ばれ，動物が非常に落ち着いて筋弛緩した無痛状態を得られる。

2. トランキライザー

(1) フェノチアジン系／ブチロフェノン系トランキライザー

　フェノチアジン（例：アセプロマジン，クロルプロマジン）やブチロフェノン（例：ドロペリドール，アザペロン）はメジャートランキライザーとも呼ばれ，精神的な落ち着きと筋弛緩，交感神経抑制作用，抗不整脈作用，制吐作用，および抗ヒスタミン作用を生じ，鎮痛作用はないが，他の鎮痛薬の鎮痛効果を増強する。ほとんどのフェノチアジンやブチロフェノンが胎盤を比較的ゆっくり通過する。フェノチアジンおよびブチロフェノンは肝臓で代謝され，その作用持続時間は4〜8時間であるが，老齢動物や肝疾患（例：門脈−体循環シャント）の動物では48時間以上持続することがあり，使用を避けるべきである。フェノチアジンおよびブチロフェノンは水溶性であり，他の水溶性薬物と混合できる（例：アセプロマジンとブトルファノール，アセプロマジンとケタミン）。注意すべき副作用には，低血圧，低体温，および錐体外路症状がある。

　フェノチアジンおよびブチロフェノンによる鎮静作用は，網様体賦活系の抑制やCNSにおける抗ドパミン作動性活性を介して生じ，中枢性および末梢性（副腎）にカテコールアミン動員を抑制して交感神経系を抑制する。フェノチアジンおよびブチロフェノンは延髄の化学受容体引金帯（chemo receptor trigger zone：CTZ）におけるドパミン相互作用を抑制して制吐作用を引き起こす。フェノチアジンやブチロフェノンの過剰投与は顕著な不随意性筋骨格作用（錐体外路作用：脳橋や延髄網様体への作用）を生じ，幻覚を生じる場合もある（とくに馬）。老齢動物では，錐体外路作用によってアキネジー（無動症；運動開始時の不安定性）やアカシジア（静座不能；じっとしていられない）を生じ得る。フェノチアジンやブチロフェノンの投与によって得られる鎮静作用は強い刺激によって一時的に逆転される。興奮した動物や不安の強い動物では鎮静効果を得るために高用量が必要となる場合があり，見当識障害や運動失調を生じる。

　フェノチアジンやブチロフェノンはα_1-受容体を遮断して中枢性および末梢性に交感神経活性を減少

することで心不整脈の発生を抑制するが，用量依存性の心筋抑制と血管平滑筋抑制を引き起こす。フェノチアジンおよびブチロフェノン投与後には，通常鎮静効果の発現とともに動物の心拍数は低下する。また，α-遮断作用によって血管拡張が生じる結果，血圧が低下し，体温が低下する。低血圧を生じた場合には反射性頻脈を認める。フェノチアジンおよびブチロフェノン投与後にエピネフリンを投与すると，α-受容体が遮断されていることから$β_2$-作用が顕著となり，矛盾した血圧低下を生じる。また，興奮した動物や不安の強い動物では，内因性のアドレナリンやノルアドレナリンの血中濃度が高まっていることから，フェノチアジンやブチロフェノン投与後に低血圧を生じやすい。フェノチアジンおよびブチロフェノン投与後の低血圧は，静脈内輸液による前負荷の増加または$α_1$-アドレナリン受容体作動薬（例：フェニレフリン）による後負荷の増大で治療する。

フェノチアジンはてんかん発作の閾値を下げるが，ケタミン誘発性痙攣を抑制する。フェノチアジンは，呼吸中枢の動脈血二酸化炭素分圧（$PaCO_2$）増加に対する感受性低下によって呼吸数を減少し，高用量を投与した際には1回換気量を減少させる。したがって，全身麻酔に用いられる他の薬物による換気抑制を増強することがある。多くのフェノチアジンは，種牡馬や去勢馬に持続的な勃起や陰茎露出を引き起こすことがある。

a. アセプロマジン

アセプロマジンは世界的に広く用いられているフェノチアジン系トランキライザーであるが，国内には動物または人体用に承認された製剤はなく，個人輸入して用いられている。製剤はマレイン酸アセプロマジン（黄色の結晶）として供給されており，肝臓で代謝されて抱合または非抱合代謝物として尿から排泄される。他のフェノチアジンと同様に，低用量で行動変化を引き起こし，鎮静作用は用量依存性に強くなるが，その用量−反応曲線は急激にプラトーに達し，高用量では投与量を増大しても鎮静効果は増大せず，作用時間が延長し，副作用が増大する。さらに投与量を増大すると，興奮や錐体外路症状が顕著となる。ほとんどの動物種でアセプロマジン0.02〜0.03 mg/kg IMで鎮静効果が得られ，その作用は4〜6時間持続する。一般的に，アセプロマジンの鎮静作用は$α_2$-作動薬より弱いが，大型犬では数日間鎮静作用が残存することがある。

海外では，アセプロマジンの注射薬（国によって濃度は様々），錠剤，ペースト製剤が利用されている。アセプロマジンの注射用製剤は非刺激性で投与時に痛みがなく，IV，IM，皮下投与（SC）で効果が得られる。IV投与5分後には鎮静作用が明らかになるが，最大効果は20分以降に得られる。IMまたはSCでは，投与後30〜45分で最大効果が得られる。アセプロマジンはごく低用量で鎮静効果が得られ，麻酔前投薬を目的とする場合には0.025〜0.1 mg/kgの範囲で用いる。

獣医臨床では，使用目的と必要とする鎮静時間に応じて投与量を選択する。しかしながら，すべての動物において信頼性高く鎮静効果が得られるわけではなく，鎮静作用を得られない場合や稀ではあるが興奮する場合もある。このような場合には，他の薬剤（例：$α_2$-作動薬など）を用いなければならない。その他，アセプロマジンには低体温や中等度の制吐作用がある。

臨床用量のアセプロマジンに呼吸抑制作用はほとんどなく，鎮静された動物の呼吸数はゆっくりとなるが分時換気量は維持される。ほとんどの動物種において，他のフェノチアジンと同様に，アセプロマジン投与後には血管拡張による用量依存性の血圧低下が生じる。健康な動物であればこの血圧低下を代償でき低血圧（平均血圧60 mmHg未満）に陥らずに耐えられるが，ショック状態の動物や血液量が減少した動物では顕著な低血圧に陥る。アセプロマジン投与後には，心拍数はほとんど変化しないかわずかに増加し，心拍出量の変化はほとんどない。しかし，犬ではアセプロマジン0.1 mg/kg IMで徐脈や洞房ブロックが生じることや多くの動物種でアセプロマジン投与後の失神や循環虚脱が報告されている。これらの一部は血液量が減少した動物にアセプロマジンを投与した結果である。ボクサー犬では，家系性にごく低用量のアセプロマジンで循環虚脱を生じることが知られており，血管迷走神経性失神によるものと考えられている。

アセプロマジンには抗ヒスタミン作用がほとんどない。アセプロマジンには，腸管などの平滑筋に対して強力な鎮痙作用があり，馬の疝痛疝などで内臓痛緩和効果を発揮する。アセプロマジン自体には鎮痛効果はないが，吸入麻酔薬の要求量を軽減する。麻酔前投薬としてのアセプロマジンの利点には，麻酔導入や麻酔維持に要する麻酔薬の量の軽減効果，抗不整脈作用とアドレナリン誘導性細動の防止効果，馬や犬における麻酔関連偶発死亡発生率の低下，フリーラジカルスカンベジャーとしての作用，馬における肺内シャント率低下による動脈血酸素化の改善効果などがある。

アセプロマジンは陰茎後引筋の麻痺を生じ，種馬や種牛では勃起していない状態で包皮から陰茎を露出させることから，陰茎の検査が容易になる。しかし，馬では，露出した陰茎の損傷と腫脹によってアセプロマジンの作用が消失した後にも陰茎を包皮に収納できず，陰性切断が必要となった例が報告されている。

かつて，アセプロマジンはてんかん発作の閾値を低下させると考えられており，てんかん発作の経歴を持つ犬や脊髄造影のための麻酔前投薬としてアセプロマジンの使用は禁忌とされていた。しかしながら，臨床用量のアセプロマジンにおいてこれを支持する科学的根拠がなく，欧州ではアセプロマジン製剤の製品情報からこの禁忌は削除された。アセプロマジンは重度の血小板数減少を引き起こし，血液凝固能を低下させる。正常な動物では止血異常を生じることはないが，フォン・ヴィレブランド病や血液凝固異常のある動物への使用は避ける。アセプロマジン投与の相対的禁忌(それほどの危険性はないものの通常行ってはならないこと)には，血液量減少，肝損傷，腎性高血圧，ボクサー犬，種馬，フォン・ヴィレブランド病や血液凝固異常のある動物，などがある。

b. クロルプロマジン

クロルプロマジンはかつて獣医療に広く用いられており，わが国では塩酸クロルプロマジンの注射薬($5\sim10$ mg/mL)や経口薬(錠剤，細粒)が人体薬として承認販売されている。クロルプロマジンの作用と副作用はアセプロマジンと同様であるが，その鎮静作用は弱く(多くの動物種で1 mg/kgまでの投与量)，作用持続時間は非常に長い。

c. ドロペリドール

ドロペリドールは強力な神経遮断薬であり，強力な制吐作用を併せ持ち，呼吸中枢の二酸化炭素に対する感受性を高めることでオピオイドによる呼吸抑制を拮抗する。わが国では，ドロペリドールの注射薬(25 mg/mL)が人体薬として承認販売されている。ドロペリドールでは，錐体外路症状は過剰投与しなければ稀とされているが，症状がみられた場合には投与24時間後まで延長する。ドロペリドールは術後嘔吐を抑制し，モルヒネの硬膜外投与による瘙痒感を緩和することから，近年，人の麻酔前投薬として見直されている。犬猫や豚では，麻酔前投薬としてドロペリドール$0.1\sim0.4$ mg/kg IVまたはIMが用いられる。

d. アザペロン

わが国では，豚用鎮静剤としてアザペロンの注射薬(40 mg/mL)が承認販売されていたが，2007年に販売中止となった。アザペロンは用量依存性に鎮静を生じ，豚の臨床用量は$1\sim4$ mg/kg IMである。IM投与後最初の20分間に豚が興奮することもあり，IV後にはしばしば激しく興奮する。アザペロン投与後の呼吸器系への作用は軽微であり，若干の呼吸刺激作用がある。アザペロン$0.3\sim3.5$ mg/kg IM後にはわずかに血圧が低下するが，心拍数や心拍出量に重度な変化はみられない。アザペロンは豚の鎮静や麻酔前投薬に使用され，豚の輸送時の鎮静にも使用される。アザペロンを豚の分娩解除や帝王切開の麻酔に使用すると，新生子豚は数時間眠そうにしているが，体温や呼吸は維持される。

(2) ベンゾジアゼピン化合物

　ベンゾジアゼピン化合物（例：ジアゼパム，ミダゾラム）は，マイナートランキライザーとも呼ばれ，日本では多くの製剤が向精神薬として法的規制を受けている。ベンゾジアゼピン化合物は，γ-アミノ酪酸$_A$（GABA$_A$）受容体のベンゾジアゼピン結合部位に結合し，Cl チャネルを開講して細胞膜を過分極させることで CNS 抑制性伝達物質（GABA，グリシン）の活性を促進し，薬理作用を発揮する。ベンゾジアゼピン化合物の投与によって，大脳辺縁系，視床，および視床下部が抑制され，軽度の落ち着きを生じる。また，多シナプス性反射活性を減少し，優れた筋弛緩と抗痙攣作用（痙攣閾値の上昇）を生じる。人ではベンゾジアゼピン化合物の投与によって催眠を生じるが，正常な動物に臨床的推奨量を投与しても落ち着かせることはできない。一方，病気の動物や抑うつまたは衰弱した動物ではおとなしくなる。呼吸循環系機能への作用は軽度であり，交感神経系活性の抑制によってある程度の抗不整脈作用を発揮する。また，ベンゾジアゼピン化合物は食欲を刺激する。ベンゾジアゼピン化合物を急速 IV 投与すると，見当識障害や動揺を引き起こすことがある（とくに猫）。これらの作用はベンゾジアゼピン拮抗薬（例：フルマゼニル）で拮抗できる。

a. ジアゼパム

　わが国では，ジアゼパム製剤は注射薬（5 mg/mL）および経口薬（散剤，錠剤，シロップ）の人体薬として承認販売されている。ジアゼパム製剤の注射薬は 40% プロピレングリコール，エチルアルコール，安息香酸ナトリウム，または安息香酸に溶解されており，IM 投与すると痛みを伴う。また，これらの基剤によって IV 投与すると血栓性静脈炎を生じる可能性があり，急速 IV すると稀に低血圧，徐脈，あるいは無呼吸を生じる。ジアゼパムは肝臓で代謝され，尿や便に排泄される。ジアゼパムの作用時間は 1～4 時間であり，犬における排泄半減期は 3.2 時間とされ，投与後の呼吸循環抑制は軽微である。

　獣医療において，ジアゼパムは主に全身痙攣の制御に用いられている。また，麻酔前投薬として他の薬剤と併用して用いられている。健康な動物では，ジアゼパムの単独投与による鎮静作用は極めて軽度である。全身状態の悪い症例では，ジアゼパムとオピオイドを併用した麻酔前投薬によって，麻酔薬の要求量を軽減でき，安定した心血管系機能を維持できる。とくに，ジアゼパムはケタミンと併用することで，ケタミン誘発性筋緊張や痙攣ならびに幻覚症状を軽減でき，多くの動物種においてジアゼパムとケタミンの組み合わせが用いられている。

b. ミダゾラム

　わが国では，ミダゾラム製剤は注射液（5 mg/mL）の人体薬として承認販売されている。ミダゾラムは pH 3.5 で水溶性であり，pH 4.0 以上で化学構造が脂溶性分子に変化する。ミダゾラムの水溶液は非刺激性であり，IV および IM 投与のいずれでも痛みや血栓性静脈炎を生じない。ミダゾラムは肝臓で代謝され，犬における排泄半減期は 77～98 分とされており，作用持続時間はジアゼパムより短い。人では，ミダゾラム投与によって催眠作用を得られるが，健康な動物ではミダゾラム単独投与で鎮静作用を得ることは困難であり，激しい興奮状態を示すこともある。一方，全身状態の悪い動物やミダゾラムにオピオイドやケタミンを併用した場合には，良好な鎮静状態を得ることができる。

c. 拮抗薬：フルマゼニル

　フルマゼニルは強力で特異的なベンゾジアゼピン化合物の競合的拮抗薬であり，わが国では注射薬（0.1 mg/mL）が人体薬として承認販売されている。獣医療では，ミダゾラムやジアゼパムを投与した動物でその拮抗が必要となった場合にフルマゼニル 0.01～0.1 mg/kg IV で用いられている。

3. α_2-アドレナリン受容体作動薬（α_2-作動薬）

　α_2-作動薬（例：キシラジン，デトミジン，ロミフィジン，メデトミジン，デクスメデトミジン）は，

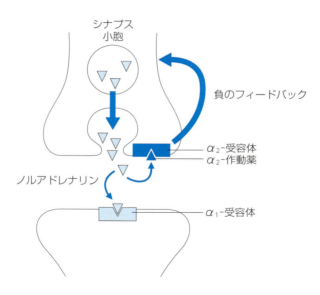

図2-1　中枢神経系のα_2-アドレナリン受容体（α_2-受容体）
ノルアドレナリンは内因性伝達物質であり，各種アドレナリン受容体（α_1，α_2，β_1，β_2，β_3）に作用する。中枢神経系のノルアドレナリン作動性神経の節前線維末端にはα_2-受容体が存在し，このα_2-受容体が刺激されると負のフィードバック機構によってノルアドレナリンのさらなる放出が抑制される。α_2-作動薬はこのα_2-受容体に作用してノルアドレナリンの分泌を抑制する。

鎮静・鎮痛・筋弛緩作用を併せ持つ。α_2-作動薬は，CNSのシナプス前後のα_2-受容体を負のフィードバック機構によって刺激してノルアドレナリン放出を減少し，CNS交感神経出力の減少によって睡眠様作用（昏迷）を生じる（図2-1）。また，上行性侵害受容伝達を減少させて鎮痛作用を生じ（下行性疼痛抑制系のノルアドレナリン系），多シナプス性反射を抑制して中枢性筋弛緩作用を発揮する。これらの鎮静・鎮痛・筋弛緩作用について，α_2-作動薬は他の鎮静薬（例：ベンゾジアゼピン）や鎮痛薬（例：オピオイド）と相加作用があり，相乗作用を示すこともある。α_2-作動薬のα_2-受容体とα_1-受容体の選択性（α_2：α_1）は様々であり，キシラジン160：1，デトミジン260：1，ロミフィジン340：1，およびメデトミジン1,620：1である。α_2-作動薬は，IVやIM投与に加えて頬粘膜投与でも作用を発揮し，局所鎮痛や脊髄分節鎮痛を目的に硬膜外やクモ膜下に投与できる。馬や牛では，α_2-作動薬のSCで重度の炎症を生じることがある。α_2-作動薬は肝臓で比較的急速に代謝され，尿中に排泄される。α_2-作動薬の作用はα_2-受容体拮抗薬（例：ヨヒンビン，トラゾリン，アチパメゾール）で拮抗できる。

　α_2-作動薬を投与すると，CNSからの交感神経出力減少によって中枢性に心拍数低下が生じる。加えて，血管平滑筋のα_2-受容体刺激によって急激に血管収縮（後負荷の増大）が生じ，心血管機能が正常な動物では一過性に動脈血圧が上昇することから副交感神経活性が増大して末梢性にも心拍数低下が引き起こされる（圧受容体反射）。通常，これらの中枢性ならびに末梢性の心拍数低下作用によってα_2-作動薬投与後には洞性徐脈が継続し，第一度または第二度房室ブロックを伴うこともあり，心拍出量は30〜50％まで減少する。心機能の予備力が低下した動物（例：老齢動物，僧帽弁閉鎖不全のある動物）では，α_2-作動薬による循環抑制に耐えられず，心拍出量が顕著に減少して低血圧を生じ，圧受容体反射によって心拍数が増大する。α_2-作動薬は心疾患のある動物や心機能の低下した動物には禁忌であり，α_2-作動薬を投与する際には必ず投与前後に心拍数を確認し，投与後に心拍数増加や頻脈を認めた場合には，α_2-受容体拮抗薬を投与して速やかに心血管系に対する抑制作用を拮抗すべきである。

α$_2$-作動薬は呼吸中枢を抑制し，PaCO$_2$増加に対する呼吸中枢の感受性を低下させて顕著な呼吸抑制を生じる．この結果，α$_2$-作動薬投与後には低換気によってPaCO$_2$や終末呼気二酸化炭素濃度（ETCO$_2$）が増加する．上部気道に閉塞のある馬や短頭犬種では，喘鳴や呼吸困難を示すことがある．

α$_2$-作動薬は，唾液分泌，胃分泌，嚥下反射，消化管運動性を抑制する．犬や猫では嘔吐を生じ，大型犬や馬では反復投与や長時間の投与によって胃腸管の運動性が低下して胃空虚化時間が延長することで鼓脹を生じやすくなる．急性腹症では，手術のタイミングを遅らせ疾患の重症度を隠してしまうことがあるが，α$_2$-作動薬の胃腸管の疼痛（疝痛）への治療効果は優れている．α$_2$-作動薬は，膵臓のシナプス前α$_2$-受容体刺激によりインスリン分泌を抑制し，血糖値が増加して糖尿を生じる．α$_2$-作動薬の投与後には，抗利尿ホルモンの分泌抑制と心房性ナトリウムペプチド因子の分泌増加によって水分とナトリウム排泄が増加し，利尿が促進される．α$_2$-作動薬は胎盤を通過するが，妊娠した犬，猫，または馬では流産は認められない．反芻動物ではα$_2$-作動薬にオキシトシン様作用があり，牛ではキシラジンによって早産することがある．

非常に興奮した動物や神経質な動物では，α$_2$-作動薬の投与後の極端なふらつきによって逆に反応し，触ったり近寄ろうとすると凶暴になり，十分な作用を得られないこともある．とくに，馬は驚きやすいので，α$_2$-作動薬投与後にも注意して近づくべきである．

a. キシラジン

キシラジンは，わが国を含む世界各国の獣医療において40年以上前から使用されている鎮静剤であり，多くの動物種で信頼性の高い鎮静効果を得られる．わが国では，注射薬（20 mg／mL）が動物用医薬品として承認販売されている．キシラジンには，後発のα$_2$-作動薬（例：デトミジン，ロミフィジン，メデトミジン，デクスメデトミジン）とは異なる以下のような特徴がある．その化学構造にイミダゾール環を持たず，イミダゾール受容体への作用はない．鎮静効果には動物種差があり，同等の鎮静を得るためには馬や犬で牛の10倍量が必要であり，豚では比較的急速に代謝されるためさらに高い投与量が必要である．同等の鎮静作用を示す投与量では，キシラジンの子宮収縮作用は他の後発のα$_2$-作動薬よりも強い．犬では，キシラジン投与後に嘔吐が高頻度に発生し，持続する．

キシラジンは非刺激性であり，SCでの効果は信頼性が低いが，IV，IM，SCで投与できる．キシラジンの鎮静作用は用量依存性であり，通常，馬では顕著なふらつきは示すものの起立を維持できる状態の投与量で用いられ，反芻動物や犬猫では全身麻酔に近い横臥位と意識消失を得られる高用量で用いられることもある．キシラジンには強力な鎮痛作用があるが，外科的処置を実施する際には確実な鎮痛を得るために局所麻酔を併用すべきである．キシラジンの呼吸循環系に対する作用やその他の作用は，前述のとおりである．

キシラジンは，多くの動物種において信頼性と安全性の高い鎮静を生じるが，馬ではIV投与後の激しい興奮や虚脱，牛では低酸素による死亡例も報告されている．また，犬猫では，主にキシラジンと他の麻酔薬の併用による死亡例が報告されている．アチパメゾールなどのα$_2$-拮抗薬をすぐに利用できるように準備することによってキシラジンの安全性を高めることができる．

キシラジンを麻酔前投薬として用いると，麻酔の導入や維持に要する麻酔薬の投与量を大きく減少できる．深い鎮静状態にある動物では循環が抑制され，次に投与する薬剤の効果発現が遅れて過剰投与になりやすい．キシラジンとケタミンを併用するとケタミン誘発性の筋硬直が軽減され，良好な全身麻酔を得られることから，この組み合せは長年にわたって多くの動物種に使用されている．

b. メデトミジン

メデトミジンは，ほとんどの動物種に非常に強力な鎮静，鎮痛，筋弛緩作用を発揮する．メデトミジン製剤は2種類の立体異性体を含んでおり，わが国では動物用医薬品としてラセミ混合物の注射薬（1 mg／mL）が承認販売されている．薬物活性は，右旋性異性体のデクスメデトミジンにあり，欧米の

獣医療やわが国の人医療ではデクスメデトミジン製剤も利用されている。メデトミジン製剤は非刺激性であり，IV，IM，SC，粘膜投与も可能である。メデトミジンは肝臓で急速に代謝され，犬猫馬における排泄半減期は約0.5～1.5時間である。

メデトミジンは，鎮静，催眠，鎮痛，および筋弛緩作用と同時に，徐脈，一過性の高血圧に続く低血圧，および心拍出量の減少など重度の心血管抑制作用を持つ。ほとんどの動物種においてメデトミジン投与後に呼吸数が減少するが，反芻動物以外の動物種の健康な個体では，$PaCO_2$に過剰な上昇は認められない。メデトミジン投与後の犬では1/3にチアノーゼが認められ，このチアノーゼは組織血流の低下と酸素を放出した静脈血によって引き起こされる。雌犬では高用量（40～60μg/kg）のメデトミジン投与で初期に子宮筋が収縮してその後弛緩するが，低用量（20μg/kg）では弛緩のみが生じる。また，メデトミジンによる妊娠犬の流産は報告されていない。メデトミジンを麻酔前投薬として用いると，麻酔導入や麻酔維持に要する麻酔薬の投与量を大きく減少できる。

齧歯類や他の実験動物におけるメデトミジンの効果は様々であり，モルモットにおいて効果が弱い。メデトミジンを単独で用いるよりも，オピオイドやケタミンを併用した方が効果的に鎮静作用を得られる。羊や牛などの反芻動物では，メデトミジン10～20μg/kg IVでキシラジン0.1～0.2 mg/kg IVと同程度の鎮静作用を得られる。野生動物では高用量のメデトミジンが必要であり，不動化を目的としてケタミンと併用して吹き矢で投与されている。実際に，メデトミジンとケタミンの併用によって多くの動物種において良好な不動化が得られ，アチパメゾールなどの$α_2$-拮抗薬で作用を拮抗できることから，有用性が高い。馬では，メデトミジンの負荷用量（5～7μg/kg IV）投与後に維持用量（3.5μg/kg/時間）を持続静脈内投与（CRI）することで起立位のまま長時間の鎮静状態を得られる。また，メデトミジンCRIにより術中の麻酔要求量を大きく軽減できる。

c. デクスメデトミジン

デクスメデトミジンはメデトミジンのS-鏡像異性体であり，その薬物活性を担っている。わが国では，デクスメデトミジンの注射薬（100μg/mL）が人体薬として承認販売されている。デクスメデトミジンは，メデトミジンの約半分の投与量でメデトミジンと同等の鎮静作用を得られる。しかしながら，犬猫をはじめ多くの動物種において，デクスメデトミジンとメデトミジンの間には，投与量の違い以外にその作用や副作用に差は認められていない。

d. 拮抗薬：アチパメゾール

$α_2$-作動薬の中枢作用および末梢作用のいずれも，アチパメゾール，ヨヒンビン，トラゾリンなどの$α_2$-拮抗薬によって拮抗できる。$α_2$-拮抗薬を用いる際には，拮抗によって$α_2$-作動薬の鎮静効果だけではなく鎮痛効果も拮抗されることを念頭に置くべきである。また，使用した$α_2$-作動薬の種類によっては，$α_2$-拮抗薬で拮抗した後に再鎮静を生じ，野生動物では肉食動物に襲われる可能性もある。完全な拮抗に要する$α_2$-拮抗薬の投与量は，$α_2$-作動薬の投与量や$α_2$-作動薬投与後の時間経過に左右される。$α_2$-作動薬による呼吸循環系への作用を拮抗するためには，鎮静作用を拮抗するよりも高い投与量の$α_2$-拮抗薬が必要である。

アチパメゾールは特異的$α_2$-受容体拮抗薬であり，わが国では注射薬（5 mg/mL）が動物用医薬品として承認販売されている。犬では投与したメデトミジンの5倍量のアチパメゾールで拮抗できることから，アチパメゾール製剤のアチパメゾール濃度はメデトミジン製剤のメデトミジン濃度の5倍量に調整されており，投与したメデトミジン製剤の体積と同じ体積のアチパメゾール製剤で拮抗できる。

4. オピオイド

オピオイドは，脳や脊髄内に存在するオピオイド受容体（μ，δ，κ，σ）に作用し，鎮痛，鎮静，多幸感，不快感，および興奮などの様々な作用を生じる。オピオイドには，天然化合物や合成薬物がある。オピ

オイドは，オピオイド受容体に対する活性，鎮痛活性，および付加的作用によって，オピオイド作動薬（例：モルヒネ，フェンタニル，メサドン，メペリジン），部分的作動薬（例：ブプレノルフィン），オピオイド作動-拮抗薬（例：ブトルファノール，ペンタゾシン），およびオピオイド拮抗薬（例：ナロキソン，ナロルフィン，ナルメフェン，ナルトレキソン）に分類される。

オピオイドは，鎮痛を目的に術前（先取り鎮痛），術中（バランス麻酔の鎮痛），または術後（術後疼痛管理）に投与される。高用量のオピオイド投与によって，不安，落ち着きのなさ，動揺，興奮，および身体的違和感を示すことがある（とくに猫と馬）。

オピオイド投与後には，鎮痛作用の他に行動の変化（例：鎮静，多幸感，不快感，興奮），音などの外部刺激に対する反応性の変化，縮瞳（犬と豚）や散瞳（猫と馬），体温制御中枢のリセットとパンティングによる体温低下（犬），高体温（猫），発汗（とくに馬），嘔吐，便秘，および尿貯留を認めることがある。犬では，オピオイド投与後に鎮静を得られるが，急速にIV投与すると興奮することがある。猫や馬ではオピオイドによる興奮作用がとくに起こりやすい。オピオイド投与で生じた興奮状態は，トランキライザー（例：アセプロマジン）や$α_2$-作動薬の投与で制御できる。

一般的に，オピオイドは延髄迷走核の刺激により徐脈を引き起こすが，低用量のオピオイドを投与した際の心収縮力への影響は最小限であり1回拍出量は維持されることから，心拍数が正常範囲にあれば血圧は良好に保たれる。天然型オピオイド（例：モルヒネ）を高用量でIV投与すると，ヒスタミン放出により低血圧を生じる可能性がある。オピオイドは呼吸中枢の$PaCO_2$閾値を上昇させ，用量依存性の呼吸抑制（呼吸数と1回換気量の減少）を示す。オピオイドは同時に投与されている麻酔薬の呼吸抑制を増強する可能性があり，動物が抑制状態や無意識の状態にある場合または頭部外傷のある場合には呼吸抑制が顕著となる。また，オピオイド投与後には，流涎，悪心（犬や猫では嘔吐），推進力のない胃腸管の運動亢進，括約筋緊張の増加，初期の脱糞に続く便秘，尿貯留と抗利尿ホルモン放出増加による尿産生抑制を認めることがある。

オピオイドは，IV，CRI，IM，SC，経口（頬粘膜）投与，経皮投与，および直腸投与が可能である。オピオイドは分布容積が大きく，肝臓で代謝されて代謝産物は尿中に排泄される。また，オピオイドは初期通過効果が非常に大きいため，経口または直腸投与では生物学的利用能が低い。オピオイドの胎盤通過は比較的ゆっくりであり，オピオイド拮抗薬で新生仔の抑制作用を拮抗できるので帝王切開術に有用である。オピオイドは，連続投与により耐性が発現する。

オピオイド拮抗薬は，オピオイド作動薬や部分作動薬とオピオイド受容体を競合するが，受容体を活性化することはない。オピオイド拮抗薬はオピオイド受容体を遮断し，オピオイド受容体がオピオイド製剤や内因性オピオイドに反応できないようにする。いくつかのオピオイド拮抗薬（ナロルフィン，ナルメフェン）の自律神経系作用，内分泌系作用，鎮痛作用，および呼吸抑制作用の拮抗作用には動物種差がある。

(1) オピオイド作動薬（麻薬性オピオイド鎮痛薬）

オピオイド作動薬は強力な鎮痛効果を有し，疼痛管理に極めて有用性が高い。わが国では，オピオイド作動薬は「麻薬」に指定されており，診療を目的に使用する際には麻薬施用者免許の取得が必要である（第1章参照）。

a. モルヒネ

モルヒネは，オピオイド$μ$-および$κ$-受容体を介して強力な鎮痛効果を発揮する天然型のオピオイド作動薬であり，わが国では注射薬（10 mg/mL），経口薬（粉末，錠剤，カプセル），および坐薬が人体薬として承認販売されている。高用量をIV投与するとヒスタミン遊離作用によってアナフィラキシーショックを生じることがある。モルヒネはIM投与後30分以内に作用が発現し，一般的に犬や馬では4時間毎，猫で4～6時間毎に投与する。鎮痛効果やその作用の持続時間は痛みの程度による差や個体差

があることから，個々の症例において痛みを評価して投与プロトコールを調整する必要がある。

b. フェンタニル

フェンタニルは，合成のオピオイドμ-作動薬であり，低用量で強力な鎮痛効果を発揮する。わが国では，注射薬（50 μg/mL）および経皮吸収型製剤（パッチ）が人体薬として承認販売されている。また，ドロペリドール－フェンタニル合剤の注射薬も人体薬として承認販売されている。フェンタニルIV投与後には1～2分で作用が発現するが，単回ボーラス投与の作用持続時間は約20分であり，持続的な効果を得るためにCRIでも用いられる。しかし，フェンタニルは2時間以上CRIすると蓄積が生じ，context sensitive half-time（CSHT；CRI終了後の血中濃度の半減期）が延長する。フェンタニルは呼吸抑制が強く，術中に用いる高用量（10～20 μg/kg/時間 CRI）では調節呼吸による呼吸管理が必要となる。また，高用量では徐脈が顕著となり，麻酔前投薬としてアトロピンを用いるべきである。血管系機能が不安定な全身状態の悪い犬猫では，ジアゼパムやミダゾラムなどのベンゾジアゼピン化合物とフェンタニルを併用して安全に麻酔導入できる。

フェンタニルは経皮的によく吸収されることから，徐放性の経皮吸収型製剤（パッチ）が開発され，癌性痛をはじめとする疼痛管理に利用されている。犬猫では，フェンタニルパッチ貼付後に有効血漿濃度に達するまでに12～24時間程度かかるが，鎮痛作用は犬で72時間程度，猫で104時間程度持続する。

c. レミフェンタニル

レミフェンタニルはフェンタニル由来の超短時間作用型オピオイドμ-受容体作動薬であり，わが国では注射薬（2 mgと5 mgの粉末）が承認販売されている。レミフェンタニルは作用発現が急速であり，加えて非特異的な血液エステラーゼおよび組織エステラーゼで急速に分解されることからCSHTはCRI時間に左右されず蓄積作用がない。したがって，レミフェンタニルCRIは，長時間を要する侵襲の強い外科手術の術中鎮痛として高い有用性を持つ。フェンタニルと同様に，レミフェンタニルは呼吸抑制が強く，外科手術に用いる高用量（20～40 μg/kg/時間 CRI）では調節呼吸による呼吸管理が必要である。また，徐脈を予防するため麻酔前投薬にアトロピンを用いるべきである。

(2)オピオイド部分的作動薬/作動-拮抗薬（非麻薬性オピオイド鎮痛薬）

一般的に，オピオイド作動-拮抗薬または部分的作動薬の臨床例における鎮痛効果はオピオイド作動薬に比較して弱く，通常，軽度から中等度の痛みに対して有効である。

a. ブプレノルフィン

ブプレノルフィンは合成のオピオイドμ-受容体の部分作動薬であり，わが国では向精神薬に指定され，注射薬（0.2 mg/mL），坐薬，および経皮吸収型製剤が人体薬として承認販売されている。ブプレノルフィンの用量-反応曲線は「ベル型」をしており，低用量では用量依存性に鎮痛効果が増強されるが，閾値に達するとさらに高用量では鎮痛効果が減少する。卵巣子宮全摘出術を実施した犬では，ブプレノルフィンの投与量を0.02～0.04 mg/kgまで増加すると鎮痛効果は増強されなくなる。

ブプレノルフィンはオピオイドμ-受容体に高い親和性を持ち，μ-受容体との結合には時間を要するが緊密に結合する。したがって，ブプレノルフィンはその作用発現に時間を要する（約45分）反面，作用持続時間は長い（8～6時間）。ブプレノルフィンはμ-受容体に対し高い親和性を持ち緊密に結合することから，ブプレノルフィンの鎮痛効果が不十分だった場合に鎮痛作用のより強力なμ-作動薬を追加投与しても鎮痛増強を得にくい。

b. ブトルファノール

ブトルファノールは合成のμ-拮抗κ-作動性のオピオイド作動-拮抗薬であり，わが国では動物用医薬

品の注射薬（5 mg/mL）と人体薬の注射薬（2 mg/mL）が承認販売されている。ブトルファノールの鎮痛作用は比較的弱く，犬猫や馬では$α_2$-作動薬と併用して軽度な鎮痛作用を得るために用いられている。また，ブトルファノールは鎮咳作用があり，$α_2$-作動薬誘発性の嘔吐を抑制する作用がある。ブトルファノールは，投与後5〜15分で作用が発現し，その作用持続時間は2時間程度であり，犬や馬ではCRIで用いられることもある。

c. トラマドール

トラマドールはコデインの合成類似物質であり，わが国では20年以上前から注射薬（50 mg/mL）が人体薬として承認販売され，現在では人体薬の経口薬（錠剤）も利用できる。トラマドールは弱いオピオイド受容体作動薬であると同時に，ノルアドレナリンやセロトニンの取り込み抑制によって$α_2$-作動薬様の効果を生じ，軽度〜中等度の鎮痛作用を示す。犬におけるトラマドールの主な副作用は流涎と悪心である。猫では犬よりトラマドールの代謝排泄が遅いが，中等度以上の良好な鎮痛作用を得られる。トラマドール投与による呼吸循環系への影響は最小限であるが，猫ではオピイド受容体への作用によって$PaCO_2$上昇に対する感受性が低下し，無呼吸を生じやすい。

(3) オピオイド拮抗薬：ナロキソン

ナロキソンはオピオイド受容体のすべてを拮抗するオピオイド拮抗薬であり，わが国では注射薬（0.2 mg/mL）が人体薬として承認販売されている。ナロキソンの作用時持続時間は非常に短くすぐに効果が消失するので，オピオイド作動薬の拮抗には反復投与が必要となる場合が多い。

5. ケタミン

ケタミンは注射麻酔薬として広く認知されているが（第4章参照），麻酔量以下の低用量でも鎮痛効果を発揮する。ケタミンは，N-メチル-d-アスパラギン酸（NMDA）受容体を非競合性に拮抗するNMDA拮抗薬である。NMDA受容体は中枢感作の成立に重要な役割を担っており（第5章参照），人ではケタミン投与によって幻肢痛の発生軽減が報告されている。犬では，麻酔前投薬としてケタミン2.5 mg/kg IMを投与することで，卵巣子宮全摘出術の術後疼痛を緩和できることが報告されている。

6. 各種動物における鎮静

鎮静の目的は，動物を静かで扱いやすい状態にして検査や処置を容易にすることである。しかし，鎮静薬は，動物の交感神経系活性を変化させて心拍出量と血圧増加を抑制し，高用量では顕著な心肺抑制を引き起こす。動物の鎮静では，動物種，鎮静下で実施する処置の内容，そして薬剤の薬理学的特徴を考慮して薬剤を選択する。鎮静下の動物に局所麻酔法を併用することで実施できる外科的処置もある。動物の行動制御はフェノチアジンやブチロフェノンで可能であり，中等度〜重度の鎮静を得るためには$α_2$-作動薬やオピオイドの併用が好ましい。また，IMよりもIV投与の方が鎮静の発現が速やかで程度も強くなる。

(1) 馬の鎮静

馬では，目的とする検査や処置を安全かつ容易に実施するために鎮静が必要となることが多い。しかし，馬は鎮静による筋力低下やふらつきを感じるとパニックに陥って凶暴になることがある。古くは馬の鎮静に抱水クロラールが用いられ，その後アセプロマジンとキシラジンが広く使用されてきた。近年，作用時間の長い後発の$α_2$-作動薬（例：デトミジン，メデトミジン，ロミフィジン）が用いられるようになり，局所麻酔の併用で枠場内立位手術も実施されている。

a. フェノチアジン

馬はアセプロマジン0.03 mg/kg IVまたは0.05 mg/kg IMで持続時間20〜30分間程度おとなし

くなり，60%の馬で顕著な鎮静効果を得られる．アセプロマジンの投与量を2倍にしてもその鎮静作用は増強されないが，作用時間が延長する．馬では，アセプロマジンの錠剤やペーストの経口投与でIM投与と同様の鎮静状態が得られ，その推奨最大投与量は0.1 mg/kgである．アセプロマジンの作用持続時間は長く，全身状態の悪い個体や老齢の個体ではさらに作用が延長する．

臨床用量のアセプロマジンは馬の換気にほとんど影響しないが，血管拡張によって血圧が低下し，循環血液量が少ない個体では虚脱する可能性がある．血圧低下で頻脈を生じることもあり，第1度房室ブロックを認めることもある．種馬や騙馬では，アセプロマジン投与による鎮静に伴って陰茎が露出することがあり，稀に持続して陰茎損傷を生じる（前述）．この場合，マッサージなどで陰茎の浮腫を軽減して露出した陰茎を包皮内に納め，圧迫包帯や包皮の縫合によって再脱出を防止する．

馬では，アセプロマジンの安全性が高く，欧米ではおとなしくなる程度または軽度の鎮静を得られる低用量で蹄鉄の交換や若い馬の調教に利用されている．アセプロマジンとオピオイドを併用すると深い鎮静作用を得られることから，心血管系機能に問題があり α_2-作動薬の使用が適切でない症例の鎮静や麻酔前投薬に用いられている．アセプロマジンは作用時間が長いことから穏やかな馬の麻酔回復期を得られ，麻酔関連偶発死亡の発生減少との関連が示されている．

b. α_2-作動薬

馬は，キシラジン0.5〜1.1 mg/kg IVによって2分以内に顕著な鎮静効果を示す．頭を低く下げ，眼瞼や下唇は下垂し，傾いた体勢で後肢を交叉させたり前肢を折り曲げたりするが，馬はパニックに陥ることなく起立を維持する．鎮静効果はIV投与後5分で最大となり30〜60分間持続する．キシラジン2〜3 mg/kg IMでは投与20〜30分後で最大効果が得られる．キシラジンには鎮痛作用があり，急性腹症（疝痛）では α_2-作動薬による腸管運動の低下も鎮痛に関連している．キシラジン単独で鎮静した馬では，まだ触られることに敏感に反応し，深く鎮静されていても驚くと突然蹴ってくることもある．

キシラジンIV投与後には，一過性に血圧が上昇して1〜2分で最大に達し，その後徐々に血圧低下を示して1時間程度持続する．初期の血圧上昇では，徐脈とともに房室ブロックや洞房ブロックを認めることもある．キシラジンIV投与後の血圧変化はその程度および持続時間ともに用量依存性であり，IM投与後も同様であるがそれほど顕著ではない．心拍出量は徐脈のために顕著に低下し，キシラジン1.1 mg/kg IVでは正常安静時の20〜40%まで低下する．つまり，キシラジン投与後初期の血圧上昇は血管収縮によって引き起こされ，その後心拍数と心拍出量の減少によって血圧が低下する．キシラジン1.1 mg/kg IVまでであれば顕著な呼吸抑制は生じないが，$PaCO_2$ はわずかに増加し，PaO_2 はわずかに減少する．しかし，馬の頭を低く下げたままにしておくと，短時間でも鼾（いびき）を生じる．また，被毛の多い馬では鎮静が回復するに従って発汗し，環境温度が高いと発汗が顕著となる．その他，キシラジン投与後には，α_2-作動薬の典型的な副作用である高血糖，利尿，腸管運動低下，子宮筋の緊張増加を認める．子宮筋の緊張増加は妊娠馬には好ましくない．馬の麻酔前投薬にキシラジンを用いると，麻酔薬の要求量を軽減できる．キシラジンは過去30年以上にわたって，馬の鎮静や麻酔前投薬の標準薬として用いられているが，わが国の製剤（20 mg/mL）では投与体積が大きくなる（1 mg/kgでは体重500 kgで25 mL）．

馬では，メデトミジン5〜10 μg/kg IVによってキシラジン0.5〜1 mg/kg IVと同等の鎮静が得られる．馬におけるメデトミジンの排泄半減期は29分間と短いことから，術中鎮痛としてCRIで用いられている．メデトミジン製剤のメデトミジン濃度は1 mg/mLであり，体重500 kgの馬に10 μg/kgで投与するとその投与体積は5 mLであり投与しやすい．

(2) 反芻動物の鎮静

a. フェノチアジン

反芻動物には，アセプロマジンはあまり用いられていないが，牛では馬より少ない投与量で使用でき

る。アセプロマジンは，麻酔中の第一胃内容逆流の危険性を増大させる可能性があり，尾静脈投与の際に誤って尾動脈に投与すると尾が脱落する可能性がある。雄牛にアセプロマジンを投与すると陰茎露出を生じ，麻酔回復期に牛が起立する際に陰茎を損傷する危険性が増大することから，種牛の全身麻酔ではアセプロマジンの投与は推奨されない。アセプロマジは，栄養状態の悪い症例や血液量が減少している症例には禁忌である。

b. α_2-作動薬

牛の鎮静にはキシラジンが頻繁に用いられ，高用量では横臥位を示す。キシラジンの作用には動物種差があり，牛では低用量で馬より深い鎮静が得られる。キシラジンは，牛に高血糖と低インスリン血症を引き起こし，妊娠牛の子宮にオキシトシン様作用を引き起こす。反芻動物において，キシラジンは，低用量($0.015 \sim 0.025$ mg/kg IV, IM)で横臥を伴わない鎮静を生じ，牛では高用量(0.1 mg/kg IV, 0.2 mg/kg IM)で横臥を伴う深い鎮静が得られる。牛では，メデトミジン5 μg/kg IVによって起立位で短時間の鎮静が得られ，10 μg/kg IVで横臥となる。α_2-作動薬の鎮静効果はα_2-拮抗薬のアチパメゾール($20 \sim 60$ μg/kg IV)によって拮抗でき，α_2-作動薬投与後の経過時間が長いほど低用量で拮抗できる。

(3) 犬の鎮静

犬では，鎮静下で実施できる処置もあれば，気管挿管して全身麻酔下で実施した方がより安全な処置もある。例えば，歯石除去などの歯科予防処置を鎮静下で実施すると丁寧な処置が困難であり，気管挿管を実施していない場合には洗浄水や歯石を吸引する危険性が高い。

a. フェノチアジン

犬では，アセプロマジンが世界的に最も一般的に使用されている。犬に使用するにはアセプロマジン製剤の濃度(10 mg/mL)は高く，生理食塩液で$1 \sim 2$ mg/mLに希釈して使用するとより正確な投与量で使用できる。アセプロマジンの希釈液は遮光して保存する。アセプロマジン投与後の犬の反応性は，個体の気性，全身状態，品種によって様々であり，セントバーナード，ニューファンドランド，スイスマウンテンドッグなどの大型犬種は感受性が高く，0.03 mg/kgで横臥となる。ボクサー犬では，アセプロマジン投与後に循環虚脱を生じることがあり，この犬種ではアセプロマジンを低用量で抗コリン作動薬を併用するか，アセプロマジンの使用を避けるべきである。アセプロマジンは攻撃的な犬や興奮した犬にはほとんど効果がみられない。一般的に，犬ではアセプロマジンとオピオイドを併用することでより良い鎮静効果が得られる。

健康な犬ではアセプロマジンによる心血管作用は最小限であるが，血液量減少のある犬，高窒素血症の犬，および高齢の犬では顕著な反応が生じる。アセプロマジンの投与量は大型犬では減量すべきであり，小型犬では$0.05 \sim 0.1$ mg/kg IM，中型犬(体重$10 \sim 20$ kg)では$0.05 \sim 0.07$ mg/kg IM，および大型犬(体重20 kg以上)では$0.02 \sim 0.05$ mg/kg IMで最大3 mg/頭とする。これらの投与量より高用量でアセプロマジンを用いても鎮静効果が強くなることはない。通常，アセプロマジンIM投与後には30分程度経過すると良好な鎮静作用が得られ，おとなしくなると同時に第三眼瞼の突出を認める。IV投与では投与後5分で鎮静作用が発現するが，強い鎮静状態を得るためには$20 \sim 30$分以上を必要とする。アセプロマジンは経口投与でも鎮静効果を得られるが，食物と同時に投与すると鎮静効果は乏しく，胃内容がない状態で投与すると良い鎮静を得られる。

アセプロマジンを麻酔前投薬に用いる利点の1つには，カテコラミン誘発性心室性不整脈の防止作用がある。アセプロマジンの末梢性α-遮断作用によって低血圧治療が困難になることから，術中に重度の血液量減少や低血圧が予測される場合には麻酔前投薬へのアセプロマジンの使用を避けるべきである。短頭種犬や上部気道閉塞の危険性を持つ犬では，アセプロマジンは推奨されない。これまで，全身

痙攣の病歴を持つ犬ではアセプロマジンの使用が避けられてきたが、てんかんの犬にアセプロマジンを投与しても全身痙攣を引き起こさない科学的根拠が最近示された。犬では、その他、プロピオニルプロマジン、プロマジン、クロルプロマジンなどのフェノチアジンが使用されてきたが、その作用はアセプロマジンとほぼ同様である。

b. ベンゾジアゼピン化合物

健康な犬にベンゾジアゼピン化合物（ミダゾラム、ジアゼパム）を投与すると落ち着きがなくなり興奮することもあるので、単独で用いられることは稀であり、多くの場合、鎮静作用の増強、他の薬剤の必要量減少、およびケタミンの興奮遮断を目的としてオピオイド、α_2-作動薬、およびケタミンに併用される。これに対して、高齢犬や全身状態の悪い犬、髄膜炎や全身痙攣の病歴のある犬ではベンゾジアゼピン化合物で鎮静効果を得られる。ベンゾジアゼピン化合物による呼吸循環系機能への影響は最小限であり、安全域は広い。したがって、高齢犬や全身状態の悪い犬の鎮静や麻酔前投薬において、ベンゾジアゼピン化合物はアセプロマジンの良い代替薬である。また、ベンゾジアゼピン化合物はフルマゼニルで拮抗できる。

c. α_2-作動薬

犬の鎮静や麻酔前投薬においても、α_2-作動薬は広く臨床応用されているが、他の動物種と同様に、強力な鎮痛効果が得られる反面、徐脈、房室ブロック、一過性の血圧上昇後の血圧低下、心拍出量低下などの強い循環抑制を生じる。また、α_2-作動薬投与後には換気と$PaCO_2$に顕著な変化はないが、呼吸中枢の二酸化炭素に対する感受性と反応性が抑制され、低酸素血症を示す可能性がある。α_2-作動薬誘導性の末梢血管収縮によって静脈カテーテルの留置や歯肉などの可視粘膜による酸素化の評価が困難となり、パルスオキシメーターは脈信号を拾いにくくなる。α_2-作動薬は消化管運動を抑制し、インスリン分泌を抑制して血糖値を上昇し、抗利尿ホルモンの分泌を抑制して利尿を生じる。α_2-作動薬投与後の鎮静の強さは、投与前の犬の精神状態に左右され、怯えた犬や興奮した犬では十分な鎮静効果が得られないこともある。

犬では、キシラジン0.5〜2.2 mg/kg IMで用量依存性の鎮静効果を得られ、その後に投与する麻酔薬の要求量を大きく減少できる。キシラジン投与後に鎮静効果が発現するまでの間に、ほとんどの犬が悪心または嘔吐を示す。

メデトミジンはキシラジンよりも良質な鎮静と鎮痛作用を持ち、作用持続時間も長い。メデトミジン5 µg/kg以上の投与量では、犬の心血管系への作用は同様である。メデトミジンの鎮静作用は2 µg/kg IVで得られ、用量依存性に鎮静の強さと持続時間が増大する。メデトミジン投与後には約20％の犬に嘔吐を認め、キシラジンより嘔吐の発生は少ない。

心機能が正常な犬にメデトミジンを投与すると、血管収縮による血圧上昇に対する生理的な圧受容体反射として心拍数が低下して徐脈が生じる。一方、心機能が低下した犬にメデトミジンを投与した場合に、メデトミジンによる末梢血管収縮に耐えられないと心拍出量が顕著に減少して低血圧に陥り、代償的な圧受容体反射によって心拍数が増加する。つまり、メデトミジン投与後の心拍数増加は顕著な循環抑制を暗示する危険信号と言える。メデトミジン投与前に抗コリン作動薬のアトロピンを予防的に投与すると、心機能が正常な犬では心拍数増加に伴って異常な高血圧を生じる危険性がある。また、心機能が低下した犬ではメデトミジン投与後に心拍数が増加しても、アトロピンによる心拍数増加であるのか、低血圧を示す危険信号であるのかを見分けることができない。これらのことから、犬にメデトミジンを投与する際にアトロピンを併用することは推奨されない。

メデトミジンは急激な用量-反応曲線を示すことから、その投与量は体重よりも体表面積（BSA）で算出することが理想的である。このことは、大型犬では比較的投与量が少なく、小型犬で用量が多いことを示す。強い鎮静を得られるメデトミジンの投与量は犬で750〜1,000 µg/m^{2}である（体重15 kgの犬

では30～40 μg/kgに相当する)。高齢犬では鎮静効果が増大することから，若い犬に用いる総投与量の半量を用いることで同等の鎮静作用を得られる。

デクスメデトミジンの作用はメデトミジンと同様であり，犬では125 μg/m²で軽度な鎮静，375 μg/m²で中等度の鎮静，375～500 μg/m²で深い鎮静を得られる。

d．オピオイド

オピオイドを健康な犬に単独投与しても明らかな鎮静は得られないが，トランキライザーやα_2-作動薬と併用すると，軽度～重度の鎮静効果を得られる。また，オピオイドには鎮痛効果があり，痛みを伴う処置を実施する際の全身麻酔の麻酔前投薬や術中鎮痛，さらに術後疼痛管理に利用できる。一般的に，オピオイドとメデトミジンまたはデクスメデトミジンを併用すると強い鎮静を得られるが，呼吸循環抑制はアセプロマジンまたはベンゾジアゼピンとオピドを併用した場合よりも強い。

パンティング（浅速呼吸）はオピオイド投与後に認められる副作用の1つであり，モルヒネを投与した犬の約70％に認められる。また，犬にモルヒネを投与すると高頻度に嘔吐を認めるが，ブトルファノール，ブプレノルフィン，フェンタニルの投与では嘔吐は認められない。

(4) 猫の鎮静

猫は鎮静することで取り扱いが容易となり，獣医師は目的の検査や処置を短時間で完了できる。

a．フェノチアジン

アセプロマジンは猫に0.02～0.1 mg/kg IM, IV，またはSCで用いる。アセプロマジン単独では軽度の鎮静が得られるのみであるが，オピオイドやケタミンを併用すると強い鎮静作用が得られる。

b．ベンゾジアゼピン化合物

ベンゾジアゼピン化合物のジアゼパムやミダゾラムは猫にほとんど鎮静作用がなく，興奮や落ち着きのない状態を生じることから，単独投与することは稀であり，オピオイドやケタミンと併用して用いる。ミダゾラムは0.1～0.5 mg/kg IMまたはIV，ジアゼパムは0.1～0.5 mg/kg IVで用いる。

c．α_2-作動薬

猫では，α_2-作動薬のメデトミジンまたはデクスメデトミジンのIM投与によって信頼性の高い鎮静および鎮痛効果が得られるが，投与前に興奮し攻撃的になっている場合には強い鎮静作用が得られないこともある。猫におけるメデトミジンまたはデクスメデトミジンの鎮静作用持続時間は用量依存性であり，デクスメデトミジンではメデトミジンの約半分の投与量で同程度の鎮静鎮痛作用が得られる。猫では，メデトミジン20 μg/kg IMで30～60分間持続する鎮静効果が得られる。

メデトミジンとデクスメデトミジンによる心血管系抑制作用は同等である。メデトミジン20 μg/kg IM投与15分後には，心拍数と心拍出量はそれぞれ安静時の40％までおよび65％まで低下するが，全身血管抵抗が有意に上昇することから，血圧には変化を認めない。血液ガス分析所見には有意な変化は認められない。同様に，デクスメデトミジン投与後にも心拍数低下は認められるが，血圧は変化しない。猫では，メデトミジン投与前にアトロピン用いると心拍数と血圧が有意に上昇するが，犬で認められるような異常な高血圧は認められない。通常，猫においても，犬と同様にメデトミジンを投与する際にアトロピンを併用することは推奨されない。

一般的に，猫ではα_2-作動薬とオピオイドが併用され，デクスメデトミジン10 μg/kgにブトルファノール0.2 mg/kgを併用してIM投与することでデクスメデトミジン10 μg/kg単独IMよりも強い鎮静作用が得られる。デクスメデトミジン20 μg/kgにブプレノルフィン0.01 mg/kgを併用してIM投与すると，デクスメデトミジン40 μg/kg単独IMと同程度の持続時間の鎮静作用が得られ，鎮痛効果

は延長する。デクスメデトミジン5 µg/kgにミダゾラム0.4 mg/kgおよびブトルファノール0.4 mg/kgを併用してIM投与すると長時間持続する深い鎮静が得られ，この鎮静下では心拍数が減少して心拍出量は50%まで減少するが，血圧に変化は認められない。

　メデトミジンまたはデクスメデトミジンを用いた鎮静は，アチパメゾールで拮抗できる。猫では，投与したメデトミジンの2.5倍量のアチパメゾールで拮抗することが推奨されている。デクスメデトミジンによって深く鎮静されている猫では，5倍量のアチパメゾールで拮抗することが推奨されている。過剰に拮抗すると猫の活動性が異常に亢進する可能性もあることから，メデトミジンまたはデクスメデトミジン投与後の経過時間が長い場合には，アチパメゾールの投与量を減らすべきである。

　猫では，$α_2$-作動薬投与後に高率で嘔吐を認めるが，この時点では猫は起立した状態であるので誤嚥を生じることは稀である。猫に$α_2$-作動薬を使用する際には，その鎮静作用と心血管抑制に注意すべきである。$α_2$-作動薬を猫の麻酔前投薬に用いた場合には，麻酔の導入や維持に要する麻酔薬の要求量は大きく減少し，とくにオピオイドや低用量ケタミンを併用した場合には麻酔要求量は50%未満になる可能性がある。一方，高齢猫や全身状態の悪い猫，そして心疾患のある猫では，$α_2$-作動薬が心拍出量を顕著に減少することを考慮しなくてはならない。幼若猫にメデトミジンまたはデクスメデトミジンを用いることは推奨されない。

(5) 豚の鎮静

　豚は物理的な保定に対して激しく反応する(もがき鳴き叫ぶ)ことから，軽微な作業でも化学的保定(鎮静薬の投与)が実施される。IM投与は，耳根部のすぐ後ろの頸部(第二頸椎レベル)の他，上腕三頭筋，大腿四頭筋，臀筋，背最長筋に実施できるが，食肉用の豚では頸部が好ましい。膿瘍を防止するため，IM投与前に皮膚を洗浄消毒する。豚の鎮静には，アセプロマジン，アザペロン，ドロペリドール，$α_2$-作動薬，ケタミン，およびオピオイドが用いられる。

　他の動物種と同様にフェノチアジンは豚でも効果があり，アセプロマジン0.03〜0.1 mg/kg IMによってIV投与が容易に可能な鎮静状態が得られる。アセプロマジンIM投与後には，最大効果が得られるまで30分程度待つ必要がある。アザペロンは，豚用鎮静剤として承認販売されていたが，わが国では2007年に販売中止となった(前述参照)。豚では，ドロペリドールでアザペロンと同様の鎮静効果を得られ，若い豚ではドロペリドール0.1〜0.4 mg/kg IM投与15〜45分後に2時間程度持続する鎮静を最小限の呼吸循環抑制で得られる。ドロペリドール-フェンタニル合剤では，ドロペリドール単独より良好な鎮静効果が得られる。

　豚では，キシラジンは比較的急速に代謝されるため，単独投与では十分な効果が得られないことから，ケタミン，ブトルファノール，あるいはミダゾラムなどを併用すべきである。また，わが国のキシラジン製剤(20 mg/mL)では投与体積が大きくなることから，$α_2$-作動薬を使用するのであればメデトミジンの方が好ましい。メデトミジンは，豚において用量依存性の鎮静効果を生じ，キシラジンよりも強力な効果が得られる。豚では，メデトミジン5〜20 µg/kg IMで軽度から中等度の鎮静が得られ，80 µg/kg IMで非常に深い鎮静が得られる。メデトミジンにブトルファノール0.2 mg/kg IMおよびミダゾラム0.2 mg/kg IMを併用することで，さらに深く予測可能な鎮静効果を得ることができる。

　豚では，ケタミン2〜10 mg/kg IMをアセプロマジン，アザペロン，メデトミジン，またはミダゾラムと併用することで良好な鎮静効果が得られる。健康な豚にオピオイドを単独投与しても鎮静効果は得られないが，ブトルファノール0.2 mg/kgにキシラジン1〜2 mg/kgまたはメデトミジン10〜20 µg/kgを併用してIM投与すると良好な鎮静効果が得られる。さらに，このブトルファノールと$α_2$-作動薬の組み合わせにミダゾラム0.2〜0.5 mg/kgを併用してIM投与すると，鎮静効果の質が向上する。

第3章　局所麻酔

> 一般目標：局所麻酔薬の作用機序と使用法，注意点について理解する。

> 到達目標：1）局所麻酔薬の種類，作用機序，使用上の原則，禁忌と合併症を説明できる。
> 2）各種動物における局所麻酔法の適応を説明できる。

1. 局所麻酔薬の分類と作用機序

　局所麻酔薬は，皮膚表面（表面麻酔），組織（浸潤麻酔），局所構造（区域麻酔）に脱感覚と無痛を生じる。多くの局所麻酔薬を利用できるが，その作用の強さ，毒性，費用は様々である。局所麻酔薬には，エステル型（例：プロカイン，テトラカイン，ベンゾカイン）とアミド型（例：リドカイン，プリロカイン，メピバカイン，ブピバカイン，ロピバカイン）がある（図3-1）。エステル型の局所麻酔薬は，血清コリンエステラーゼ（偽コリンエステラーゼ）によって血中や肝臓で加水分解される。アミド型の局所麻酔薬は，中間鎖のエステル結合をアミド結合に置換して安定性を高めており，局所から吸収された後に肝臓に運ばれて代謝分解される。

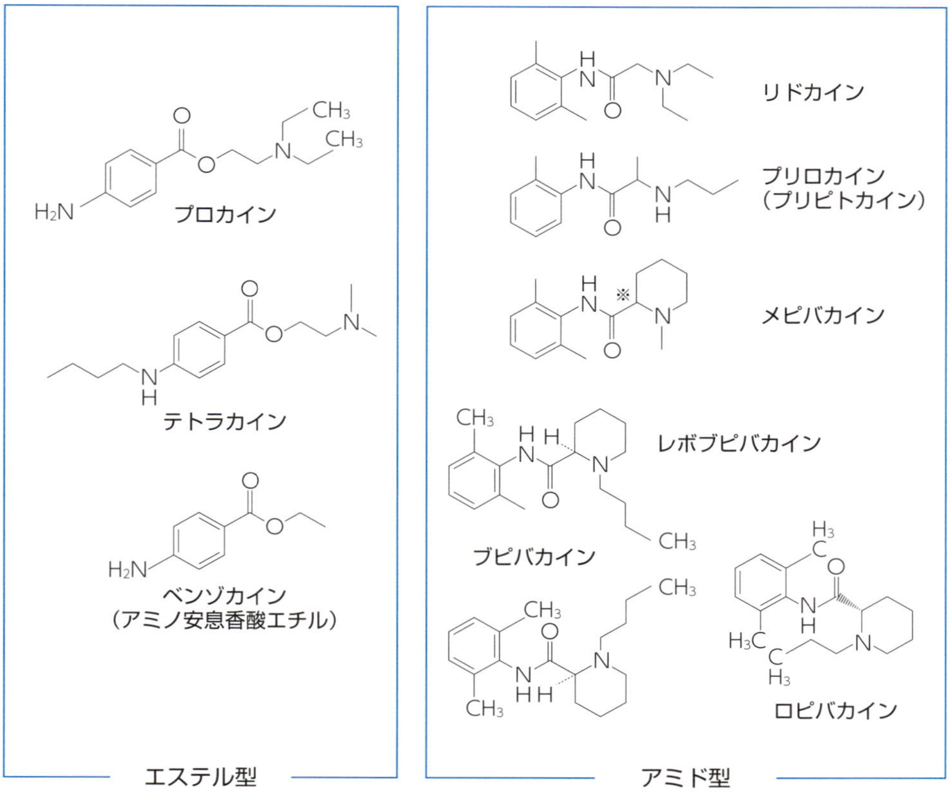

図3-1　局所麻酔薬

局所麻酔薬は正常な皮膚からは吸収されにくく，粘膜，漿膜面，呼吸器の上皮，筋肉内投与，皮下投与，および損傷された皮膚で吸収される。吸収された局所麻酔薬は，ナトリウム（Na^+）イオンが出入りする細胞膜チャネル（電位依存性Na^+チャネル）に侵入して占拠することによってNa^+の流入とそれに続くイオン流を直接阻止する。これによって神経線維の脱分極を阻止し，神経インパルス伝達を遅延または停止させる。局所麻酔薬は水溶性を得るために塩酸塩として製剤化されている。局所麻酔薬の共通の構造として脂溶性の高い芳香基（ベンゼン環）と水素イオンを得て電離すると水溶性となる三級アミンの双方を持っているのが特徴である。局所麻酔薬の塩酸塩が組織内に注入されると解離し，塩基型（B）とイオン型（BH^+）は以下のような平衡状態にある。

$$BH^+Cl^- \Leftrightarrow Cl^- + BH^+ \Leftrightarrow B + H^+ + Cl^-$$

遊離した局所麻酔薬の塩基型（B）は神経線維の脂質外膜に吸収され，神経線維内の水素イオンと結合してイオン化してイオン型（BH^+）となり，神経線維の内側からNa^+チャネルを遮断する（図3-2）。局所麻酔薬の酸解離定数（pKa）は通常pKa 8〜9であり（例外：ベンゾカインはpKa 2.9），pHが低いほど（酸性であるほど）局所麻酔薬はイオン化（BH^+）しており，神経線維内に吸収されにくくなる。感染組織や炎症組織は酸性に傾いており，局所麻酔薬を投与しても遊離塩基（B）の生じる量が少なく，局所麻酔薬の効果は小さくなる。

神経線維には，有髄線維のAα-線維（運動位置感覚，固有受容），Aβ-線維（触覚，圧覚），Aγ-線維（筋紡錘），およびAδ-線維（痛み，温冷覚），有髄線維のB-線維（交感神経節前線維），および無髄線維のC-線維（痛み，温冷覚，交感神経節後線維）があり，Aδ-線維とC-線維が痛み刺激を伝達している（表3-1）。一般的に，局所麻酔薬の作用は細い神経から発現し，髄鞘のないC-線維で最も感受性が高く，C-線維＞Aδ-線維＞Aα-線維の順に効果の発現が遅くなる。したがって，感覚は痛覚，冷覚，温覚，触覚，関節，深部圧の順で消失し，すべての感覚が消失しても運動機能は維持される可能性がある。

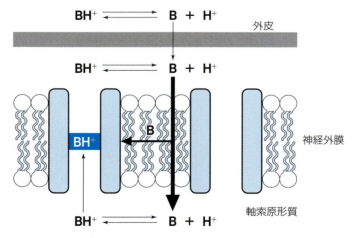

図3-2　局所麻酔薬の作用機序

表3-1 神経線維の分類

神経線維	解剖学的位置	タイプと直径	機能	局所麻酔薬の感受性
Aα-線維	筋肉と関節の遠心性/求心性神経	有髄 6〜22 μm	運動位置感覚,固有受容	＋
Aβ-線維	筋肉と関節の遠心性/求心性神経	有髄 6〜22 μm	触覚,圧覚	＋＋
Aγ-線維	筋紡錘の遠心性/求心性神経	有髄 3〜6 μm	筋緊張	＋＋
Aδ-線維	感覚根	有髄 1〜4 μm	痛み,温冷覚	＋＋＋
B-線維	交感神経節前線維	有髄 ＜3 μm	血管運動,内臓運動	＋＋＋＋
C-線維	交感神経節後線維,感覚根	無髄 0.4〜1.2 μm	血管運動,内臓運動,痛み,温冷覚	＋＋＋＋

　局所麻酔薬の力価はその脂溶性に比例し,脂溶性の高い局所麻酔薬ほど効果が強い。また,タンパク結合能の高い局所麻酔薬は作用時間が長く,Na^+チャネル内の受容体に確実に結合する(例:ブピバカイン,ロピバカイン＞テトラカイン＞リドカイン＞プロカイン)。局所麻酔薬の濃度を2倍にすると,その作用時間は約30％まで増加する(薬物濃度の対数に比例)。麻酔回復時間は,局所麻酔薬が神経膜から流出拡散して徐々に放出される速度に依存する。

2. 局所麻酔薬の使用上の原則,禁忌と合併症

　局所麻酔は,マルチモーダル鎮痛と先取り鎮痛(第5章参照)を効果的に得ること,全身麻酔薬の要求量減少,外科的侵襲に対するストレス反応の軽減,および中枢感作が成立する可能性を減らすことを目的に実施する。局所麻酔では,減菌した薬液と器材,無菌的手技を用い,最も低い有効濃度の局所麻酔薬を用いる。局所麻酔薬の注入には実用範囲のできるだけ細い注射針を用い,注入前に注射筒の内筒を引いて血液吸引の有無を確認して偶発的な静脈内(IV)投与を避ける。局所麻酔薬を注入した後には,無痛を得られるまで待って目的の作業を開始する。可能な限り局所麻酔薬を炎症部位に注入しない。

　血管収縮薬(例:エピネフリン)は,局所麻酔薬の作用の増強,作用時間の延長,血流への吸収を遅らせて局所麻酔薬の毒性を軽減することを目的に用いられる。しかし,血管収縮薬の使用は,末梢組織の血行障害(例:爪先,陰茎,耳),心不整脈,あるいは心室細動の危険性を高める可能性がある。リドカインでは,作用増強と持続時間延長を目的として血管収縮薬(エピネフリン5 μg/mL,1:200,000)を添加した製剤を利用できる。

　局所麻酔薬1 mLに対してヒアルロニダーゼ5単位添加すると,局所麻酔薬の拡散領域が約2倍増大し,脱感覚の起こる領域が大きくなる。しかし,急速に麻酔効果が発現し,血管収縮薬を併用しないと吸収が増加するので作用時間は短くなる。また,局所麻酔薬の全身への吸収や毒性を増大する可能性があり,ヒアルロニダーゼを添加しても筋膜は局所麻酔薬の拡散の障壁となることから,ヒアルロニダーゼの添加は正確な局所麻酔手技の代用になるものではない。

　局所麻酔薬の過剰投与による中毒症状は,即時型と遅発型(投与後30分程度で起こる)の2種類がある。即時型では,痙攣や意識の消失,循環虚脱(ショック)を認める。遅発型では段階的な症状の発現が特徴的であり,初期は刺激性の中枢神経症状(興奮)を示し,次いで抑制性の中枢神経症状(意識消失,痙攣,呼吸停止)を生じ,その後循環虚脱に至る。局所麻酔薬中毒の治療では,痙攣や呼吸停止および循環虚脱の対症療法を実施するが,悪化すると心肺蘇生が必要となることもある。局所麻酔薬中毒による心肺停止は蘇生が困難であるが,脂肪乳剤が局所麻酔薬中毒の救命処置に有効であると報告されている。

3. 局所麻酔薬
(1) エステル型局所麻酔薬
　エステル型の局所麻酔薬は，血清コリンエステラーゼによって血中や肝臓で加水分解され，その分解産物のパラアミノ安息香酸（p-aminobenzonic acid: PABA）によってアナフィラキシーショックが引き起こされることがある。

a. プロカイン
　プロカインは，麻薬であるコカインの代替薬であり，コカインより毒性が少ない。プロカインは局所麻酔薬の原型であり，麻酔効果を比較する際の標準薬となる（力価1）。プロカインは，pKa（8.9）が高いことから作用の発現が遅く，脂溶性が低いため力価が低い。さらに，エステル型であるので，その持続時間も短い。また，粘膜からの吸収性が乏しいため，表面麻酔には推奨されない。

b. テトラカイン
　テトラカインは作用の強い局所麻酔薬であり，力価はプロカインの10〜15倍と麻酔効果が非常に強く，作用時間もプロカインの1.5〜2倍を示し，表面麻酔に有用である。しかし，副作用が強いため用途は限られており，人では主に脊椎麻酔に使用されている。また，リドカインと混合して使用される場合もある。

c. ベンゾカイン（アミノ安息香酸エチル）
　ベンゾカインは，非特異的に膜脂質に侵入し，膜の膨張による圧力でNa^+チャネルを遮断する（直接Na^+チャネルを阻害するわけではない）。ベンゾカインは，作用発現が急速（約30秒）で作用持続時間が短く（30〜60分間），表面麻酔に使用される。ベンゾカインを喉頭や咽頭に用いるとメトヘモグロビン血症を生じることがあり，その解毒にはメチレンブルーが使用される。

(2) アミド型局所麻酔薬
a. リドカイン
　リドカインは，アミド型局所麻酔薬の中で最も安定しており，煮沸，酸，アルカリによって変質しない。リドカインのpKa（7.9）は組織pH（7.4）に近いことから作用発現が速やかであるが（プロカインの1/3），タンパク結合能は70％程度であることからその作用持続時間は2時間程度である（プロカインの1.5倍）。また，リドカインには血管拡張作用があることから，エピネフリンを添加しても局所から吸収される速度が速い。リドカインの脂溶性や力価は，ブピバカインなどの新しいアミド型局所麻酔薬より低いが，組織浸透性に優れており，表面麻酔に適している。また，リドカインをIV投与や持続IV投与（CRI）した場合には，軽度の鎮静作用や鎮痛補助作用（麻酔要求量の減少効果）が得られ，消化管の運動調整作用もある。加えて，心室性早期拍動に対する抗不整脈薬としても用いられている（Ib群抗不整脈薬）。

b. プリロカイン（プロピトカイン）
　プリロカインのpKa（7.7）と力価はリドカインに近いが，タンパク結合能は55％程度とやや低い。プリロカインは最も速やかに代謝分解されるアミド型局所麻酔薬であり，代謝産物としてo-トルイジンが生成され，メトヘモグロビン血症を生じることがある。プリロカインは，2.5％リドカイン-2.5％プリロカイン共融混合物として外用麻酔薬（商品名：エムラクリーム）に配合されている。エムラクリームは，正常な皮膚の表面麻酔に使用される。

c. メピバカイン

メピバカインのpKa(7.6)は組織pHに非常に近いことから、作用発現が速やかである(10分程度)。メピバカインのタンパク結合能は75％程度であり、作用持続時間は2時間程度である。メピバカインは組織の損傷や刺激が最小限であり、リドカインよりも浮腫が生じにくいことから、馬の四肢遠位の神経ブロックによる跛行診断や治療に使用されている。

d. ブピバカイン

ブピバカインのpKa(8.1)は高く、作用発現が遅い(40分程度)。一方、ブピバカインのタンパク結合能は95％程度で作用持続時間が長く(6～8時間程度)、脂溶性も高く強い力価を持つことから、長時間の手術の術中鎮痛や術後疼痛管理に広く使用されている。しかしながら、ブピバカインは局所麻酔薬の中で最も毒性が強く、安全域も狭い。レボブピバカインは、ブピバカインの左旋性S-エナンチオマーのみの製剤であり、ブピバカインよりも毒性が少ない。

e. ロピバカイン

ロピバカインは、左旋性S-エナンチオマーのみの製剤を入手でき、ブピバカインよりも毒性が低い。ロピバカインのpKaやタンパク結合能はブピバカインとほぼ同様であり、その作用の発現と持続時間は類似している。しかし、ロピバカインの脂溶性はブピバカインよりもやや低いことから、太い運動神経への浸透性が低く、ロピバカインによる運動神経麻痺の程度はブピバカインより少なく、持続時間も短い。ロピバカインは、ブピバカインよりも安全域が幾分広いが、過剰投与を防ぐための正確な投与量の計算は不可欠である。

4. 局所麻酔薬の適用法

局所麻酔法では、局所麻酔薬を皮膚や粘膜表面(表面麻酔)、組織内(浸潤麻酔)、または局所構造(区域麻酔)に投与して、脱感覚と無痛を得る。

表面麻酔は、局所麻酔薬を粘膜(口、鼻、喉頭)に噴霧またはブラシで塗布する、眼に点眼する、尿道に注入する、滑膜に注入する、胸膜腔に注入するなどの方法で実施される。

浸潤麻酔では、局所麻酔薬を術野に浸潤拡散させる。局所麻酔薬の作用に高い感受性の組織には、皮膚、神経幹、血管、骨膜、滑膜、粘膜(口、鼻、直腸、肛門)がある。一方、感受性の低い組織には、皮下組織、脂肪、筋、腱、筋膜、骨、軟骨、臓側腹膜がある。局所麻酔薬を浸潤する手技には、少量の局所麻酔薬を局所に皮下注入する方法や組織層ごとに浸潤する方法がある。浸潤麻酔は、皮膚切開、体表の腫瘍切除、あるいは創傷治療に用いられる。

区域麻酔には、線状ブロック(切開線に沿って局所麻酔薬を投与)、周囲浸潤麻酔(術野周囲に局所麻酔薬を投与)、末梢神経ブロック(末梢神経周囲に局所麻酔薬を投与)、傍脊椎ブロック(脊椎側方で脊髄から分岐した神経周囲に局所麻酔薬を投与)、神経ブロック(神経叢、神経節、神経幹周囲に局所麻酔薬を投与)、硬膜外麻酔(硬膜外腔に局所麻酔薬を投与)、脊髄麻酔(硬膜下腔に局所麻酔薬を投与)等がある。多くの動物種で超音波ガイド法が利用可能であり、より少ない投与量の局所麻酔薬で特定の神経ブロックを達成でき、局所麻酔薬による毒性を軽減できる。また、経静脈内局所麻酔では、末梢静脈を駆血帯で駆血し、怒張した静脈内に局所麻酔薬を投与して駆血部より末梢領域を麻酔する。

5. 各種動物における局所麻酔法

(1) 牛の局所ブロック

牛において一般的に使用される局所麻酔法には、浸潤麻酔、区域麻酔、硬膜外麻酔、および経静脈内局所麻酔がある。牛の膁部の外科手術には、浸潤麻酔、近位の傍脊椎麻酔(腰椎側神経麻酔)、遠位の傍脊椎麻酔(腰椎側神経麻酔)、および背側腰椎分節硬膜外麻酔の4種類の局所麻酔法が用いられる。これ

らの局所麻酔法では，第一胃切開術，盲腸切開術，第四胃変位の整復術，腸閉塞や腸捻転の整復術，帝王切開術，卵巣摘出術，肝または腎生検などの腹部外科手術が実施される。

a. 線状ブロック

切開線に沿って局所麻酔薬を浸潤し，皮膚，筋層，壁側腹膜をブロックする。まず，20 G 以下の注射針（長さ2.53 cm）を用い切開線に沿って1〜2 cm 間隔で 2% リドカイン 0.5〜1 mL を皮下投与する。続いて，局所麻酔した皮膚より 18 G 注射針（長さ7.6〜10.2 cm）を刺入し，筋層と壁側腹膜に 2% リドカインを浸潤する。

線状ブロックは手技が最も簡単である。一方，大量の局所麻酔薬が必要，筋弛緩できない，腹壁深部のブロックが不完全，切開線に沿った血腫の形成などの欠点がある。また，合併症として腹腔内に大量の局所麻酔薬を投与した場合には毒性発現の危険性があり，創傷治癒を阻害することも懸念される。

b. 逆L字ブロック

最後肋骨の尾側縁に沿った線と最後肋骨から第四腰椎までの腰椎横突起の腹側を結んだ線に沿って局所麻酔薬を逆L字型に注入し，膁部をブロックする（図3-3）。18 G 注射針（長さ7.6 cm）を用い，最後肋骨の背尾側縁と腰椎横突起の腹外側面の組織に 2% リドカイン（成牛で最大 100 mL）を注入し，切開部位を囲むように麻酔薬の壁を作る。

逆L字ブロックの手技は簡単であり，切開線に局所麻酔薬を注入しないことから，浮腫，血腫，創傷治癒の阻害を最小限にできる。一方，大量の局所麻酔薬が必要であり，その投与に時間がかかり，腹壁深部のブロックが不完全（とくに腹膜）となる欠点がある。また，合併症として，過剰投与による毒性発現の危険性がある。

c. 腰椎側神経ブロック

第十三胸（T13）神経，第一腰（L1）神経，および第二腰（L2）神経を傍脊椎ブロックして膁部を局所麻酔する方法であり，これらの神経へのアプローチ方法として，近位腰椎側神経ブロック（ファーガソン法，ホール法，ケンブリッジ法）および遠位腰椎側神経ブロック（マグダ法，カカラ法，コーネル法）がある。

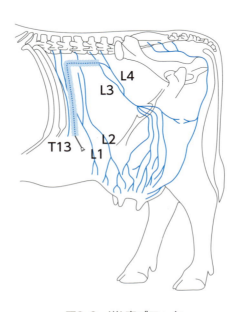

図3-3　逆L字ブロック

- **ケンブリッジ法**：T13神経，L1神経，およびL2神経の腹側枝と背側枝に背側からアプローチして局所麻酔薬を投与する（図3-4左）。第三腰（L3）神経と第四腰（L4）神経のブロックで帝王切開術の術野となる傍腰椎窩の後部のほとんどの領域や同側の前乳房と乳腺を無痛化できるが，ふらつくことがある。T13神経は第一腰椎横突起の直前，L1神経は第二腰椎横突起の直前にあり，L2神経は第三腰椎横突起の直前に位置している。

  術野側の脊柱上を剪毛消毒し，第五腰椎から頭側に向けて腰椎横突起を触知する（第一腰椎横突起の触知は困難な場合がある）。正中から2.5～5 cm離れた平行仮想線を引き，第十三胸椎と第一腰椎の棘突起間と仮想線が交叉する点に14 G注射針（長さ1.3 cm）を刺入する。この14 G針をガイドカニューレにしてその中に16または18 Gの注射針（長さ3.81～15.2 cm）を挿入し，第一腰椎横突起の頭側縁に針先が当たるまで垂直に刺入する。さらに注射針を進めて横突間靱帯を穿孔し，2％リドカイン10～15 mLを横突間靱帯の下部に注入してT13神経腹側枝をブロックする。続いて，注射針を1～2.5 cm引き抜き，横突間靱帯の上部で第一腰椎横突起背側面に2％リドカイン5 mLを注入してT13神経背側枝をブロックする。同様に，L1神経およびL2神経について腹側枝と背側枝をブロックする。第一腰椎横突起が触知できない場合には，先にL1神経およびL2神経をブロックし，その2カ所の注入部位間の距離からT13神経をブロックする部位を計測する。

  ケンブリッジ法では，皮膚，筋，腹膜に及ぶ範囲に均質な無痛化と筋弛緩を得られる。また，局所麻酔薬の必要量が少なく，その注入も切開部位を避けることができる。一方，太った牛ではその実施が困難である。また，背筋群の麻痺で脊椎が弓状になる，腹腔臓器は麻酔されない，大血管を穿刺する可能性がある，局所麻酔薬が尾側に浸潤すると大腿神経のブロックによって後肢の運動麻痺を生じるなどの欠点がある。片側性にブロックを実施した場合，腹壁が切開部位に向かって弓状に突出し閉創が困難になることもある。

- **コーネル法**：T13神経，L1神経およびL2神経の腹側枝と背側枝にそれぞれ第一，二，四腰椎の横突起遠位端より側方からアプローチして局所麻酔薬を投与する（図3-4右）。

  術野側の第一腰椎から第四腰椎の横突起先端の皮膚を剪毛消毒する。第一腰椎横突起先端の腹側に18 G注射針（長さ7.6 cm）を刺入し，扇状に2％リドカインを注入する（20 mLまで）。続いて，注射針を少し引き抜き，横突起の背尾側に再度刺入して2％リドカインを約5 mL注入する。この

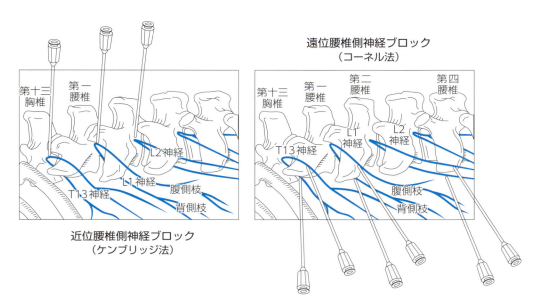

図3-4　腰椎側神経ブロック

操作を第二および第四腰椎横突起先端においても実施する。コーネル法は、日常的に使用されるサイズの注射針で実施できる、大血管を穿刺する可能性が最小限であり、脊柱側弯が起こらない、後肢のふらつきが最小限であるなどの利点を持つ。しかし、局所麻酔薬の必要量が多く、解剖学的個体差によって神経走行に異常がある場合には充分な効果を得られない。

d. 背側腰椎分節硬膜外麻酔（アーサーブロック）

スパイナル針を用いて第一〜二腰椎間より硬膜外腔に局所麻酔薬を注入し、T13神経、L1神経、およびL2神経が分岐する脊髄分節をブロックする（図3-5）。局所麻酔薬の投与量は体重500 kgの牛で2%リドカイン8 mLであり、第十三胸椎または第一腰椎棘突起より尾側の皮膚および左右の膁部の領域が局所麻酔される。

第一〜二腰椎間の脊柱上の皮膚を剪毛消毒し、18Gスパイナル針（長さ12.7 cm）を第一〜二腰椎棘突起間より腹頭側に向けて垂線から10〜15度の角度で8〜12 cm刺入する。針先が関節間靱帯を貫通する際に少し抵抗感がある。針先が硬膜外腔に位置していれば、スタイレットを外しても血液や脳脊髄液（cerebrospinal fluid：CSF）は漏出せず、生理食塩液等をスパイナル針のハブに垂らすと硬膜外腔へ吸引される（ハンギングドロップ法）。また、局所麻酔薬注入時には抵抗感がない。出血した場合にはスタイレットをスパイナル針に戻し、2〜3分後に針を引き抜く。

硬膜外麻酔では局所麻酔薬の注入が一度だけであり、その投与量も少ない。また、左右膁部に均質な麻酔効果と皮膚、筋、および腹膜の弛緩が得られる（投薬後10〜20分で発現し、45〜120分持続する）などの利点がある。一方、技術的に困難で習熟が必要であり、脊髄または静脈洞を損傷する可能性もある。また、過剰投与やクモ膜下腔投与では後肢の麻痺が生じ、起立を維持できなくなる。

e. 尾椎硬膜外麻酔

牛では、産科処置、尾の外科処置、しぶりに対する補助治療のために尾椎硬膜外麻酔（後方硬膜外麻酔）が用いられる。第一尾椎間または仙尾椎間より硬膜外腔に局所麻酔薬を注入し、尾側の仙骨神経と尾骨神経をブロックすることで肛門、会陰、外陰部、および腟を局所麻酔する。

第一尾椎間または仙尾椎間の脊柱上の皮膚を剪毛消毒する。尾を上下に動かして仙尾関節の位置を確認する。仙尾関節は肛門ヒダのすぐ頭側に位置し、尾を上下してもほとんど動かない。一方、第一尾椎間関節は肛門ヒダの尾側にあり、尾を上下に動かすとよく動くことから、簡単に確認できる。第一尾椎間の正中で皮膚面に対して垂直に18G注射針（長さ3.8〜5.1 cm）を刺入する（図3-6）。神経管底面の関節間靱帯に達するまで腹側に2〜4 cm注射針を押し入れ、注射針をわずかに引き抜いて（約0.5 cm）針先を硬膜外腔に引き戻し、空気1 mLを注入して針先の位置を確認する（針先が硬膜外腔にあれば抵抗なく空気を注入できる）。硬膜外腔に2%リドカイン5〜6 mLを注入する。

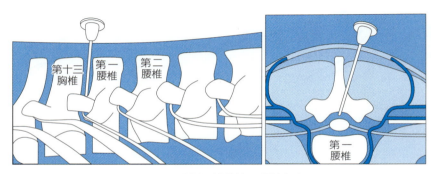

図3-5　背側腰椎分節硬膜外麻酔

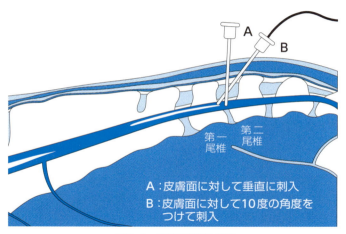

図3-6　尾椎硬膜外麻酔

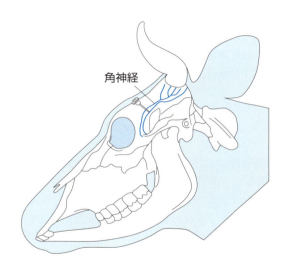

図3-7　角神経ブロック

　尾椎硬膜外麻酔は心肺系機能への影響が最小限であり，臓器に対する作用や毒性に関する問題がほとんどない。また，比較的簡単に実施でき，費用も安価で良好な筋弛緩と術後鎮痛が得られる。しかし，第一尾椎間を確認できないと技術的に困難であり，老齢牛では仙尾椎間が石灰化していると技術的に困難である。合併症は稀であるが，感染によって瘻管や恒久的な尾の麻痺が起こることがあり，過剰投与によってふらつきを生じる可能性がある。

f. 角神経ブロック

　除角のための局所麻酔法であり，側頭線に沿って角の基底部から2〜3cmの位置に局所麻酔薬を注入して角神経（頬骨側頭神経の角枝と三叉神経の眼神経分枝）をブロックし，角と角の基底部の領域を局所麻酔する（図3-7）。
　前頭骨の側頭線を触知する。角神経は側頭線の上1/3で深さ7〜10mmと比較的表層で薄い前頭筋と側頭筋の間を走行し，これらの筋間で触知できる。まず，18G注射針（長さ2.54cm）を刺入し（小型の牛で1cm，大型の種牛で2.5cm），吸引して注射針の先端が血管内にないことを確認する。次に角

の2〜3 cm前方に2％リドカイン5〜10 mLを注入する。比較的簡単であるが，局所麻酔薬を側頭筋膜に深く投与すると角の麻酔を得られないことがあり，角の発達の良い成牛では角の後部に局所麻酔薬を追加投与する必要がある。

g. 乳頭の局所麻酔法

乳頭に対するほとんどの外科的処置（例：乳頭括約筋狭搾の修復，乳頭瘻管や乳頭裂傷／損傷の修復）は，一般的に局所麻酔下で実施される。

- 逆V字ブロック：乳頭と裂傷の表面を消毒した後に25 G注射針（長さ1.3 cm）を用い，乳頭の皮膚欠損を取り囲むように逆V字に局所麻酔薬（2％リドカイン4〜10 mL）を線状に浸潤させる（図3-8A）。
- リングブロック：乳頭と裂傷の表面を消毒した後に25 G注射針（長さ1.3 cm）を用い，局所麻酔薬を乳頭基部の皮膚と筋層に浸潤する（図3-8B）。
- 乳頭浸潤ブロック：乳頭開口部を消毒し，乳頭基部に駆血帯を巻いて2％リドカイン10 mLを乳槽内に注入する。5〜10分後に乳槽内に残ったリドカインを搾取し，駆血帯を取り除く（図3-8C）。

h. 経静脈局所麻酔法（Bierブロック）

動物の肢に駆血帯を巻いて血液循環を遮断し，駆血帯より末梢の表在性静脈（例：背側中手静脈，橈骨静脈，掌側中手静脈，外側伏在静脈，外側足底静脈）に局所麻酔薬を注入することで駆血帯より末梢領域を局所麻酔する。

肢端の外科手術では中手または中足の近位部，手根や足根の外科手術ではさらに近位部にゴム製の駆血帯を巻き（駆血帯の膨張圧 ＞200 mmHg），怒張した静脈に近位と遠位に向けて20〜22 G注射針（長さ2.54〜3.81 cm）を刺入してエピネフリンを含まない2％リドカイン（成牛で10〜30 mL）を急速注入する。駆血帯より遠位の作用発現は急速（5〜10分）であり，指間が最後に局所麻酔される。また，駆血帯を除去した後の回復は速やかである（5〜10分）。

Bierブロックは，手技が簡単で安全で術野からの出血を減らすことができるので指（趾）の外科手術に理想的である。また，一度の投与で済み，細菌感染の危険性がほとんどない。しかし，注射部位に血腫を生じることがあり，駆血帯の滑脱や血管外注入による局所麻酔の失敗もあり得る。残存効果はなく，局所麻酔の効果持続時間は駆血帯をしている時間に限られる。駆血帯を2時間以上巻いたままにすると，乏血性壊死，重度の跛行，浮腫を生じる。

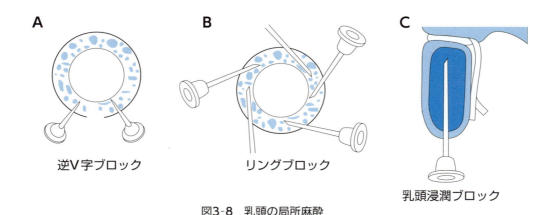

図3-8　乳頭の局所麻酔

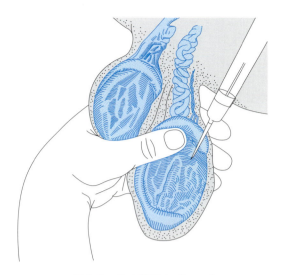

図3-9　牛の精巣内ブロック

i. 精巣内ブロック

　子牛の去勢術に実施され，良好な術中鎮痛と術後鎮痛を得られる。まず，精巣上体尾の直下の皮膚に18～22 G注射針（長さ2.54 cm）を刺入する。続いて，約30度の角度で精巣中心部へ注射針を進め，2％リドカイン（総量10～15 mL/200 kgで各精巣に半量ずつ）を注入する（図3-9）。

(2) 馬の局所ブロック

　馬では，鎮静と保定ならびに浸潤麻酔，伝達麻酔，または硬膜外麻酔を用いて診断や外科的処置が実施されている。また，眼科の検査治療では，眼瞼の自発的閉鎖を阻止するために耳介眼瞼神経への局所麻酔が頻繁に用いられている。さらに，馬の跛行検査では，局所麻酔薬による四肢の末梢神経ブロックや関節内/関節包内投与が利用されている。ここでは，眼科検査や外科手術に実施される馬の局所麻酔法について解説する。

a. 頭部の伝達麻酔

- 上眼瞼と前頭部の局所麻酔（眼窩上神経ブロック）：眼科検査を容易にするため，眼窩上神経をブロックすることで内眼角と外眼角以外の上眼瞼を無動化する。内眼角から5～7 cm上に位置する眼窩上孔を触知し，22～25 G注射針（長さ2.54 cm）を1.5～2 cm刺入する。2％リドカイン5 mLを入れた注射筒を針に連結して2 mLを注入した後，針を引き抜きながら1 mL注入し，さらに眼窩上孔周囲の皮下組織に2 mL注入する。
- 眼瞼の無動化（耳介眼瞼神経ブロック）：眼科検査を容易するため，耳介眼瞼神経をブロックして眼輪筋を麻痺させ眼瞼運動を抑制する（無痛化ではない）。頬骨弓側頭部の腹側縁の高さで下顎後方の陥凹部に22～25 G注射針（長さ2.54 cm）を刺入し，針を引き抜きながら筋膜下に2％リドカイン5 mLを注入する。
- 上唇と鼻の局所麻酔（眼窩下神経ブロック）：上唇や鼻の単純な裂傷の処置に用いる。眼窩下神経をブロックし，上唇，外鼻孔，鼻腔の上壁，眼窩下孔の皮膚領域を局所麻酔する。眼窩下孔の骨性唇に沿った中間点（鼻骨上顎骨切痕と顔稜の前端を結んだ線のほぼ中点から約2.5 cm背側）を確認する。指先で眼窩下孔表面にある上唇挙筋を押し上げて20～25 G注射針（長さ2.54 cm）を眼窩下孔の開口部に刺入し，2％リドカイン5 mLを注入する。

- 下唇および前臼歯の局所麻酔（オトガイ神経ブロック）：下唇の単純な裂傷の処置に用いる。下顎管内で下歯槽神経をブロックし，下唇，第三前臼歯（PM3）を含む下顎吻側全体を局所麻酔する。オトガイ孔の外側辺縁（槽間縁中央部の下顎枝外側に沿った隆起）を触知し，下顎管内にできるだけ深く20G注射針（長さ7.6 cm）を刺入して2%リドカイン10 mLを注入する。局所麻酔薬を注入する際には圧力をかけて注入する必要があり，薬液の一部が下顎管から皮下に漏れ出てくることもある。

b. 尾椎硬膜外麻酔（後方硬膜外麻酔）

第一尾椎間の硬膜外腔に局所麻酔薬を注入することで尾骨神経と仙骨神経をブロックし，後肢の運動機能を温存したままでの骨盤腔内臓器や生殖器を局所麻酔する。起立位での外科手術（例：キャスリック手術〈気腟に対する治療〉，直腸腟瘻の修復，直腸脱の修復，尿道切開術，断尾術）やしぶりの予防に用いられる。

馬の気性に応じて適切に鎮静保定し，第一尾椎間を剪毛消毒する。スパイナル針を刺入する際の馬の動きを最小限とするため，細い注射針を用いて2%リドカイン1～3 mLを刺入部の皮膚に注入して皮膚に皮膚丘疹を作る。18Gスパイナル針（長さ5.1～7.6 cm）を用いて硬膜外腔に2%リドカイン6～10 mLを投与するが，スパイナル針の刺入法には2通りある。

- 方法1：第一尾椎間関節の中央部（最も近位の尾毛の毛根部と尾の後方襞から約5 cm頭側）で馬の臀部の全体的な輪郭に対して垂直にスパイナル針を刺入し，正中面を腹側に向かって脊柱管の底部にぶつかるまで針を押し進めた後に約0.5 cm引き抜く。
- 方法2：第一尾椎間関節の約2.5 cm後方でスパイナル針を水平面に対して約30度の角度で腹頭側に向けて刺入し，脊柱管内に向けて針の全長を押し進める。

スパイナル針を刺入したら，注射器で空気を注入して抵抗感の有無を確認する（硬膜外腔は陰圧であり針先が硬膜外腔にあれば抵抗なく空気を注入できる）。または，スパイナル針のハブに生理食塩液を満たし生理食塩液が吸引されるまで針をわずかに操作する（ハンギングドロップ法）。これらの方法でスパイナル針の針先が硬膜外腔に位置していることを確認したら，局所麻酔薬を注入する。局所麻酔投与後には，スパイナル針にスタイレットを再挿入して留置しておくこともできる。最大のブロック効果を得るためには10～30分かかることから，起立位で外科手術を実施する場合にはこの間の追加投与は推奨されない。

尾椎硬膜外麻酔の合併症には，尾骨神経の損傷や神経管の感染がある。また，局所麻酔薬が前方へ注入されると，運動失調（ふらつき）や起立困難を示し，これによって馬が興奮することもある。

c. 精巣内ブロック

去勢術において良好な術中鎮痛と術後鎮痛が得られる。精巣実質に18～22G注射針（長さ2.54 cm）を刺入し，各精巣に2%リドカイン10～15 mLを注入する。

(3) 犬猫の局所ブロック

犬猫では，局所麻酔法が，外科麻酔の維持に要求される全身麻酔薬投与量を軽減することで呼吸循環抑制を緩和するために全身麻酔に併用される。また，術後鎮痛，癌性痛，または膵炎などの腹腔内の痛みの緩和にも利用されている。一般的な局所麻酔法には，頭部の伝達麻酔，肢の局所麻酔，肋間神経ブロック，腹腔内ブロック，精巣内ブロックがある。局所麻酔薬には，リドカイン，ブピバカイン，ロピバカインが用いられており，作用発現が遅いが作用持続時間の長いブピバカイン（1.5 mg/kg）またはロピバカイン（1.5 mg/kg）を用い作用発現は速やかであるが持続時間の短いリドカイン（1.5 mg/kg）と併用することがある。

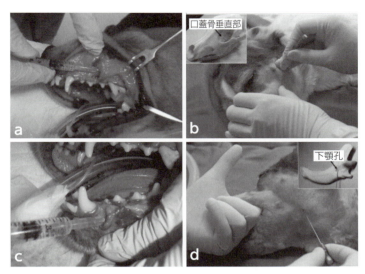

図3-10 犬の頭部の局所麻酔
眼窩下神経ブロック(a)，上顎神経ブロック(b)，オトガイ神経ブロック(c)，および下歯槽神経ブロック(d)の注射針の刺入位置を示した。

a. 頭部の伝達麻酔

- **上唇と鼻の局所麻酔（眼窩下神経ブロック）**：眼窩下神経をブロックして，上唇と鼻，鼻腔上壁，眼窩下孔の腹側の皮膚領域を局所麻酔する（図3-10a）。頬骨突起の背側縁と犬歯の歯肉の間に触知できる眼窩下孔の骨性唇の約1cm吻側部に口腔内または皮膚面から22〜25G注射針（長さ2.5〜5cm）を刺入し，眼窩下管に注射針を進めて局所麻酔薬1〜2mLを注入する。

- **上顎，上顎の歯，鼻，上唇の局所麻酔（上顎神経ブロック）**：上顎神経をブロックし，上顎，上顎の歯，鼻，上唇を局所麻酔する（図3-10b）。外眼角から約0.5cm尾側の頬骨突起腹側縁で内側に向けて22〜25G注射針（長さ2.5〜5cm）を90度の角度で皮膚へ刺入し，翼口蓋窩に針先を近づける。上顎神経が上顎孔と正円孔の間で口蓋骨垂直板に沿って走行する領域に局所麻酔薬1〜2mLを注入する。

- **眼の局所麻酔（眼神経ブロック）**：涙腺神経，頬骨神経，および眼神経をブロックし，眼球，眼窩，結膜，眼瞼，および前頭部皮膚を局所麻酔する。まず，外眼角の頬骨腹側縁に22〜25G注射針（長さ2.5cm）を刺入し，針先を下顎枝垂直部の前面から約0.5cm吻側に配置する。続いて，注射針を下顎枝内面で内背側のいくぶん尾方に向けて眼窩裂まで進め，局所麻酔薬を1〜2mL注入する。

- **下唇の局所麻酔（オトガイ神経ブロック）**：オトガイ神経をブロックし，下唇を局所麻酔する（図3-10c）。第二前臼歯レベルでオトガイ孔吻側のオトガイ神経上に22〜25G注射針（長さ2.5cm）を刺入し，局所麻酔薬0.5〜1mLを注入する。

- **下顎および下歯の局所麻酔（下歯槽神経ブロック）**：下顎神経の下歯槽神経枝をブロックし，臼歯，犬歯，切歯，オトガイ皮膚と粘膜，および下唇を局所麻酔する。まず，口腔より人差し指で下顎枝内側の下顎孔の骨性唇を触知してその位置を確認し，もう一方の手で22〜25G注射針（長さ2.5cm）を下顎角突起から刺入する（図3-10d）。続いて，下顎孔を触知している人差し指に向けて注射針の針先を進め，下顎孔付近に局所麻酔薬0.5〜1mLを注入する。

b. 四肢の局所麻酔

四肢の局所麻酔では，リングブロック（肢の周囲組織に局所麻酔薬を浸潤する），腕神経叢ブロック（局

所麻酔薬を腕神経叢に浸潤する)，経静脈局所麻酔(動物の肢に駆血帯を巻いて血行を遮断し駆血帯より遠位の皮下静脈内に局所麻酔薬を静脈内投与する)，腰仙椎硬膜外麻酔(腰仙椎硬膜外腔に局所麻酔薬を投与する)などが用いられる。

- リングブロック：四肢の遠位や尾の処置の際，処置部位より近位側で円周上に局所麻酔薬を注入する。局所麻酔薬を生理食塩液で希釈して投与する薬液の総体積を増やしても良い。術野の消毒後，近位の皮下に25 G注射針(長さ2.5 cm)を深さ0.3〜0.6 cmまで刺入し，注射筒の内筒を引いて血液が吸引されてこないことを確認して局所麻酔薬を注入する。円周を一周するまでこの局所麻酔薬の注入を繰り返す(図3-11)。
- 腕神経叢ブロック：肩関節の内側にある腕神経叢に局所麻酔薬を浸潤して橈骨神経，正中神経，尺骨神経，筋皮神経，腋窩神経をブロックし肘より遠位の領域を局所麻酔する。肩関節内側において，肋軟骨結合に向けて脊柱と平行に20〜22 G注射針(長さ：犬7.5 cm，猫：3.75 cm)を刺入する。注射針をゆっくりと引き抜きながら局所麻酔薬を注入する(図3-12)。リドカインを用いれば麻酔効果は20分以内に発現し，2時間持続する。腕神経叢ブロックは比較的簡単で安全に実施でき，肘関節より遠位の前肢を選択的に局所麻酔および筋弛緩できる。しかし，作用発現まで比較的時間がかかり(15〜30分)，完全な局所麻酔の効果を得られないことがある(神経位置探索装置と絶縁針を用いることで，より正確に各神経をブロックできる)。

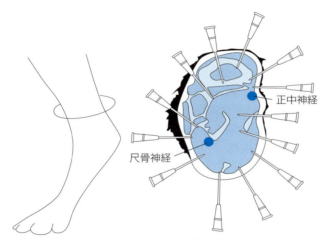

図3-11　リングブロック

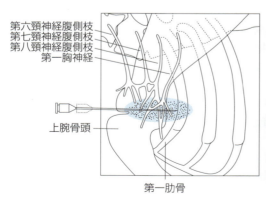 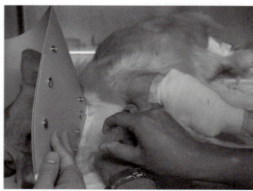

図3-12　犬の腕神経叢ブロック

- **経静脈局所麻酔（Bierブロック）**：動物の肢に駆血帯を巻いて血行を遮断し，駆血帯より遠位の皮下静脈内に局所麻酔薬を静脈内投与することで駆血帯より遠位の肢を局所麻酔する。ブピバカインは心血管系虚脱や死を招く可能性があることから，経静脈局所麻酔に使用してはならない。

  まず，エスマルヒ帯を肢に巻いて脱血する。次にゴム製の駆血帯を前肢の外科手術では肘のすぐ近位，後肢の外科手術では飛節のすぐ近位に動脈血圧に耐えられる程度の強さで巻く。駆血帯を装着したら，エスマルヒ帯を除去し，22〜23G注射針（長さ2.5 cm）を取り付けた注射筒を用いて怒張している静脈内にエピネフリン不含の2％リドカイン2.5〜5 mLを軽く圧力を加えながら注入する。駆血前に留置した静脈内カテーテルを用いると，局所麻酔薬をより確実に投与できる。血流遮断が2時間以内であれば組織への毒性はない。しかし，4時間以上駆血したままだとショックを生じ，8〜10時間以上駆血したままだと敗血症や内毒素血症で死亡する可能性がある。

- **腰仙椎硬膜外麻酔**：腰仙椎硬膜外麻酔は，後肢の外傷や骨折の外科手術，尾，肛門周囲，会陰，外陰部，腹腔内の外科手術，帝王切開術などに用いられる。通常，犬の脊髄は第六〜七腰椎で終わるが，猫では第七腰椎〜第三仙椎で終わる。したがって，猫の腰仙椎硬膜外麻酔では，クモ膜下腔を穿刺する可能性がある。

  腰仙椎管を中心に剪毛消毒し，無菌的に実施する。左右の腸骨翼，第七腰椎の棘突起，正中仙骨稜を確認する。腰仙椎間を左右の背側腸骨翼の中間で第七腰椎棘突起直後に触知し，腰仙椎間の正中で皮膚に垂直にスパイナル針（犬で18〜22G長さ5〜10 cm，猫で22G 長さ2.5〜3.75 cm）を刺入する（図3-13右下）。スパイナル針の刺入前に，この領域を2％リドカインで浸潤麻酔しても良い。必要であれば，スパイナル針を少し頭側または尾側に角度をつけて腹側に押し込む。通常，針先が黄色靱帯に到達すると抵抗感を生じ，黄色靱帯を貫通する際に"ポン"と弾いたような感覚がある。黄色靱帯を貫通すると，針先は硬膜外腔にある。動物の大きさに応じて，スパイナル針の刺入長は1〜4 cmになる。スタイレットを除去して血液やCSFが出てこないか確認し，血液やCSFが出てこなければさらに針を吸引して確認する。次に，空気を1〜2 mL注入して針先が硬膜外腔に位置することを確認する。針先が硬膜外腔に位置していれば，空気や局所麻酔薬の注入時に抵抗感はない（図3-13右上）。麻酔効果を得られる範囲は，局所麻酔薬の投与体積で決まる。頭側に第一腰椎まで麻酔効果を得るためには，局所麻酔薬（例：2％リドカイン，0.75％ブピバカイン）を1 mL／5 kgで投与する。頭側に第五胸椎まで麻酔効果を得るためには，局所麻酔薬を1 mL／

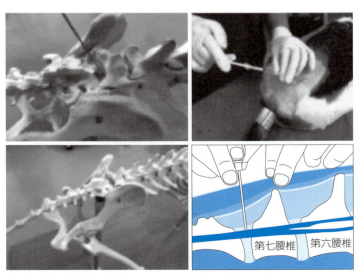

図3-13　犬の腰仙椎硬膜外麻酔

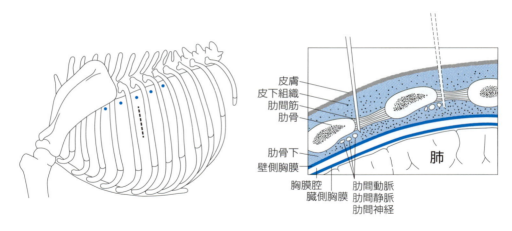

図3-14 犬の肋間神経ブロック

4.5 kgで投与する。帝王切開術では，局所麻酔薬1 mL/6 kgの投与で十分である。猫において，クモ膜下腔を穿刺した場合には，スパイナル針からCSFが出てくる。この場合には，準備した局所麻酔薬の硬膜外投与量の半分をクモ膜下腔へ投与する（脊髄麻酔）。

c. 肋間神経ブロック

肋間神経ブロックは，開胸術，胸膜排液，肋骨骨折などにおける術中鎮痛や疼痛管理に用いられる。切開線または胸壁の損傷部の肋間神経だけではなく，その頭側と尾側の肋間神経も含めてブロックする必要がある。肋間開胸術では，切開線の前後2肋間の椎間孔近くに局所麻酔薬（0.25％または0.5％ブピバカインあるいは0.2％または0.5％ロピバカインを各椎間孔に0.25〜1 mLずつ投与）を浸潤する（図3-14）。22〜25 G注射針（長さ2.5 cm）を椎間孔近くの肋骨の尾側に90°の角度で皮膚を刺入し，局所麻酔薬を各部位に小型犬で0.25 mL，中型犬で0.5 mL，または大型犬で1 mLを浸潤投与する。ブピバカインまたはロピバカインの総投与量は3 mg/kgまでとする。

各肋間神経は近位で肋骨に隣接しており，選択的にブロックできる。また，開胸術中であれば，肋間神経を胸膜下に目視して局所麻酔薬を投与できる。肋間神経ブロックでは，オピオイド投与などを投与した時のような呼吸抑制を伴うことなく，3〜6時間鎮痛効果が得られる。肋間神経ブロックの合併症には，技術的失敗による気胸，高炭酸血症または低酸素血症（肺疾患のある症例では呼吸運動の減少によってガス交換が障害される）等がある。

d. 腹腔内ブロック

腹腔内ブロックは，開腹術や腹部の強い疼痛（例：膵炎）などの場合に実施できる。腹腔臓器の穿孔や腹膜炎を回避するため，全身麻酔下で実施することが推奨される。0.5％ブピバカインを生理食塩液2 mL/kgで希釈し，腹腔内に投与する。腹腔内ブロックは，6時間毎に4回程度繰り返しても良いが，ブピバカインの6時間あたりの上限投与量は犬で2 mg/kg，猫で1 mg/kgとする。

e. 精巣内ブロック

去勢術において良好な術中鎮痛と術後鎮痛が得られる。精巣実質に22 G（長さ2.5 cm）〜25 G（長さ1.3 cm）注射針を刺入し，各精巣に2％リドカインを犬で1〜5 mL（上限8 mg/kg），猫で0.5〜2 mL（上限6 mg/kg）を注入する（図3-15）。

図3-15 精巣内浸潤ブロック

(4) 豚の局所ブロック

適切に鎮静された豚に一般的に用いられる局所麻酔法には，浸潤麻酔，腰仙椎硬膜外麻酔，および精巣内ブロックがある。

a. 腰仙椎硬膜外麻酔

豚の腰仙椎硬膜外麻酔は，帝王切開術，直腸脱/子宮脱/腟脱の整復術，臍ヘルニア/鼠径ヘルニア/陰嚢ヘルニアの整復術，包皮/陰茎/後肢の外科手術に用いられている。豚では，腰仙椎間でしか硬膜外投与できない。腰仙椎硬膜外に適切に投与できれば，会陰部，鼠径部，臁部，臍より後方の腹壁を麻酔でき，局所麻酔薬の投与量を増やせば麻酔領域も広くなる。局所麻酔薬の投与体積を増やすと多くの分節へ広がり，濃度の増加によって鎮痛作用と運動麻痺がより速やかに強く発現し，長く持続する。硬膜外への急速投与は，動物の不快感，局所麻酔の血管への吸収増加による神経周囲の取り込み減少（作用時間の減少，不完全な麻酔効果，脊髄分節への広がりが制限される）を生じるので避ける。重度の心血管疾患，出血障害，ショックまたは敗血症では，交感神経系ブロックによって低血圧を生じることから，これらの症例に前方硬膜外麻酔は禁忌である。局所麻酔薬の過剰投与やクモ膜下投与によって，一過性の意識消失，屈筋痙攣，急激な筋収縮，痙攣，呼吸麻痺，低血圧，低体温を生じる。

腰仙椎間硬膜外投与におけるランドマークと技術は犬と同様である。硬膜外投与する2%リドカインの投与量は，豚の体重あたり（1 mL/5 kg；体重50 kgまでは1 mL/7.5 kg，それ以上ではさらに1 mL/10 kgを追加）または体長あたり（尾根部までの背中の長さ40 cm未満で1 mL，それ以上で1.5 mL/10 cmを追加）で計算する。表3-2に豚の起立位での去勢術および帝王切開術における腰仙椎硬膜外麻酔の局所麻酔薬の投与体積を示した。一般的に，リドカインを硬膜外投与すると投与後5分以内に麻酔効果が発現し，15〜20分で最大効果となる。ほとんどの豚で後躯麻痺を生じ，麻酔効果は120分間持続する。

表3-2 豚の腰仙椎硬膜外麻酔

起立位での去勢術	帝王切開術
4 mL/100 kg	10 mL/100 kg
6 mL/200 kg	15 mL/200 kg
8 mL/300 kg	20 mL/300 kg

第4章　全身麻酔

> 一般目標：全身麻酔の概念と全身麻酔に用いられる薬の作用と薬物動態，薬力学について理解する。

> 到達目標：1）麻酔状態が生じる機序を説明できる。
> 2）吸入麻酔薬の作用機序，薬物動態，薬力学を説明できる。
> 3）注射麻酔薬の作用機序，薬物動態，薬力学を説明できる。
> 4）筋弛緩薬の作用機序，薬物動態，薬力学を説明できる。
> 5）麻酔前投薬と術中鎮痛法を説明できる。
> 6）気管挿管法と吸入麻酔に使用される器材，機器の種類と原理および使用上の原則を説明できる。

1. 麻酔状態が生じる機序

　全身麻酔は，薬物によって引き起こされる可逆的で調節可能な中枢神経系（CNS）の中毒状態（酩酊状態）であり，侵害刺激や痛み刺激を知覚せず，記憶に残らない状態である。全身麻酔の三原則は，鎮痛・筋弛緩・昏睡状態であり，さらに，運動神経や自律神経の反射抑制・健忘が加わる。全身麻酔薬によるCNSの変化は甚だ複雑であり，CNS中のシナプスが重要な役割を担っている（図4-1）。シナプス伝達では，次のニューロンへの作用発現の引き金となる伝達物質の放出が必要である。伝達物質による作用は，2種類の主要な受容体（イオンチャネル内蔵型受容体，代謝調節型受容体）を介して生じる。イオンチャネル内蔵型受容体（またはリガンド開口型受容体）では，伝達物質がイオンチャネル蛋白に直接結合してチャネルを開口させ，その中をイオンが通過する。伝達物質の代謝調節型受容体への結合では，二次伝達物質としてG-蛋白が必要である。電位開口型チャネルでは，細胞膜電位の変化が作用発現の引き金となる。これらの受容体は，主体となる神経線維の神経終末のシナプス前とシナプス後においてフィードバック作用を生じ，次のニューロンへの作用に変調を加える。

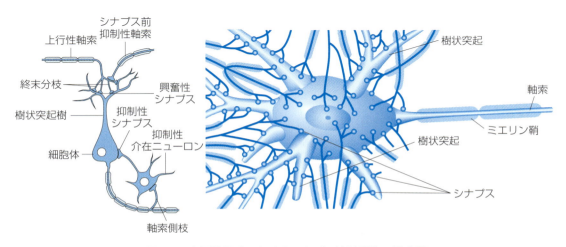

図4-1　中枢神経系におけるシナプス連結構造の模式図

全身麻酔に直接関連する主要な伝達物質は3種類あり，CNSにおける主要な興奮性伝達物質はグルタミン酸である。N-メチル-d-アスパラギン酸（NMDA）受容体に作用する麻酔薬は，グルタミン酸の興奮作用を阻害し，CNSを抑制する。γ-アミノ酪酸（GABA）は抑制性伝達物質として働き，ニューロンの興奮を抑制する。グリシンは脊髄における最も重要な抑制性伝達物質である。しかしながら，アセチルコリン，ドパミン，ノルアドレナリン，内因性オピオイドなどその他にも全身麻酔に関連する数多くの伝達物質があり，これらの伝達物質によって生じる作用が，グルタミン酸，GABA，およびグリシン経路の作用を直接的ならびに間接的に影響を及ぼす。

　すべての全身麻酔薬が同じ機序で同じ部位に作用するのではなく，作用機序と作用部位によって，①揮発性吸入麻酔薬（例：ハロタン，イソフルラン，セボフルラン，デスフルラン），②ガス麻酔薬（例：笑気），③注射麻酔薬（例：チオペンタール，チアミラール，プロポフォール，アルファキサロン），および④解離性麻酔薬（例：ケタミン）の4つのグループに分けられる。揮発性吸入麻酔薬による筋弛緩作用は脊髄における運動神経抑制で生じ，健忘と意識消失は脳の上位中枢で生じると考えられている。ほとんどの全身麻酔薬は麻酔量以下で健忘を生じる。健忘には脳の海馬と扁桃体基底核が関わっており，鎮静状態や意識消失を得るためにはさらに別の部位を抑制する必要がある。例えば，鎮静量のプロポフォールでは侵害刺激による反応が体性感覚野のみで減衰するが，麻酔量のプロポフォールでは視床や皮質の反応が消失することが示されている。一方，解離性麻酔薬のケタミンは視床への感覚入力を抑制しない。全身麻酔薬は，CNSの異なる領域で薬物特異的な作用を生じていると考えられる。

　1900年代に，MeyerとOvertonはそれぞれ別々に吸入麻酔薬の力価と脂溶性が相関することに気づき，全身麻酔薬の標的は神経細胞の脂質二重膜であり，非特異的メカニズムにより全身麻酔の作用を発揮すると言う「脂質説」を導き出した。この「MeyerとOvertonの脂質説」は，1984年にFranksとLiebによって吸入麻酔薬が脂質の非存在下で蛋白活性を阻害することが示されるまで，広く支持されていた。FranksとLiebによって全身麻酔薬の標的は蛋白質であるとする「蛋白質説」が示された後，全身麻酔薬の作用部位となる分子標的やイオンチャネル内蔵型受容体および電位開口型チャネルに関する研究が活発に進められた。現在，全身麻酔薬の主要な作用部位として，$GABA_A$受容体，NMDA受容体，およびグリシン受容体の3つの異なる分子標的が提言されている。注射麻酔薬の多くは$GABA_A$受容体に作用し，GABAの作用を増強してCNS全体を抑制する。揮発性吸入麻酔薬は，$GABA_A$受容体への同様の作用に加えて他の標的に作用し，より複雑な作用機序を示す。ケタミンなどの解離性麻酔薬とガス麻酔薬は，NMDA受容体を拮抗して興奮性伝達物質のグルタミン酸の作用を阻害する。グリシン受容体は，揮発性吸入麻酔薬による脊髄での運動神経抑制に重要な役割を担っている。また，脊髄内のNMDA受容体も揮発性吸入麻酔薬やガス麻酔薬による不動化に関連している。このように全身麻酔薬の作用機序に関して多くの薬理学的知見が得られているが，揮発性吸入麻酔薬では「MeyerとOvertonの脂質説」による作用機序も考慮されており，その全容は未だ解明されていない。外科手術可能な全身麻酔は，吸入麻酔薬や注射麻酔薬などの単独投与でも得られるが，より安全で痛みの少ない全身麻酔を達成するために周術期に鎮痛薬を併用すべきである。

2. 吸入麻酔薬

　吸入麻酔は麻酔深度の調節性に優れ，麻酔の導入と回復が速く，比較的副作用も少ない。吸入麻酔薬はガスとして直接呼吸器系に吸入される。全身麻酔を生じるには，吸入麻酔薬が肺胞から血流に吸収され，血液によって脳へ運ばれなければならない。吸入麻酔薬を安全に使うためには，吸入麻酔薬の薬理学的作用，物理学的性状，化学的性状に関する知識が要求される。

(1) 吸入麻酔薬の作用機序

　吸入麻酔薬は，用量依存性にCNSを抑制して麻酔作用を発揮するが，その作用機序は完全には解明されていない。揮発性吸入麻酔薬は，抑制性シナプスの$GABA_A$受容体に作用してGABAに対する受

容体の親和性を増加させ，Cl⁻チャンネルの透過性が亢進し，シナプス後膜を過分極させてCNSのシナプス伝達を抑制する。また，揮発性吸入麻酔薬はオリーブ油への溶解度が大きいほど麻酔作用が強いことから，神経細胞の細胞膜脂質に溶けて麻酔作用を引き起こすと考えられている（「MeyerとOvertonの脂質説」）。

(2) 吸入麻酔薬の取り込みと排泄

　吸入麻酔薬の供給濃度は，吸入麻酔薬の気化圧と沸点，使用する麻酔回路のタイプ，新鮮ガス流量，気化器のタイプ，気化器の温度によって決まる。吸入麻酔薬の供給濃度を増加するためには気化器のダイヤル設定を増加するが，新鮮ガス流量を増加することでさらに供給濃度を増加できる。吸入麻酔薬の脳内分圧は，麻酔薬の肺胞分圧に依存し，麻酔薬の肺胞分圧は吸入濃度，肺胞換気，肺からの取り込みで決まる。

　表4-1に吸入麻酔薬の沸点，気化圧，室温での最大濃度，単独で麻酔導入と麻酔維持に要する吸入濃度を要約した。デスフルランと笑気以外の吸入麻酔薬は，沸点が室温（27℃）よりも高く，気化圧は安定している。デスフルランは沸点が室温に近く気化状態が環境温度に左右されることから，安定した濃度を確保するために加温装置付気化器で加温して使用される。笑気は室温で気体であることから酸素と同様に圧縮ガスとして供給され，流量計で供給量を調整する。

a. 吸入麻酔薬の肺胞濃度

　吸入麻酔薬の吸入濃度（気化器のダイヤル設定）が高いほど，肺胞濃度の上昇が速い。また，換気量が大きいほど吸入麻酔薬の肺胞濃度は吸入濃度に速く近づく。換気量は呼吸数と1回換気量に影響され，麻酔中の死腔（解剖学的，生理学的）の増加は，有効な肺胞換気を減少する（1回換気量＝死腔体積＋肺胞換気）。有効な肺胞換気には気管挿管が必要である。

b. 肺から血液への吸入麻酔薬の取り込み

　肺から血液への吸入麻酔薬の取り込みは，血液-ガス分配係数，心拍出量または肺血流量，肺胞-静脈血分割較差によって決まる。

- **血液/ガス分配係数**：吸入麻酔薬の肺から血液への取り込みはその溶解度（吸入麻酔薬がどのくらい気体，液体，固体に溶けるかを示す）に左右され，吸入麻酔薬の溶解度は分配係数で示される。分配係数とは，吸入麻酔薬が2つの相（例：血液とガス，組織と血液）の間に分布する程度であり，血液/ガス分配係数は，吸入麻酔薬の血液とガスの間の溶解度を示す（表4-2）。

　血液/ガス分配係数2のガスは平衡状態で肺胞内に1容積および血液内に2容積となり，血液/ガス分配係数0.5のガスは肺胞内に2容積および血液内に1容積となる。血液-ガス分配係数と麻酔作用の強さが麻酔効果の発現速度を決定し，血液-ガス分配係数が大きい吸入麻酔薬ほど，血液に多く溶解する。

表4-1　吸入麻酔薬の溶解度（分配係数）と代謝率

吸入麻酔薬	沸点	気化圧 (20℃)	最大濃度 (20℃)	単独吸入での濃度	
				麻酔導入	麻酔維持
ハロタン	50℃	243 mmHg	33%	2〜4%	0.8〜1.2%
イソフルラン	48℃	252 mmHg	32%	2〜4.5%	1〜3%
セボフルラン	59℃	160 mmHg	22%	4〜5%	2〜3.5%
デスフルラン	23.5℃	664 mmHg	87.4%	8〜15%	5〜9%
笑気	−89℃	39,500 mmHg	−	−	−

表4-2 吸入麻酔薬の溶解度（分配係数）と代謝率

吸入麻酔薬	血液/ガス分配係数	脂肪/血液分配係数	代謝産物の割合(%)
ハロタン	2.36	65	20.0
イソフルラン	1.41	48	0.25
セボフルラン	0.69	65	3.0～5.0
デスフルラン	0.42	27.2	0.02
笑気	0.49	2.3	0.004

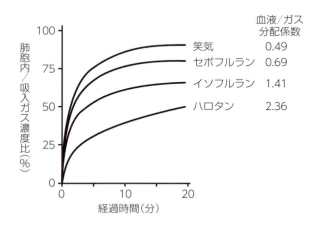

図4-2 血液-ガス分配係数と肺胞内ガス濃度の上昇

したがって，血液への溶解性の高い麻酔薬（血液/ガス分配係数が高い）では動脈血中の麻酔薬の分圧の上昇がゆっくりである。臨床的麻酔効果の発現は血液中に生じる麻酔薬分圧に依存することから，血液への溶解度が高い吸入麻酔薬ほど麻酔効果を得られる充分な血中麻酔薬分圧が得られるまでに大量の麻酔薬が血液中に取り込まれるので，麻酔導入と麻酔回復に要する時間が長くなる。臨床的には，麻酔維持に要する濃度よりも高い濃度で吸入させることによって麻酔導入を速めることができる。血液/ガス分配係数が小さい吸入麻酔薬ほど血液への溶解が少なく（少量の麻酔薬だけが血液内に移動），肺胞濃度と動脈血中の麻酔薬の分圧がより速く上昇する（図4-2）。笑気，イソフルラン，セボフルランのような血液/ガス分配係数の小さな麻酔薬では，麻酔導入と麻酔回復に要する時間が比較的短い。一般的に，血液/ガス分配係数の高い麻酔薬では麻酔導入時間と麻酔回復時間が長く，血液/ガス分配係数の低い麻酔薬では麻酔導入時間と麻酔回復時間が短い。

- 心拍出量：血液が麻酔薬を肺から運び去ることから，心拍出量が大きいほど肺での麻酔薬の肺胞内濃度と分圧の上昇速度が遅くなる。例えば，興奮した動物では心拍数が高く心拍出量が増大することから，麻酔導入が遅くなる。一方，心拍出量が低下した動物では麻酔導入が非常に速い。
- 肺胞-静脈血麻酔薬分圧の較差：ほとんどの麻酔薬では組織への溶解度が高いため，麻酔導入時には組織へ運ばれたほぼすべての麻酔薬が組織内に取り込まれる。その結果，肺に戻ってきた静脈血中の麻酔薬濃度は低くなるが，時間経過とともに組織内の麻酔薬濃度が飽和に達すると静脈血中の麻酔薬濃度が上昇し，肺での麻酔薬の取り込み量が減少する。
- その他の因子：心臓内や肺内の右－左シャント（例：ファロー四徴）では麻酔導入が遅れる。一方，左－右シャント（例：肺高血圧症のない動脈管開存）では麻酔導入が速くなり，とくに心拍出量が低い

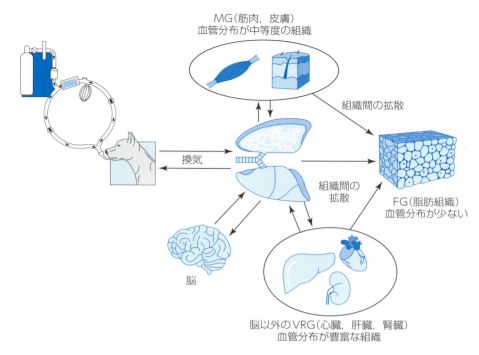

図4-3　吸入麻酔薬の組織への取り込み
VRG：血管分布が豊富な組織，MG：血管分布が中等度の組織，FG：脂肪組織

場合に顕著となる。肺胞病変(滲出液，漏出液，気腫，肺線維症)によって肺胞膜が障害されている場合には拡散障害が生じ，そのために吸入麻酔薬の取り込みが減少する。

c. 血液から脳や組織への吸入麻酔薬の取り込み

血液から組織への吸入麻酔薬の取り込みは，溶解度(血液 vs 組織)，組織血流量，および動脈血と組織の麻酔薬分圧の較差に左右される。組織での麻酔薬取り込みは，麻酔薬濃度，血流，組織内の毛細血管密度に依存する。組織はその血液供給によって以下の4つのグループに分類できる(図4-3)。

- 血管分布が豊富な組織(VRG)：心拍出量の約75%を受け取る組織(脳，心臓，腸管，肝臓，腎臓，脾臓)であり，血流量が高いので動脈血-組織分圧較差の減少が急速であり，吸入麻酔薬の取り込みも速い。適切な濃度で供給した場合に吸入麻酔薬の濃度は5〜20分で平衡に達し，外科手術可能となる麻酔深度に達する。VRGの吸入麻酔薬の溶解度は，麻酔回復時間に影響を及ぼす。
- 血管分布が中等度の組織(MG)：心拍出量の約15〜20%を受け取る組織(筋肉，皮膚)であり，麻酔薬濃度が平衡に達するには1.5〜4時間かかる。VRGと同様にMGでの吸入麻酔薬の溶解度は，麻酔回復時間に影響を及ぼす。
- 脂肪組織(FG)：脂肪組織は体の10〜30%を占め，心拍出量の約5%を受け取る。吸入麻酔薬はFGへの溶解度が高いことから，FGでの吸収量が多く，長い時間貯留する。FGは血流が少ないので，麻酔導入時の影響はほとんどないが，延長した麻酔(3時間以上)後の麻酔回復に影響を及ぼすことがある。
- 血管分布が乏しい組織(VPG)：心拍出量の1〜2%を受け取る組織(骨，腱，軟骨)であり，麻酔時間が短い場合にはほとんど影響がない。

表4-3 吸入麻酔薬の最小肺胞濃度（MAC）

吸入麻酔薬	犬	猫	馬	人
ハロタン	0.87%	1.19%	0.88%	0.76%
イソフルラン	1.3%	1.63%	1.31%	1.2%
セボフルラン	2.34%	2.58%	2.34%	1.93%
デスフルラン	7.20%	9.80%	7.23%	6.99%
笑気	188〜297%	255%	190%	101.1%

d. 吸入麻酔薬の排泄

吸入麻酔薬の多くは、変化せずに肺から排泄される。吸入麻酔薬の取り込みに影響する因子（肺の換気、血流、吸入麻酔薬の血液や組織への溶解度）がその排泄においても同様に重要である。麻酔ガスが肺から洗い出される際に動脈血中の麻酔薬の分圧が低下し、これに続いて組織内の分圧が減少する。脳へは血流量が多いので脳内の麻酔薬分圧の低下は急速であり、その他の組織の麻酔薬濃度の減少は、その血流量に依存して遅くなる。その他、少量の吸入麻酔薬が皮膚、乳汁、粘膜、尿に排泄される。

吸入麻酔薬は体内で様々な程度に代謝される。吸入麻酔薬の代謝は肝ミクロソーム酵素系によって生じ、様々な中間代謝産物が形成される。このうち毒性を持つ代謝産物は主に無機フッ素イオンと臭化物イオンである。笑気は一般的に高濃度（50〜70%）で使用され、血液/ガス分配係数が低いことから、笑気の吸入を停止すると血液から肺胞内へ大量の笑気が急速に排泄される。その結果、肺胞内の酸素が笑気によって希釈され、換気が維持されなければ低酸素血症（拡散性無酸素症）が起こることがある。

(3) 吸入麻酔薬の麻酔作用の強さ

吸入麻酔薬の麻酔作用の強さを比較する方法に最小肺胞濃度（minimum alveolar concentration：MAC）の測定がある。一般的に、MACは疼痛刺激に対して50%の動物が反応しない最も少ない吸入麻酔薬の肺胞内濃度（1気圧）と定義される。通常、MACは吸入麻酔薬の終末呼気濃度として測定され、気化器のダイヤル設定ではない。吸入麻酔薬のMACは動物種で異なり（表4-3）、年齢（老齢動物ほど吸入麻酔薬の要求量は少ない）、体重（小さな動物ほど多くの吸入麻酔薬を要求する）、体温（低体温ではMACが減少する）、およびCNS抑制薬の投与の影響を受ける。また、MACは、甲状腺機能亢進症または甲状腺機能低下症、血液量減少、貧血、敗血症、重度の酸-塩基平衡障害、妊娠などの影響を受ける。吸入麻酔薬の単独投与の場合、1.0 MACは浅麻酔で外科手術の麻酔深度としては不十分であり、1.5 MACで外科麻酔を得られ、2.0 MACでは深麻酔となって顕著な呼吸循環抑制を生じる。外科手術では、フェンタニル等の強力な麻酔性オピオイド鎮痛薬の持続静脈内投与や局所ブロックを併用することで、外科麻酔の維持に要する吸入麻酔薬の要求量を大きく減少できる（MAC減少効果）。

(4) 個々の吸入麻酔薬

わが国では、現在、ハロタン、エンフルラン、イソフルラン、セボフルラン、デスフルラン、および笑気を利用できる。動物用医薬品としては、イソフルランとセボフルランが承認されている。

a. ハロタン

ハロタンは、1956年以降イソフルランやセボフルランが登場するまで広く用いられていた。ハロタンは無色の液体であり、紫外線で分解されることから安定化剤のチモールが添加されガラス製褐色瓶に入れられている。チモールは気化器内に付着するので、気化器の定期的洗浄が不可欠である。ハロタンの血液/ガス分配係数は2.36と比較的高く、イソフルランやセボフルランより麻酔の導入と回復が遅い。

ハロタンには用量依存性のCNS抑制作用と呼吸抑制があるが、自発呼吸はイソフルランやセボフル

ランよりも温存される。ハロタンは心臓の変力作用を抑制し，交感神経伝達も遮断することから，心拍出量や動脈血圧も用量依存性に減少する。また，迷走神経性緊張によって徐脈を引き起こしやすい。ハロタンは，エピネフリン誘発性頻脈性不整脈に対する心臓の感受性を高めることから，呼吸抑制による二酸化炭素の蓄積，低酸素血症，カテコールアミン放出や過剰投与によって，心不整脈が引き起こされやすい。ハロタンは体温中枢を抑制して低体温を生じ，麻酔回復期に多くの症例で振戦を認める。ハロタンは，稀に，人，豚，馬，犬，猫に悪性高熱を引き起こす（人，豚，犬では遺伝的欠陥に関連している）。ハロタンは子宮緊張を低下させ，分娩後の子宮収縮を抑制することがある。また，ハロタンは容易に胎盤を通過する。吸入されたハロタンの20〜40％が肝ミクロソームで代謝されるが，代謝産物のトリフルオロ酢酸，ブロマイド，塩化物ラジカルは数時間から1日かけて尿中に排泄され，数日間肝臓内に残存することもある。人では，ハロタンと麻酔後の黄疸や致死的な肝壊死との関連が示されている。

b. イソフルラン

イソフルランは，1990年に医薬品が承認されて以降，獣医療で広く用いられており，現在では動物用医薬品を利用できる。イソフルランは無色の化学的に安定な液体であり，血液/ガス分配係数が比較的低く（1.41），麻酔の導入と回復が比較的速やかである。換気量が維持されていれば，脳血流量は増加しない。イソフルランは気道刺激性が強く，麻酔前投薬や注射麻酔薬による麻酔導入後の吸入開始が好ましい。

イソフルランは，用量依存性のCNS抑制作用と呼吸抑制および良好な筋弛緩作用を生じる。イソフルランの呼吸抑制はハロタンより強く，呼吸数減少とともに動脈血二酸化炭素分圧（$PaCO_2$）増加に対する呼吸反応が抑制されることから，高炭酸ガス血症を防止するために換気補助が必要となる場合がある。イソフルランの心抑制はハロタンより少なく，カテコールアミンに対する心筋感受性も高めない。外科麻酔を得られるイソフルラン濃度では，心収縮性が減少する一方で血管拡張により末梢血管抵抗（後負荷）が低下することから，心拍出量は維持されるものの血圧は低下する。イソフルランは消化管平滑筋の緊張性と運動性を減少する。イソフルランの代謝率は非常に低く（0.25％），肝毒性や腎機能への影響は報告されていない。馬では，イソフルランの麻酔回復に錯乱状態に陥る場合がある。イソフルランは非脱分極性筋弛緩薬の作用を増強する。豚では悪性高熱を生じることがある。イソフルランは，急速に胎盤を通過する。

c. セボフルラン

セボフルランは，1990年に世界に先駆けわが国で医薬品として承認され，現在では動物用医薬品も利用できる。セボフルランは血液/ガス分配係数が0.69と低く，急速で円滑な麻酔導入と回復を得られ，気道への刺激性がなくマスク導入が容易である。セボフルランの各臓器への作用は，イソフルランと同様である。セボフルランは肝臓で代謝されにくいが，無機フッ化物代謝産物の産生はイソフルランよりも多く（代謝率3〜5％），コンパウンドAを生じることから腎不全を引き起こす可能性が指摘されているが，臨床的には認められていない。

d. デスフルラン

デスフルランは血液/ガス分配係数が非常に低く（0.42），麻酔導入と回復が非常に速いが，MACは約7.2％と高く，麻酔維持には高濃度を要する。デスフルランは気道刺激が強く，麻酔前投薬なしの麻酔導入は困難である。デスフルランの沸点は室温に近いことから，安定した濃度を得るため電気的に加温できる特殊な気化器が用いられている。デスフルランの各臓器への作用はイソフルランと同様であるが，交感神経"ストーム"を引き起こすことがある。デスフルランは胎盤を通過するが，血液/ガス分配係数が低いので胎子の回復は速やかである。デスフルランは肝臓で分解されにくいので無機フッ化物産生は非常に少なく（代謝率0.02％），肝毒性または腎毒性はない。

e. 笑気（亜酸化窒素）

笑気は，室温で気体のガス麻酔薬であるが，30〜50気圧で無色の液体に容易に圧縮され，ボンベから大気圧に開放されるとすぐ気体に戻る。笑気は，NMDA受容体の抑制を介した大脳皮質抑制による軽度の鎮痛と麻酔作用を持つが，筋弛緩作用はない。笑気は，MACが100％以上で単独吸入では外科的麻酔深度を得られないが，血液／ガス分配係数が0.49と低く麻酔導入と回復が速やかで鎮痛作用も有することから，補助的な麻酔薬として50〜70％で併用される（笑気流量：酸素流量＝1：1または2：1）。笑気は，他の吸入麻酔薬の血中への取り込みを促進することがある（二次ガス効果）。

笑気は，気道刺激性はなく，咳嗽反射を抑制しない。笑気の呼吸循環抑制は最小限であり，心筋のカテコールアミン感受性を高めることはない。笑気はほとんど代謝されず，腎臓と肝臓への障害はない。笑気は胎盤を通過し，胎子に低酸素血症を引き起こすことがある。笑気は，血液／ガス分配係数が低く高い吸入濃度で使用されるため，空気や他のガスの存在する閉鎖腔内（例：気胸，閉塞した腸管，空気塞栓，閉鎖された副鼻腔）へ急激に拡散して閉鎖腔の体積と内圧を上昇させることから，閉鎖腔にガスが貯留する疾患では禁忌となる。さらに，麻酔終了時に笑気の吸入を停止すると，肺胞内へ笑気が急速に拡散して酸素を希釈することから（拡散性低酸素症），笑気の吸入停止後5分間は高い流量で酸素を吸入させて低酸素を予防する必要がある。

3. 吸入麻酔に使用される器材，機器

吸入麻酔では，最小限の環境汚染で吸入麻酔薬を安全に動物へ供給するために，医療ガス供給源，麻酔器，および呼吸回路を用いる（図4-4）。これらシステムでは，医療ガス供給源で酸素と笑気を減圧して供給し，吸入麻酔薬を正確に混合して呼吸回路に供給する。麻酔器は外見上複雑であるが，その構造はほとんどの機種で類似しており，呼吸回路とともに酸素と麻酔ガスの供給および余剰ガスと二酸化炭素の排出を目的に単純に設計されている。

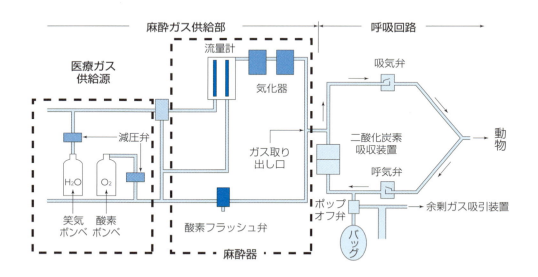

図4-4　吸入麻酔に用いられる器材

最小限の環境汚染で吸入麻酔薬を安全に動物へ供給するために，医療ガス供給源，麻酔器，および呼吸回路が用いられる。図は回路外気化器と呼吸回路は再呼吸回路を示している。

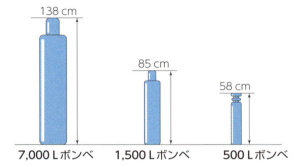

図4-5 医療ガスボンベ

(1)医療ガス供給源

医療ガス供給源としては，圧縮ガスボンベ，液化ガスタンク，酸素発生装置や空気コンプレッサーなどがあり，わが国の動物診療施設では圧縮ガスボンベが広く利用されている。酸素や笑気などの医療ガスは，カラーコード化された様々な内容量のガスボンベで供給されている(図4-5)。医療ガスボンベは慎重に取り扱い，必ずチェーンで麻酔器や壁に固定して転倒を防止する。

酸素はボンベ内で圧縮された気体として存在し，満タン時の酸素ボンベ圧は約14.7 MPaである。酸素ボンベ圧はボンベ内のガス体積に比例し，酸素残量を予測できる(例：容量7,000 Lの酸素ボンベ圧が9.8 MPaである場合，残量は7,000 L × 9.8 MPa / 14.7 MPa = 4,667 L)。笑気はボンベ内で圧縮された気体と液体として混在し，すべてが気化するまでボンベ圧は約5.2 MPaのままであり，残量の把握にはボンベ重量の測定が必要である。医療ガスは，ボンベに取り付けた減圧弁(圧力調整器)で約0.4 MPaに減圧されて麻酔器に供給される。中央配管方式では，不適切なボンベの連結を防止するために，医療ガス配管端末器と高圧ホースにピンインデックス方式が採用されている(図4-6)。

(2)麻酔器

麻酔器は，医療ガスを混合し，揮発性吸入麻酔薬を気化させ，目的とする濃度の麻酔ガスを呼吸回路に供給する。麻酔器は，流量計，酸素フラッシュ弁，ガス取り出し口，および気化器で構成される。

a. 流量計

各医療ガス専用の流量計(mL/分；L/分)を用いて供給量を調節する。ガラス製の円筒とボールまたはボビンで構成されるロタメータが最も一般的であり，円筒内のボールまたはボビンの最大直径部の高さでガス流量を読み取る。複数の流量計を配置した場合には，個々のガスは流量計より下流で混合される。麻酔器の中には直列に連結された2つの酸素流量計(1 L/分までの低流量用と1～10 L/分の通常の酸素流量計)を搭載しているものがある。

獣医臨床麻酔学

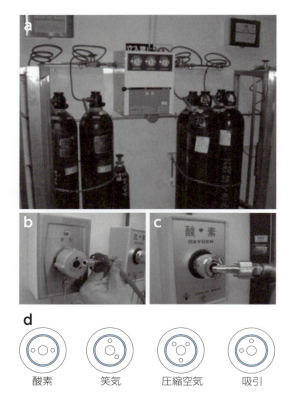

図4-6 中央配管方式とピンインデックス方式

医療ガスの中央配管方式(a)では，不適切なボンベの連結を防止するために，医療ガス配管端末器と高圧ホースにピンインデックス方式が採用されている(b笑気，c酸素)。ピンインデックス方式では，酸素，笑気，圧縮空気，吸引でピンと差し込み口の形状が異なる(d)。

b. 酸素フラッシュ弁
気化器を迂回して呼吸回路へ酸素35〜75 L/分を供給する。

c. ガス取り出し口
麻酔器からのガスの取り出し口であり，酸素，笑気，および気化された麻酔ガス(回路外気化器の場合)を呼吸回路へ供給する。

d. 気化器
揮発性吸入麻酔薬の揮発に用いられ，流量計の隣に配置する回路外気化器(VOC)と呼吸回路内に配置する回路内気化器(VIC)がある(図4-7)。

- 回路外気化器(VOC)：わが国の獣医療ではVOCが一般的に使用されている。VOCは麻酔ガスを正確な濃度(%)で供給し，温度や流量に影響されにくい。気化器内を流れるガスはバイパスチャンバーと気化チャンバーに分配され，その分配比率を気化器ダイヤルで設定することで迅速に麻酔ガス濃度(%)を調整できる。個々の揮発性吸入麻酔薬は特有の気化圧を有し，気化チャンバー内の最大濃度は異なるので(表4-1参照)，正確な麻酔ガス濃度を得るためには各麻酔薬の専用気化器を使用する必要がある。

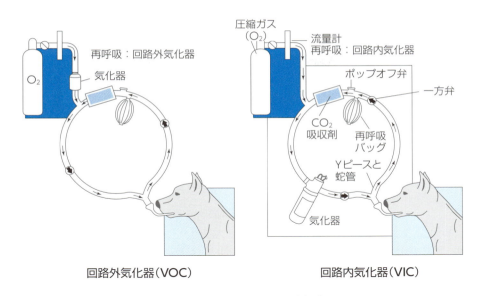

図4-7 回路外気化器と回路内気化器

- 回路内気化器(VIC)：VICはドローオーバー気化器とも呼ばれ，動物の呼吸で気化器内のガスを移動させて麻酔薬を気化させて麻酔ガスを供給する。VICの場合，揮発性の低いエーテルでは灯芯が必要であり，揮発性の高いイソフルランやセボフルランでは灯芯は必要ない。VICでは，麻酔ガス発生量が環境温度によって増減し，高温環境では過剰投与になる可能性があり，低温環境では麻酔維持が難しい。VICの麻酔ガス供給量は，動物の換気量に左右される。VIC内の水分発生を抑制するため，気化器を吸気側に配置する。

(3) 呼吸回路

呼吸回路は，麻酔器で混合された麻酔ガスを安全に動物に供給し，呼出された二酸化炭素と余剰麻酔ガスを除去するために用いる(図4-4参照)。呼吸回路は，二酸化炭素の除去法によって，非再呼吸回路と再呼吸回路に分類される。再呼吸回路は，二酸化炭素を除去して呼気ガスを再利用することから低い新鮮ガス流量で利用できるが，一方弁や二酸化炭素吸収剤によって呼吸抵抗が大きくなる。換気量の小さな小型動物(体重3kg未満)には呼吸抵抗の低い非再呼吸回路が適しており，十分な換気量を得られる大きさの動物(体重3kg以上)では再呼吸回路を安全に用いることができる。

a. 非再呼吸回路(図4-8)

TピースやYピースを用いて麻酔ガスの供給路と排出路を分け，動物に供給路で麻酔ガスを吸入させ，排出路から呼気ガスと余剰ガスを排出する。非再呼吸回路としては，新鮮ガスの取り込み口が動物側にあり呼気が呼吸バッグから排出されるジャクソンリース(図4-8b)が一般的に用いられている。非再呼吸回路では，新鮮ガス流量が動物の分時換気量より少ないと動物は排出路内の二酸化炭素を含んだ呼気ガスを再呼吸してしまうことから，新鮮ガス流量を動物の分時換気量より高くに設定する必要がある(約200 mL/kg/分以上)。非再呼吸回路は，要求される高い新鮮ガス流量による体温低下と大量の余剰ガスの発生(環境汚染，非経済的)などの欠点を持つ。

b. 再呼吸回路(図4-9)

再呼吸回路は，ポップオフ弁，二酸化炭素吸収剤キャニスター，2つの一方向弁(呼気弁，吸気弁)，

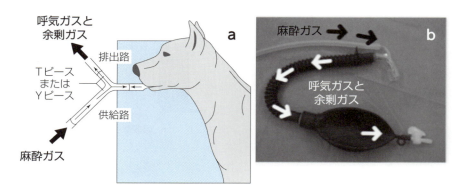

図4-8　非再呼吸回路

TピースやYピースを用いて麻酔ガスを供給路より動物に吸入させ，呼気ガスと余剰ガスを排出路より排出する（a）。麻酔ガスの供給量が動物の分時換気量より少ないと，動物は呼気ガスを再呼吸することになる。獣医療ではジャクソンリース（b）が広く用いられている。

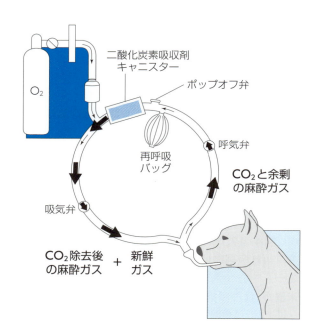

図4-9　再呼吸回路

再呼吸回路では，呼気中の二酸化炭素を吸収除去して新鮮ガスとともに再呼吸させる。再呼吸回路は，ポップオフ弁，二酸化炭素吸収剤キャニスター，呼気弁，吸気弁，再呼吸バッグ，圧マノメーター，蛇管，およびYピースで構成され，ポップオフ弁の開閉によって半閉鎖回路と閉鎖回路に分けられる。

再呼吸バッグ，圧マノメーター，蛇管，およびYピースで構成される。再呼吸回路は，比較的低流量でガスを使用できる（経済的，環境汚染が少ない），換気の観察が容易，熱喪失と気道乾燥が最小限，突然の麻酔深度の変化がないなどの利点がある。一方，呼吸回路が複数の部品で構成されかさばる，呼吸抵抗が大きい，交差感染の可能性がある，呼吸回路内の麻酔ガス濃度が気化器の設定に一致しない，気化器の設定変更後の麻酔ガス濃度の変化が遅いなどの欠点がある。

再呼吸回路では，ポップオフ弁の開閉状態によって必要となる新鮮ガス流量が異なる。ポップオフ弁を完全閉鎖して余剰ガスを排出しない状態を「閉鎖回路」，ポップオフ弁を開放して余剰ガスを排出する状態を「半閉鎖回路」と呼ぶ。一般的に，牛馬などの大動物では再呼吸回路を閉鎖回路で用い，犬猫などの小動物では再呼吸回路を半閉鎖回路で用いる。半閉鎖回路では新鮮ガス流量を5〜30 mL/kg/分とすることで再呼吸バッグの膨らみを維持できる。また，これより高い新鮮ガス流量を用いても余剰ガスとしてポップオフ弁より排出され，呼吸回路内圧は上昇しない。閉鎖回路では，新鮮ガス流量を動物の酸素消費量（約3〜5 mL/kg/分）に設定することで，呼吸回路内圧を上昇させることなく，再呼吸バッグの膨らみを適切に維持できる。閉鎖回路は麻酔ガスによる大気汚染が最小限であり，呼吸回路内の温度と湿度が最大となる利点があるが，VOCでは新鮮ガス流量が低いために麻酔ガス濃度を迅速に高めることが困難である。また，閉鎖回路では酸素供給量が動物の酸素消費量とほぼ同等となることから，低酸素を回避するために呼吸回路内の酸素濃度を監視し，動物の酸素化および換気状態を厳密にモニタリングする必要がある。

- ポップオフ弁：再呼吸回路内の余剰ガスは，ポップオフ弁を通して呼吸回路外に排気される。「閉鎖回路」では，新鮮ガス流量が動物の酸素消費量（約3〜5 mL/kg/分）を超えると，余剰ガスで呼吸回路内圧が上昇する。「半閉鎖回路」では，呼吸回路の内圧が0.5〜1.0 cmH$_2$Oを超えるとポップオフ弁が開いて余剰ガスが排気され，過剰な圧が消散する。
- 二酸化炭素吸収剤キャニスター：呼気ガスから二酸化炭素を化学的に除去するため，キャニスターには動物の1回換気量（15 mL/kg）の1〜2倍の容量の二酸化炭素吸収剤を入れる。二酸化炭素吸収剤は，様々な比率でNa$^+$，K$^+$，Ca^{2+}，Ba^{2+}の水酸化物を含み，これらの水酸化物は呼気中の二酸化炭素と水に反応して熱を放散しながら炭酸塩を形成する。二酸化炭素吸収剤にはpH指示薬（通常，エチル紫）が加えてあり，水酸化物が消費されるとpHの低下によって青色に変色する。pH指示薬の色は使用休止時間をおくと元に戻るが，硬くて脆く粉っぽいあるいは塊になった二酸化炭素吸収剤は役に立たない。乾燥した二酸化炭素吸収剤はコンパウンドAや一酸化炭素などの毒性物質を発生することから，6〜8時間の使用で交換する。
- 一方弁：呼気弁と吸気弁の2つの一方向弁が呼吸回路内の麻酔ガスの流れを一方向に保ち，二酸化炭素を含む呼気ガスの再呼吸を防止する。
- 再呼吸バッグ：再呼吸バッグは動物の大きさに応じてサイズを選択し，体重5 kg以上7 kg未満で1 L，7 kg以上15 kg未満で2 L，15 kg以上50 kg未満で3 L，50 kg以上150 kg未満で5 L，150 kg以上で20〜35 Lの再呼吸バッグを使用する。
- 圧マノメーター：呼吸回路の内圧上昇の監視に用いる。呼吸回路内圧は気道内圧や胸腔内圧を反映している。
- 蛇管とYピース：呼吸抵抗を最小限にするため，動物の気管よりも太い蛇管を用いる。一般的に，長さ1 m口径22 mmの蛇管が用いられ，体重5 kg未満の動物では小口径（13 mm）の短い蛇管を用いることもある。牛馬などの大動物では，口径50 mmの蛇管を用いる。

(4)余剰ガス排気装置

　周囲に漏れ出た余剰ガスの吸引による健康被害を防止するため，余剰ガスを回収除去する必要がある。再呼吸回路ではポップオフ弁，非再呼吸回路では呼吸バッグから余剰ガスを回収し，呼吸回路に過剰な圧が生じないように接続器を介して室外へ排気する（図4-10）。接続器には，開放式接続器と圧開放弁機構のある閉鎖式接続器がある。開放式接続器には高流量能動排気システムが適しており，閉鎖式接続器には低流量能動排気システムや受動排気システムが適している。受動排気システムでは，動物の換気で生じる気流を利用して余剰ガスを排気するが，呼気抵抗があると効果的に排気できず動物が危険な状況に陥ることがある。能動排気システムでは，排気ポンプで機械的に排気することから排気効率が良い。

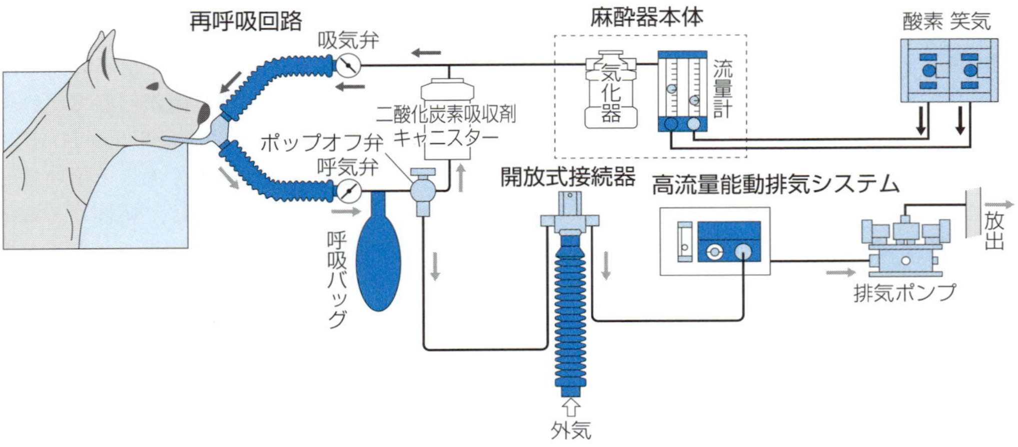

図4-10　余剰ガス排気装置

余剰ガスを再呼吸回路の開放されたポップオフ弁(半閉鎖回路)から回収し,開放式接続器を介して高流量能動排気システムで排気する余剰ガス排気装置の一例を示した。

余剰ガスを活性炭吸収剤に通すとハロゲン化炭化水素を含む揮発性吸入麻酔薬を余剰ガス中から吸収除去できるが(笑気は除去されない),吸収剤を頻繁に交換する必要がある。

(5)マスク,気管チューブ,およびラリンジアルマスク

マスクは酸素吸入あるいは麻酔導入時に吸入麻酔薬を吸入させるために用いられる。犬猫等の小動物では,透明なプラスチック製で弾性のあるゴムにより動物の顔に合うように作られた円錐形または円筒形マスクが多用されている。多くの動物種において,全身麻酔中に気道を確保し,呼吸時の口腔や鼻腔等の死腔を最小限にするために,気管チューブの経口的気管挿管が広く実施されている。気管チューブのサイズ(太さ)は,その内径で表される(図4-11)。気管チューブの呼吸抵抗は内径の4乗に反比例することから,喉頭を損傷することなく挿管できる最大径の気管チューブを選択すべきである。動物種,大きさ,および処置内容に応じて,カフ付き気管チューブのサイズを選択する。頸部を極端に湾曲させることが必要な場合には(例:眼科手術),気管チューブの屈曲による閉塞を防止するためにスパイラル入り気管チューブを使用する。気管粘膜は25〜35 mmHgの毛細血管圧で還流されていることから,気管粘膜の損傷を最小限とするためにカフ圧が20〜25 mmHgを超えないようにする。具体的には,気道内圧を15〜20 cmH$_2$Oとした場合に漏れがない程度にカフ内に空気を注入する。近年,経口的に挿入して喉頭を覆って気道を確保するラリンジアルマスクが猫およびウサギ用に開発され,わが国の獣医療でも利用できるようになった(図4-12)。

(6)喉頭鏡

犬,猫,豚,子牛,小型反芻動物(山羊,羊,ラマ,アルパカ)などの気管挿管は,喉頭鏡を用いて喉頭部を確認することで容易になる(図4-13)。犬猫ではマッキントッシュ型の喉頭鏡が使用しやすい。豚,子牛や小型反芻動物では口腔が細く長いので,長いブレードのミラー型の喉頭鏡が用いられる。

4. 注射麻酔薬

ほとんどの注射麻酔薬は大脳皮質抑制によって意識消失を生じ,痙攣治療にも用いられる(例:バルビツレート,プロポフォール)。ほとんどの注射麻酔薬は静脈内投与(IV)で用いられるが,組織刺激性が少なく筋肉内投与(IM)できるものもある(例:ケタミン,アルファキサロン)。バルビツレート,プ

4章 全身麻酔

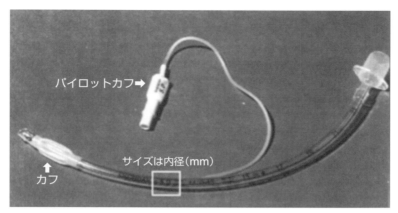

図4-11 気管チューブ

気管チューブのサイズは内径で表される(図の気管チューブは内径5mm)。カフ付き気管チューブではカフ内に空気を注入して気管内に密着させることができ，カフ圧は手前のパイロットカフの堅さで確認できる。カフに空気を注入した際のパイロットカフの固さは耳朶程度の固さが適切であり，気道内圧を15～20 cm-H_2O程度にした場合には漏れがない程度に空気を注入する。

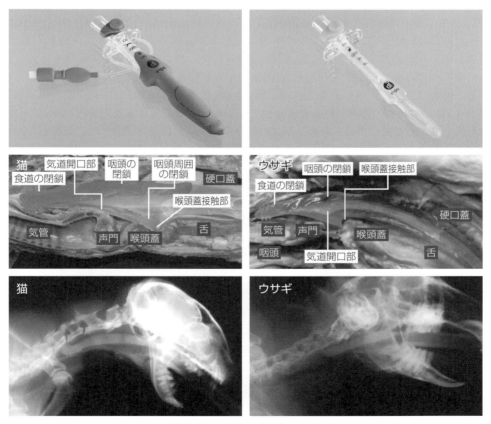

図4-12 ラリンジアルマスク

上段はラリンジアルマスク(左；猫用，右：ウサギ用)。中段はラリンジアルマスク挿入時の口腔-喉頭-気管の断面図(左；猫，右：ウサギ)。下段はラリンジアルマスク挿入時の頭部単純X線写真(左；猫，右：ウサギ)(写真：アコマ医科工業株式会社)

 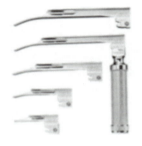

　　　　　マッキントッシュ型　　　　　ミラー型

図4-13　喉頭鏡（写真：アローメディカル株式会社）

ロポフォール，およびアルファキサロンはGABA_A受容体に作用してCNSを抑制し，ケタミンはNMDA受容体を拮抗してCNSを抑制する。これらの注射麻酔薬は用量依存性にCNSを抑制し，眠気や軽い鎮静から全身麻酔さらには昏睡まで生じる。わが国では，プロポフォール，アルファキサロン，ケタミン，およびペントバルビタールが動物用医薬品として承認されている。

　注射麻酔薬は，麻酔導入に用いられ，追加投与によって麻酔維持にも利用される。注射麻酔薬と鎮痛薬を持続IV投与して全身麻酔を維持する麻酔法を全静脈麻酔法（total intravenous anesthesia；TIVA）と呼ぶ。注射麻酔は，「必要な機材が少なく，吸入麻酔よりも簡単である」と捉えられがちであるが，実際には異なる。注射麻酔薬の作用発現，CNS抑制の程度，および麻酔時間を決定する因子には，注射麻酔薬の薬物動態と薬力学，投与量，投与経路，IV投与時の投与速度，および他の薬物との相互作用に加えて，動物の薬物投与時の意識レベル，酸-塩基平衡と電解質平衡，心拍出量，薬物耐性（年齢，品種，肥満度）などがある。注射麻酔薬は一度投与すると代謝排泄されるまで体内に存在し，麻酔作用は再分布と代謝によって消退する。単回投与での作用時間が短い注射麻酔薬でも，追加投与や反復投与によって体内に蓄積し，麻酔回復が延長するものもある。ほとんどの注射麻酔薬が呼吸抑制作用を持つことから，麻酔導入後に気管挿管による気道確保，酸素吸入，および調節呼吸が可能な体制を整えておくべきである。加えて，注射麻酔薬の過剰投与によって生じた循環抑制の治療は非常に難しい。注射麻酔薬を安全に使用するために鎮静薬や鎮痛薬を用いた麻酔前投薬が広く実施されているが，これらの薬物の併用によって各薬物の薬物動態は変化する。注射麻酔薬を安全に使用するためには，薬物動態に関する知識が必要である。

(1)バルビツレート

　バルビツレートは，化学構造と作用時間によって分類される。構造上，チオバルビツレート（例：チオペンタール，チアミラール），メチルオキシバルビツレート（例：メトヘキシタール），およびオキシバルビツレート（例：フェノバルビタール，ペントバルビタール）に分類され，作用時間によって，長時間作用型（8〜12時間：フェノバルビタール），中時間作用型（2〜6時間），短時間作用型（45〜90分：ペントバルビタール），および超短時間作用型（5〜15分：チオペンタール，チアミラール，メトヘキシタール）に分類される。超短時間作用型バルビツレートは麻酔導入に利用され，長時間作用型バルビツレートは抗痙攣薬として利用されている。短時間作用型バルビツレートのペントバルビタールは，現在，主に安楽死に使用されている。一般的に，バルビツレートは呼吸抑制が強く，鎮痛作用はほとんどない。チオバルビツレート溶液は強アルカリ性であり，血管周囲組織に注入すると壊死を生じることから，IM投与は禁忌である。

　超短時間作用型バルビツレートの麻酔作用は再分布で速やかに消退するが，バルビツレート自体の体

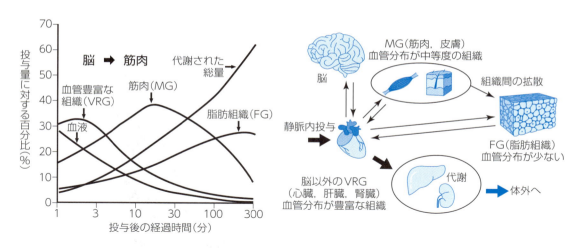

図4-14　バルビツレートの再分布と排泄
VRG：血管分布が豊富な組織，MG：血管分布が中等度の組織，FG：脂肪組織

外への代謝排泄には時間を要する。超短時間作用型バルビツレートは，まず血管分布が豊富な組織（VRG）の脳へ急速に分布し，投与後30秒以内で最大効果を生じる。その後，VRGの脳から体幹筋肉や皮膚（MG）へ移動（再分布）し，脳内濃度が低下することで麻酔効果が消失する（図4-14）。MG内の薬物濃度は投与後15～30分でピークに達し，徐々に脂肪組織（FG）へ移行する（数時間で最大濃度）。したがって，反復投与によってMG中の薬物濃度が飽和に達すると循環血液中に蓄積し，麻酔回復が延長する。痩せた筋肉質の視覚犬（例，グレーハウンド，ウィペット）では，MGに再分布できる薬物量が制限されることから，単回投与でも麻酔回復が遅延する（3～5時間）。

　バルビツレートは主に肝臓で代謝され，その代謝産物は腎臓で尿中に排泄される。肝疾患のある動物では薬物の作用時間が延長することから，短時間作用型バルビツレートの使用を避ける。低体温と心血管機能の抑制もバルビツレートの肝臓代謝を遅延する。アシドーシスでは，活性のある（非イオン化，タンパク非結合）薬物量が増加することから，バルビツレートの麻酔作用が増強延長される。肥満動物では，薬物排泄が遅延する。馬や犬では，稀に，チオバルビツレート投与後の「急性耐性」を生じる。

　バルビツレートはCNSのGABA$_A$受容体に作用し，眠気や軽度の鎮静状態から昏睡の範囲でCNS抑制を引き起こすが，鎮痛作用はないか非常に弱い。ペントバルビタールと超短時間作用型バルビツレートは脳血流（CBF），脳の酸素代謝率（CMRO$_2$），および脳のニューロン活性を減少する。麻酔量のバルビツレートでは，動脈血圧が一過性に低下し，頭蓋内圧が減少し，脳灌流圧が増加する。

　バルビツレートは延髄の呼吸中枢を抑制して呼吸を抑制し，その程度は薬物の投与量と投与速度に関連する。ボーラスIV投与では無呼吸が生じやすく，気道確保と調節呼吸による呼吸管理が必要となる。バルビツレート投与後には，発咳，くしゃみ，しゃっくり，および喉頭痙攣を頻繁に認めるが，これらは過剰な唾液分泌によって引き起こされ，抗コリン作動薬（例：アトロピン，グリコピロレート）を用いた麻酔前投薬によって最小限にできる。喉頭痙攣は，犬猫のバルビツレート麻酔の一般的な合併症である。

　バルビツレートは中枢性および末梢性に重大な心血管抑制を引き起こし，急速投与や過剰投与では一過性に血圧が低下する。また，チオバルビツレートは心臓のエピネフリン感受性を増大することから，不整脈（例：心室性期外収縮や心室性二段脈）を生じることがある。チオバルビツレートは，副交感神経と交感神経の両方の緊張を増大し，心房性および心室性不整脈，洞性徐脈または房室ブロックや心停止

を生じることもある。バルビツレートはゆっくりIV投与すべきであり，全身状態の良くない動物では，投与量を減ずるべきである。濃度2.5％以上のバルビツレート溶液には組織毒性があり，毛細血管の筋層を損傷し，毛細血管拡張や血栓性静脈炎を生じることがある。麻酔導入量のチオバルビツレートでは，交感神経緊張増加によって頻脈と末梢血管抵抗の増大が生じ，投与直後に血圧が上昇することがある。

　チオバルビツレートは，まず消化管運動を抑制し，その後緊張性と運動性の両方を増大するが，臨床的推奨投与量では下痢や腸内容物うっ滞は起こらない。バルビツレートは腎臓への直接作用はないが，低血圧によって腎血流量を減少させ，尿産生が停止させることがある。麻酔量のバルビツレートは肝機能に影響しないが，肝障害のある動物では肝障害を悪化させることがある。

　バルビツレートは，容易に胎盤を通過して胎子循環に入る。チオペンタールは投与後45秒以内に胎子の臍帯混合血に達し，母体には麻酔量以下の投与量でも胎子の呼吸運動を完全に抑制する(スリーピングベビー)。したがって，分娩の近い動物にバルビツレートは禁忌である。

a. チオペンタールナトリウム

　わが国では，チオペンタールナトリウムは人体薬として承認販売されており，1930年代より動物の麻酔導入に用いられてきた。チオペンタールナトリウムは黄色の粉末であり，使用前に滅菌水で溶解し，猫や小型犬では1.25％，大型犬では2.5％，牛や馬では10％の水溶液に調整して投与される。チオペンタール製剤には，大気中の二酸化炭素で生じる不溶性遊離酸の沈殿を防止するために無水炭酸ナトリウムが含まれている。チオペンタール水溶液は強アルカリ性であり，多くの鎮痛薬や鎮静薬との混合はできず(プロポフォールとの混合は可能)，偶発的に皮下に漏れると組織壊死を生じることからIV投与でしか利用できない。チオペンタール水溶液は安定しており，細菌増殖も生じにくいが，冷蔵保存(5～6℃)で7日間または室温で3日間保存した水溶液は廃棄すべきであり，沈殿が生じた水溶液は使用すべきでない。

　通常，チオペンタール投与後20～60秒で全身麻酔を生じる。前述のように，超短時間作用型バルビツレートは再分布で作用が消退し，肝臓でゆっくり代謝されることから反復投与や過剰投与で蓄積して作用が延長する。チオペンタールはこの薬物動態を示す典型的な注射麻酔薬であり，単回麻酔導入量投与後の意識回復は急速で麻酔回復後に鎮静作用が残存する程度であるが，反復投与や過剰投与では麻酔回復が顕著に延長する。また，脂肪の少ない動物(例：視覚犬)や肝機能が未熟な動物(例：新生子)では，麻酔回復が遅い。チオペンタールの蛋白結合率は85％が高く，蛋白結合していない成分が麻酔活性を持つことから，低蛋白血症の症例では麻酔効果が強くなる。また，チオペンタールの一部はイオン化して弱い有機酸として作用することから，血液pHがわずかに変化してもイオン化の程度が大きく変化して薬物分布が影響される。この結果，アシドーシスはチオペンタールの麻酔作用が増強延長する。

　チオペンタールは呼吸抑制が強く，急速IV投与によって無呼吸が生じやすいことから，麻酔導入後初期に補助呼吸や調節呼吸が必要となる場合がある。チオペンタールは用量依存性に直接的な心筋抑制作用を有し，通常の麻酔導入量では心拍数の増加によって心拍出量が維持されるが，頻脈が持続することもある。チオペンタールを急速IV投与すると，血管拡張によって全身血管抵抗が低下し，血圧が低下する。血液量が正常な症例では，血圧低下に続いて代償性に心拍数が増加し，血圧は正常範囲に回復してくる。一方，血液量が減少している症例では，チオペンタール投与後の血圧低下によって致死的な状況を招くことになる。チオペンタールは鎮痛作用に乏しく，侵害刺激に対する反応を完全に抑制するためには深麻酔が必要となる。したがって，チオペンタールを外科手術の麻酔維持に使用する際には鎮痛薬の併用が必要である。チオペンタール投与後の麻酔回復には，多くの動物種で振戦が認められる。これは持続する皮下組織の血管拡張による体温低下によるものと考えられる。また，新生子，胎子が生存している場合の帝王切開術，極端に削痩した動物，尿毒症，および血液量減少や低蛋白血症が治療されていない症例では，チオペンタールによる麻酔導入は禁忌である。

　多くの動物種において，麻酔前投薬なしで気管挿管が可能となるチオペンタールの麻酔導入量は

15 mg/kg IV以上であるが，麻酔前投薬によって6〜12 mg/kg IVに減量できる。チオペンタールによる麻酔導入初期の心肺抑制を軽減するために，麻酔前投薬後に麻酔導入量を1分以上かけて投与する。

b. チアミラールナトリウム

チアミラールはチオペンタールと化学的構造が似ており，チオペンタールと同様の特徴を有する。犬では，チオペンタールの1.5倍の麻酔作用を持つ。わが国では人体薬として承認販売されている。

c. ペントバルビタールナトリウム

わが国では，ペントバルビタールナトリウム製剤は動物用医薬品として承認販売されている。現在，主に実験動物の全身麻酔や安楽死に用いられているが，臨床例の全身痙攣の制御にも利用されている。ペントバルビタールはIV投与で最も良い麻酔効果を得られるが，比較的刺激性が少なくマウスなどの実験動物では腹腔内投与も用いられている。ペントバルビタールは血液脳関門の通過速度が遅く，IV投与でも麻酔導入は遅い。したがって，ペントバルビタールを用いた麻酔導入では，発揚期を回避して過剰投与を防止するため，予定投与量の半分〜2/3量を急速IV投与して1分間程度待ち，その後に必要な効果が得られるまで少しずつ投与する。腹腔内投与は，麻酔導入時にしばしば強い発揚を生じることから推奨されない。犬猫における麻酔前投薬なしでのペントバルビタールの麻酔導入量は30 mg/kg IVであり，麻酔回復期に発揚を伴い，完全な麻酔回復には24時間程度を要する。麻酔前投薬に鎮静薬や鎮痛薬を用いることでペントバルビタールの麻酔導入量を軽減でき，麻酔回復時の興奮は軽減され，麻酔回復も短縮できる。また，麻酔前投薬にアトロピンやグリコピロレートを用いることで，唾液分泌，喉頭痙攣，および迷走神経性緊張を軽減できる。ペントバルビタール投与後の心肺抑制の程度とそれ自体に鎮痛作用がないことはチオペンタールと同様である。ペントバルビタールの最小致死量は犬で50 mg/kg IVであり，様々な動物種において安楽死の際のIV投与量として150 mg/kg IVが推奨されている。

(2) プロポフォール

1990年代以降，プロポフォールは動物の麻酔導入やTIVAに広く用いられている。プロポフォールは水溶性に乏しいアルキルフェノールであり，レクチン含有脂肪乳剤(10％大豆油，1.2％卵レクチン，2.25％グリセリン)として動物用医薬品が製剤化されている。保存剤を含まないプロポフォール製剤は微生物が増殖しやすく，汚染されると術後感染を生じやすいことから，開封後の使用は室温で6時間まで，冷蔵で24時間までとすべきである。現在，ベンジルアルコールを保存剤として利用したプロポフォール製剤が動物用医薬品として承認販売されており，この製剤では開封後28日間まで使用できる。

プロポフォールは，バルビツレートと同様にCNSの$GABA_A$受容体に作用し，用量依存性に大脳皮質とCNS多シナプス性反射を抑制し，鎮静催眠作用と優れた筋弛緩作用を発揮するとともに，抗痙攣作用を持つ。麻酔量のプロポフォールはCBFと$CMRO_2$を減少する。プロポフォールをIV投与すると90秒程度で最大効果を得られ，麻酔回復も急速に確実に得られる。プロポフォールの麻酔作用は，チオペンタールと同様にVRGの脳からMGやFGへの再分配によって終息するが，脂溶性が高く肝臓で急速にグルクロン酸抱合によって不活化され，尿に排泄される。また，プロポフォールは，肝外性にも代謝排泄されると考えられており，反復投与や持続投与しても比較的蓄積作用はなく，麻酔回復期の鎮静も認められない。プロポフォールは比較的蓄積性がなく，反復投与しても麻酔回復が速やかであることから麻酔維持や帝王切開術の麻酔導入にも利用できる。

プロポフォールは，チオペンタールと同程度に用量依存性の呼吸循環抑制を生じ，決して安全な注射麻酔薬とは言えない。プロポフォールを急速IV投与すると無呼吸を生じる。麻酔量のプロポフォールには用量依存性の陰性変力作用があり，心拍出量と全身血管抵抗の低下によって血圧が低下する。プロ

ポフォールは，胎盤を容易に通過し，用量依存性に胎子抑制を引き起こす。プロポフォールはIV投与時に血管痛を示すことがある。

　プロポフォールの薬物動態はTIVAに適しているが，プロポフォールには鎮痛作用がほとんどないことから，外科手術においてプロポフォールを持続IV投与で麻酔維持に用いる際にはオピオイド鎮痛薬や他の鎮静鎮痛薬を併用すべきである。

　犬では，麻酔前投薬なしでの麻酔導入量は6 mg/kg IV程度であり，投与後20分程度で完全に麻酔回復する。プロポフォールの麻酔導入量は，麻酔前投薬によって減少できる。犬では，プロポフォール投与に関連して筋痙攣，伸長性の硬直や後弓反張がしばしば観察される。

　猫の麻酔導入量は，麻酔前投薬なしで8 mg/kg IV程度である。猫にはグルクロン酸抱合能がないことから，プロポフォール単回IV投与後の麻酔回復は犬ほど急速ではない。プロポフォール投与後には，約15％の猫に嘔吐/悪心，くしゃみ，顔を洗う仕草などを認める。これらの副作用は，麻酔前投薬によって予防できる。

(3) アルファキサロン

　アルファキサロンは，GABA$_A$受容体に作用して用量依存性にCNSを抑制する。現在のアルファキサロン製剤は，β-シクロデキストリンを基剤とする比較的作用時間の短い注射麻酔薬であり，蓄積性がないことから，麻酔導入やTIVAに用いられている。アルファキサロンは肝臓で急速に代謝され，排泄半減期は犬で24分（2 mg/kg IV），猫で45分（5 mg/kg IV）と報告されている。アルファキサロンは，組織刺激性がないことから，犬猫を含む様々な動物種でIM投与によって鎮静効果や麻酔効果を得られることが報告されている。

　アルファキサロンは用量依存性の呼吸循環抑制を持つが，プロポフォールよりも軽度である。アルファキサロン投与直後には，一時的に心拍数と血圧が増加する。アルファキサロンの麻酔回復期には，一時的な筋痙攣や後弓反張がしばしば観察されるが，麻酔前投薬の使用や吸入麻酔で麻酔維持することでその発生を軽減できる。

　麻酔前投薬を実施しない場合のアルファキサロンの麻酔導入量は犬で2～3 mg/kg IV，猫で5 mg/kg IV程度である。アルファキサロンの麻酔導入量は麻酔前投薬によって軽減できる。

(4) ケタミン

　ケタミンは獣医療で最も広く用いられている解離性麻酔薬であり，わが国では人体薬あるいは動物用医薬品として注射薬（50 mg/mL，100 mg/mL）が承認販売されている。これらのケタミン製剤は，2007年以降麻薬に指定されている。ケタミンはNMDA受容体を拮抗して良好な鎮痛作用を示すが，GABA受容体には作用しないことから，通常の催眠状態は得られない。ケタミン投与後には，カタレプシー（意識障害はなく運動知覚不全によって四肢が麻痺し起立反射が消失している特徴的な無運動沈黙状態）様症状，鎮痛，および麻酔作用が特徴的であり，浅い催眠状態で鎮痛作用を得られる。

　ケタミンは組織刺激性がなく，IV，IM，または皮下投与（SC）できる。ケタミンの蛋白結合率は犬と馬で50％であり，チオペンタール（蛋白結合率85％）やプロポフォール（蛋白結合率98％）に比較して低く，熱傷や急性出血などによる低蛋白血症の動物の麻酔に適している。ケタミンのIV投与では，麻酔効果の発現に少し時間差がある。ケタミンの初期の麻酔回復は再分布によって生じ，排泄半減期は比較的速やかであり，犬，猫，および馬で58～70分間である。

　ケタミンはアドレナリン作動性神経終末におけるノルアドレナリンの再取り込みを阻害することによって交感神経系機能を支持することから，ケタミン投与後には循環機能が良好に維持される。ケタミン投与後の心不整脈や血圧低下の発生は稀であり，臨床用量では呼吸抑制もない。

　ケタミンは，筋弛緩作用を付加するためにベンゾジアゼピンやα$_2$-作動薬と組み合わせて用いられる。これらの組み合せは同時にIM投与することで外科的処置に適切な麻酔状態を得られることから，猫や

実験動物に広く用いられており，野生動物では吹き矢で用いられている．また，麻酔前投薬後にケタミンをIV投与で麻酔導入に用いることもでき，持続IV投与することで麻酔維持することもできる．加えて，周術期疼痛管理として低用量ケタミンの持続投与が実施されている．

5. 筋弛緩薬

運動神経の軸索を伝達されてきたインパルスが運動神経末端に到達して活動電位を生じ，これによって運動神経末端のシナプス小胞からアセチルコリン（ACh）がシナプス間隙に放出される．放出されたAChは筋線維の節後膜に位置するニコチン性アセチルコリン受容体（nAChRs）に作用して脱分極を生じ，筋収縮連関が開始され筋収縮が生じる（図4-15）．シナプス間隙内のAChはアセチルコリンエステラーゼによって急速に分解される．筋弛緩作用を持つ薬物には，nAChRsに作用して末梢性に筋弛緩作用を発揮する神経筋遮断薬（NMBD）と，脊髄や脳幹または大脳皮質下の介在ニューロンにおいて神経伝達を中枢性に抑制して筋弛緩作用を発揮する中枢性筋弛緩薬がある．多くの外科手術や検査では全身麻酔薬による中枢性筋弛緩作用で十分な筋弛緩を得られるが，白内障手術などの眼科手術では麻酔中に眼球を正位に保つためにNMBDが投与される．また，長期間の調節呼吸による人工呼吸管理が必要となる集中治療においても，調節呼吸と自発呼吸のファイティングを防止する目的で低濃度の全身麻酔薬などとともにNMBDが持続投与される．

(1) 神経筋遮断薬（NMBD）

運動神経終末でコリン作動性神経筋伝達がシナプス前後で阻害されると，末梢性に筋弛緩が生じる．シナプス前における筋弛緩の発生機序には，Na^+チャネル遮断（例：局所麻酔薬，テトロドトキシン），AChの合成阻害，AChの放出阻害（例：ボツリヌス毒），Ca^{2+}不足やMg^{2+}増加などがある．シナプス後における筋弛緩の発生機序には，AChより作用時間の長いアゴニストがnAChRsに結合することよる持続性の脱分極（例：サクシニルコリン）やnAChRsの競合拮抗（例：クラーレ，パンクロニウム，ベクロニウム，ロクロニウム）などがある．

NMBDは，シナプス後においてnAChRsに作用して筋弛緩を引き起こすが，鎮痛作用や催眠作用は生じない．また，NMBD投与後には呼吸麻痺を生じるので，調節呼吸が必要となる．NMBDは陽性

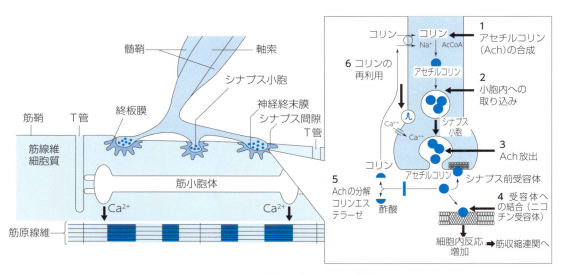

図4-15　神経筋接合部と筋収縮機構

に荷電しており，血液脳関門や胎盤を大量に通過することはない。NMBDによって筋弛緩が生じる順序は，眼球運動筋→眼瞼筋→顔面筋→舌と咽頭→下顎と尾→四肢→骨盤周囲の筋→後腹部の筋→前腹部の筋→肋間筋→喉頭→横隔膜であり，肋間筋や横隔膜は最後に筋弛緩すると考えられている。筋弛緩からの回復は，この麻痺の順の逆に起こる。横隔膜の機能を温存しつつ眼筋が麻痺するようにNMBDの投与量を調整することは可能であるが，非常に難しい。NMBDの筋弛緩作用は，多くの注射麻酔薬や吸入麻酔薬によって増強される。アミノグリコシド系抗生物質もNMBDの筋弛緩作用を増強する。

a. 脱分極性筋弛緩薬

脱分極性筋弛緩薬は，神経筋接合部のnAChRsにAChと同様に作用し，筋終板の脱分極によって一時的な筋収縮を引き起こす（図4-16A）。しかし，アセチルコリンエステラーゼで分解されて急速に作用が消失するAChとは異なり，脱分極性筋弛緩薬は血漿中の偽コリンエステラーゼ（ブチリルコリンエステラーゼ）によって分解されてその血漿濃度が減少するまで筋終板の脱分極が持続する結果，さらなる刺激（ACh放出）に対して反応しなくなることから筋弛緩が生じる。この初期の筋弛緩はPhase Iと呼ばれ，抗コリンエステラーゼ薬（例：ネオスチグミン，エドロホニウム）を投与すると偽コリンエステラーゼの作用が阻害され，脱分極性筋弛緩薬による筋弛緩作用が延長する（図4-16B）。脱分極性筋弛緩薬を持続投与すると，Phase Iの筋弛緩に引き続き，延長した筋弛緩作用を得られる（Phase IIの筋弛緩）。このPhase IIの筋弛緩では，抗コリンエステラーゼ薬で筋弛緩を一部拮抗できるが，筋弛緩作用はかなり延長持続することから，脱分極性筋弛緩薬が持続投与で用いられることはない。脱分極性筋弛緩薬を高用量で投与した場合にもPhase IIの筋弛緩が生じることから，注意が必要である。

脱分極性筋弛緩薬は，ムスカリン性アセチルコリン受容体（mAChRs）にも同時に作用することから，様々な副作用を生じる。偽コリンエステラーゼは筋終板には存在せず，肝臓で産生され血漿中に存在することから，肝疾患や加齢によって脱分極性筋弛緩薬の作用は延長する。また，慢性貧血，慢性の栄養失調，有機リン剤の投与などで脱分極性筋弛緩薬の作用は延長する。脱分極性筋弛緩薬は筋組織からのカリウム放出を生じることから，高カリウム血症のある症例（例：火傷，筋損傷，腎不全など）に使用すべきでない。脱分極性筋弛緩薬は投与直後に眼輪筋を収縮させて一過性に眼内圧を上昇させることから，緑内障や穿孔性眼球損傷のある症例には使用してはいけない。

- **サクシニルコリン**：脱分極性筋弛緩薬で臨床応用されているのはサクシニルコリンのみであり，人体

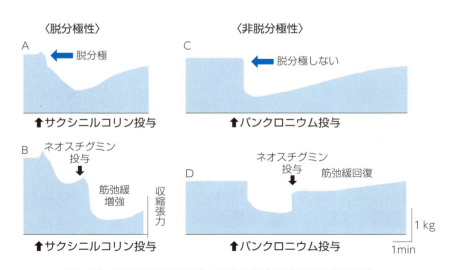

図4-16　脱分極性筋弛緩薬と非脱分極性筋弛緩薬の作用の違い

薬が承認販売されている。スキサメトニウムとも呼ばれ，アセチルコリン分子2個を含む化学構造をしている。サクシニルコリンは筋弛緩作用の発現と消失が速やかであるが，筋弛緩に先行して生じる筋収縮は覚醒した動物に強い痛みを生じる。サクシニルコリンは，全身のnAChRsとmAChRsの両方に同時に作用することから，様々な副作用を生じる。mAChRs刺激による徐脈や徐脈による低血圧などは抗コリン作動薬（例：アトロピンなど）の麻酔前投薬で予防できる。サクシニルコリン投与後には一般的に心拍数増加と血圧上昇を認めるが，徐脈を伴って血圧が低下することもある。また，同じ個体で徐脈と頻脈を生じることもあれば，心拍数は変化しないこともある。悪性高熱は人と豚における遺伝性疾患であり，サクシニルコリン投与で生じることがある。悪性高熱に対しては，酸素吸入，急速冷却，重炭酸ナトリウムによるアシドーシス改善，およびダントロレンナトリウム（2 mg/kg IV）で対応する。

　サクシニルコリンに対する感受性には動物種差があり，筋弛緩を得られる投与量は，馬で0.1〜0.15 mg/kg IV（持続時間4〜5分間），牛や羊で0.02 mg/kg IV（持続時間6〜8分間），豚で2 mg/kg IV（持続時間2〜3分間），猫で3〜5 mg/kg IV（持続時間5〜6分間），犬で0.3 mg/kg IV（作用持続時間15〜10分間）である。

b. 非脱分極性筋弛緩薬

　非脱分極性筋弛緩薬はAChと競合してnAChRsに結合するが，直接作用はなく，AChによる筋収縮を減弱して徐々に筋弛緩を生じる（図4-16C）。非脱分極性筋弛緩薬の筋弛緩作用は，抗コリンエステラーゼ薬で部分的に拮抗できる（図4-16D）。非脱分極性筋弛緩薬では，筋収縮を生じることなく筋弛緩作用を得られることから，眼科手術に好んで用いられる。非脱分極性筋弛緩薬は，化学構造からステロイド系筋弛緩薬（例：パンクロニウム，ベクロニウム，ロクロニウム）とベンジルイソキノリニウム系筋弛緩薬（例：ミバクリウム，アトラクリウム，シサトラクリウム）に分類される。現在，わが国では，ベクロニウムおよびロクロニウムが人体薬として承認販売されている。

- **パンクロニウム**：パンクロニウムは，獣医療で広く利用されてきたアミノステロイド系非脱分極性筋弛緩薬であり，人体薬として承認販売されていたが，現在は販売が中止されている。パンクロニウムは，かなり急速に作用発現するが，その作用持続時間はやや長い。パンクロニウムには重大な副作用はないが，主に腎排泄であるので腎不全で作用が延長する。パンクロニウムの20〜30％が肝臓で代謝され胆汁に排泄されるが，代謝産物にもいくぶん筋弛緩作用があることから，肝不全の症例では作用が延長する。

　パンクロニウムの作用持続時間はやや長いことから，単回IV投与と少量の追加IV投与で利用されている。犬では，パンクロニウム0.06 mg/kg IVによって約3分前後で最大筋弛緩作用を得られ，30分後には筋弛緩作用は50％程度に減弱する。馬で適切な筋弛緩作用を得るためにはパンクロニウム0.125 mg/kg IVが必要であり，後肢において完全な筋弛緩作用を得るためにはさらに0.03 mg/kg IVずつ追加投与する必要がある。豚ではパンクロニウム0.2 mg/kg IVが推奨されている。子牛ではパンクロニウム0.05 mg/kg IVで完全な筋弛緩作用を得られ，約40分後に筋弛緩作用は50％程度に減弱する。

- **ベクロニウム**：ベクロニウムは高濃度の水溶液で不安定であることから，バイヤル入りの凍結乾燥粉末として人体薬が承認販売されている。ベクロニウムはパンクロニウムよりも作用持続時間が短く，ヒスタミン遊離能が低く，神経節遮断作用がほとんどない。ベクロニウムは，単回IV投与や持続IV投与で用いられている。ベクロニウム0.06 mg/kg IVで，犬では約10分間強い筋弛緩作用を得られ，馬ではもう少し長く持続する。ベクロニウムの推奨投与量は，犬で0.05〜0.1 mg/kg IV，猫で0.05 mg/kg IV，馬で0.025〜0.1 mg/kg IVであるが，羊では感受性が高く0.013〜0.025 mg/kg IVで40分間程度の強力な筋弛緩を得られる。

- ロクロニウム：ロクロニウムはベクロニウムの誘導体であり，わが国では人体薬として承認販売されている。作用発現の速やかさと作用持続時間の短さはベクロニウムと同程度であるが，力価は1/5程度である。ロクロニウムの心血管抑制は最小限であるが，全身麻酔下の猫では軽度の迷走神経抑制作用を有する。ロクロニウムは，犬および猫で0.6 mg/kg IV，馬で0.4〜0.6 mg/kg IVで用いられる。筋弛緩作用の回復は速やかであり，猫では20分程度および犬では30分程度で筋弛緩がほぼ完全に回復するが，馬では60分程度を要する。馬では，ロクロニウム0.3 mg/kg IVで眼球を正位に30分間程度固定できる。

c. NMBDの筋弛緩作用に影響を及ぼす因子

NMBDの筋弛緩作用は，体温，酸-塩基平衡，電解質の平衡異常，同時に投与されている他の薬物などに影響を受ける。

- 体温：高体温は非脱分極性筋弛緩薬の作用を減弱し，脱分極性筋弛緩薬の作用を増強延長する。低体温は非脱分極性筋弛緩薬の作用を増強延長する。
- 酸-塩基平衡：アシドーシスは，非脱分極性筋弛緩薬の作用を増強する。非脱分極性筋弛緩薬の拮抗が不充分であると，換気抑制によって呼吸性アシドーシスが引き起こされ，その結果筋弛緩が増強されることになる。
- 電解質の平衡異常：低カリウム血症と低カルシウム血症は非脱分極性筋弛緩薬の作用を増強する。脱水状態では，通常の投与量で非脱分極性筋弛緩薬を投与しても血中濃度が高くなり，その作用が増強される。血中マグネシウム濃度が高いと，脱分極性筋弛緩薬と非脱分極性筋弛緩薬の作用が増強される。
- 同時に投与されている薬物：抗コリンエステラーゼ作用を持つ薬物は脱分極性筋弛緩薬の作用を延長し，非脱分極性筋弛緩薬の作用を拮抗する。アミノグリコシド系抗生物質は，カルシウムとの結合による低カルシウム血症やシナプス前におけるカルシウム結合への影響によって非脱分極性筋弛緩薬の作用を増強する。吸入麻酔薬は脊髄腹角の抑制作用を有し非脱分極性筋弛緩薬の作用を増強する。

d. NMBDの拮抗

非脱分極性筋弛緩薬の筋弛緩作用は，抗コリンエステラーゼ薬（例：エドロホニウム，ネオスチグミン）の投与で拮抗できる（図4-16参照）。この際，抗コリン作用動薬（例：アトロピン）が，抗コリンエステラーゼ薬投与によって生じる好ましくないムスカリン作用（例：徐脈，唾液分泌や気道分泌の亢進，腸管運動の亢進など）を予防するために用いられる。アトロピン0.01〜0.02 mg/kg IVを投与した後にネオスチグミン0.02〜0.04 mg/kg IVを投与する。ネオスチグミンの反復投与は3回までとする。エドロホニウムを用いる場合は，0.5 mg/kg IVで5回まで反復投与できる。完全な拮抗には5〜45分かかる。

ベクロニウムとロクロニウムの拮抗には，スガマデックスを利用できる。スガマデックスはγ-シクロデキストリンであり，ベクロニウムやロクロニウムをその構造内に取り込んで失活させる。スガマデックスによる拮抗作用は，神経筋接合部の受容体を介さないことから，抗コリンエステラーゼ薬を用いた場合と異なり，ムスカリン作用による副作用がない。ロクロニウムの拮抗にはスガマデックス2〜4 mg/kg IVが用いられ，2〜3分間程度で拮抗できる。

e. 筋弛緩モニタリング

NMBDによる神経筋遮断の程度を把握することは，適切な筋弛緩が得られているかを確認し，加えて，動物が麻酔回復した時点で筋弛緩作用が残存せず人工呼吸が必要ないことを確信するために重要である。麻酔回復時に筋弛緩作用が残存していると，換気不足による重度の高炭酸ガス血症，低酸素に対

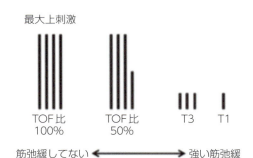
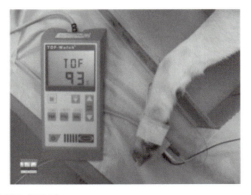

図4-17 四連刺激（TOF）
末梢神経に2Hzで加えた最大上刺激4回の刺激に対する指先の動きの回数をTOFカウントとして記録し，最初の反応性(T1)と4回目の反応性(T4)の比をTOF比として算出する。右図はTOF 93％を示しており，筋弛緩からほぼ正常に回復している。

する呼吸反応不足による重度の低酸素血症，喉頭運動の低下，気道閉塞などの副作用を生じる。とくに，作用時間の長いNMBDでは，麻酔回復期の喉頭運動低下が重大な合併症を引き起こす可能性があり，馬では四肢の筋肉の機能が回復していないと良好な麻酔回復を得られない。現在の獣医療では，筋弛緩の程度が動物の反応性をもとに主観的に判断されているが，神経刺激に対する筋肉の反応性による客観的なモニタリング法の応用によって動物へのNMBDの使用はより安全なものとなる。

　NMBDによる神経筋遮断の程度（筋弛緩の程度）を把握するため，様々な電気刺激装置や刺激プロトコールが利用されている。その代表的な手法に四連刺激（train of four：TOF）がある（図4-17）。TOFでは，4回の連続する最大上刺激（2Hz：2秒間で0.5秒間隔）を10秒以上の間隔で四肢の末梢運動神経（例：尺骨神経，脛骨神経，腓骨神経）に加え，その支配領域の指先の動きを加速度計で測定する。最大上刺激4回の刺激に対する指先の動きの回数をTOFカウント(T0，T1，T2，T3，T4)として記録し，最初の反応性(T1)と4回目の反応性(T4)の比をTOF比として算出する。完全な筋弛緩はT0であり，強い筋弛緩状態を維持するためには麻酔維持期にT2程度に維持し，T3またはT4の出現でNMBDを追加投与する。また，NMBDの筋弛緩作用を拮抗する際には，TOF比40％以上に回復した時点で拮抗薬を投与すると確実な拮抗効果を得られる。人では，TOF比70％で横隔膜の機能が正常に回復し，TOF比90％で喉頭の機能が正常に回復するとされており，動物ではTOF比90％以上で筋弛緩から正常に回復したと判断すべきである。

(2) 中枢性筋弛緩薬

　獣医療では，中枢性筋弛緩薬としてベンゾジアゼピン化合物（例：ジアゼパム，ミダゾラム）やグアイフェネシンが用いられている。主に，麻酔導入における筋弛緩を増強する目的で，麻酔前投薬や麻酔導入時に併用されている。

a. ベンゾジアゼピン化合物

　ベンゾジアゼピン化合物は，脊髄においてGABA$_A$受容体のベンゾジアゼピン結合部位に結合してGABA増強およびClチャネル活性化などによって骨格筋緊張の維持に関わる脊髄多シナプス経路の伝達を抑制し筋弛緩を生じると考えられている（第2章「鎮静」を参照）。

b. グアイフェネシン（グアヤコールグリセリンエーテル：GGE）

主に馬や牛の全身麻酔における筋弛緩の付加に用いられ，ベンゾジアゼピンと同様の作用機序で筋弛緩を生じると考えられている。高濃度のグアイフェネシン溶液には刺激性があり，静脈内膜の傷害による遅発性血栓形成や溶血を引き起こす。牛や馬では，5％ブドウ糖液や水でグアイエネシン濃度を5％程度に自家調整滅菌し，50〜100 mg/kg（体重500 kgで5％グアイフェネシン溶液500〜1,000 mL）または運動失調を示すまで持続IV投与する。

6. 全身麻酔の実際

動物の全身麻酔は，麻酔前投薬，麻酔導入，麻酔維持，および麻酔回復の順で実施される（図4-18）。外科手術を実施する場合には，先取り鎮痛とマルチモーダル鎮痛の概念を導入し，麻酔前投薬で作用機序の異なる複数の鎮痛薬を併用するとともに，必要に応じて術中鎮痛として局所ブロックや鎮痛薬の持続投与を実施し，麻酔回復後に術後疼痛管理を実施する。

(1) 麻酔前投薬

麻酔前投薬は，麻酔導入と麻酔維持を容易にするとともに（麻酔担当獣医師の利益），動物の不安を少なくして安全な全身麻酔を提供する（動物の利益）ことを目的として実施される。麻酔前投薬では，トランキライザー，α_2-アドレナリン受容体作動薬（α_2-作動薬），およびオピオイドなどを用いて鎮静・鎮痛・筋弛緩作用を得るとともに，異常な自律神経反射を防止するために抗コリン作動薬などが用いられる。また，いくつかの非ステロイド系抗炎症薬（NSAIDs）は，先取り鎮痛と術後の消炎を目的として術前投与が承認されている。多くの場合，麻酔前投薬に用いられる薬物は麻酔導入の前に投与されるが，麻酔導入薬の投与と同時またはその直後に投与されることもある。

麻酔前投薬としてトランキライザーやα_2-作動薬を用いて麻酔導入前の動物を鎮静することで，動物は興奮なく落ち着き，カテコールアミン放出が抑制されてエピネフリン誘発性心不整脈の発生を軽減できる。また，血管確保や術野の剪毛などの術前準備が容易となる。麻酔導入時のCNS活動の程度によって外科麻酔に必要な全身麻酔薬の要求量が決定され，鎮静薬や鎮痛薬は全身麻酔薬の効果を増強することから，麻酔前投薬に鎮静薬や鎮痛薬を用いることで麻酔導入や麻酔維持に要する全身麻酔薬の投与量を軽減できる。

a. 抗コリン作動薬

抗コリン作動薬（例：アトロピン，グリコピロレート）は，副交感神経節後線維におけるアセチルコリン伝達を遮断してムスカリン作用を拮抗するために利用される。麻酔前投薬に抗コリン作動薬を使用す

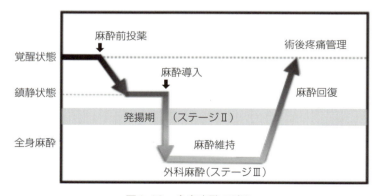

図4-18　全身麻酔の流れ

る主な目的は，唾液分泌と気管分泌の抑制，迷走神経性緊張の予防，副交感神経を刺激する薬物（例：オピオイド）の作用の遮断である．しかし，最近では，麻酔前投薬として抗コリン作動薬を日常的に使用することは疑問視されている．例えば，気道刺激性のある揮発性吸入麻酔薬（例：エーテル）を使用する際には抗コリン作動薬による唾液分泌と気管分泌の抑制が必要であったが，現在使用されている揮発性吸入麻酔薬には気道刺激性がない．反芻動物では，抗コリン作動薬によって唾液分泌を抑制することは困難であり，唾液の粘稠性を高めて気道閉塞が生じやすくなる．また，抗コリン作動薬の副作用として，頻脈，見当識障害によるパニック（猫），腸管運動抑制による疝痛（馬）などが懸念される．

最近の獣医療では，特別な理由（例：術中鎮痛として高用量のオピオイドを使用する）がない限り，抗コリン作動薬を麻酔前投薬として日常的に使用することはなくなっており，主に麻酔中に徐脈が生じた場合の治療薬として利用されている．もちろん，このような抗コリン作動薬の使用には，麻酔中に心拍数や血圧が適切にモニタリングされ，治療の必要な徐脈にすぐに対応できる体制が必要である．したがって，麻酔前投薬に抗コリン作動薬を取り入れるかどうかは，動物種，動物の大きさ，麻酔中に使用される薬物，麻酔中に徐脈や副交感神経緊張が生じる可能性，麻酔モニタリングの体制，禁忌の有無を考慮して決定する．抗コリン作動薬の使用が禁忌となるのは，頻脈が存在する場合と緑内障である．

- **アトロピン**：わが国では人体薬として承認された硫酸アトロピン製剤が利用されており，その代謝には動物種差がある．犬ではアトロピンは急速に代謝排泄される（排泄半減期 30～40 分間）．猫，一部のウサギ，およびラットでは，アトロピンは肝臓に大量に存在する2種類のエステラーゼで加水分解され，その作用時間は非常に短い．アトロピンはコリン作動性節後線維で刺激伝達を抑制するが，その抑制程度は臓器によってまちまちであり，心臓や唾液腺に比較して膀胱や腸管では弱い．アトロピンは血液脳関門を通過し，投与初期に脳や延髄機能を刺激してその後抑制することから，予期しない中枢作用を引き起こす．臨床用量のアトロピンは，末梢性抗コリン作用が生じる前に脳の迷走神経中枢を刺激し，投与初期に心拍数を低下させる．犬にアトロピン 0.02～0.04 mg/kg IV を投与すると，投与後初期の3分間に房室ブロックを伴って心拍数が低下し，その後心拍数が増加して頻脈となる．アトロピンを過剰投与すると，中枢性のコリン作用によって興奮や鎮静が生じる．一般的に，アトロピンは治療係数の大きな非常に安全な薬物であるが，中枢性反応を生じやすい個体もある．アトロピン投与後には，中枢刺激によって分時換気量が増加する一方，気管支筋は弛緩し，気管内分泌は減少する．アトロピンの点眼や全身投与によって，瞳孔散大が生じる．アトロピンは胃腸管の筋緊張を弱めるが，麻酔前投薬に用いられる投与量では軽微で犬では問題とならない．しかしながら，馬では高用量のアトロピンで疝痛を生じることから，現在では低用量（0.01 mg/kg IV）が推奨されている．

- **グリコピロレート**：グリコピロレートは四級アンモニウムであり，長時間強力に唾液分泌を抑制する（アトロピンの5倍）．グリコピロレートの薬物動態には動物種差はなく，ウサギにも効果がある．わが国には，承認販売されている製剤はない．欧米の獣医療では 0.01～0.02 mg/kg の投与量で広く用いられている．犬では，グリコピロレート 0.01～0.02 mg/kg IV とアトロピン 0.02～0.04 mg/kg IV による心血管系への作用はほぼ同等である．グリコピロレートは血液脳関門を通過しにくく，見当識障害を生じないが，猫では瞳孔散大を生じる．

b. トランキライザー（第2章「鎮静」を参照）

c. α_2-アドレナリン受容体作動薬（第2章「鎮静」を参照）

d. オピオイド（第2章「鎮静」を参照）

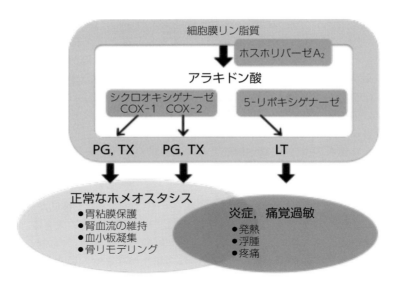

図4-19 細胞膜リン脂質からアラキドン酸，プロスタグランジン(PG)，
トロンボキサン(TX)，ロイコトリエン(LT)が生成される経路

e. 非ステロイド系抗炎症薬(NSAIDs)

細胞膜では，ホスホリパーゼA_2が細胞膜リン脂質からアラキドン酸への変換を促進し，アラキドン酸からプロスタグランジン(PG)，トロンボキサン(TX)，およびロイコトリエン(LT)が生成される。細胞損傷によって細胞膜のリン脂質からPG，TX，およびLTが放出される。PGは，胃粘膜保護，血小板凝集促進，および腎血流維持など正常なホメオスタシスの維持に重要な役割を持つとともに，重要な炎症メディエータとして他のメディエーター(例：ヒスタミン，ブラジキニン)とともに痛みを増強し，血管透過性を増大する(図4-19)。糖質コルチコイドは，ホスホリパーゼA_2を阻害することで非常に強力な抗炎症作用を発揮するが，継続投与によって創傷治癒の遅延や副腎機能亢進症(クッシング)を生じ，継続投与の突然中止によって副腎機能低下症(アジソン)を引き起こすなど，強い副作用を生じることがある。

NSAIDsは，シクロオキシゲナーゼ(COX)の活性を阻害することでPGとTXの合成を抑制し，比較的強い消炎・鎮痛・解熱作用を発揮する。COXには，COX-1，COX-2，およびCOX-3のサブタイプがある。COX-1は多くの組織で正常なホメオスタシスに必要なPG産生に関わる。COX-2は，主に組織損傷によって炎症部位に誘導発現され，炎症反応や痛覚過敏に関連する。COX-3はCNS中に存在するCOX-1のスプライシング変異型であることから，COX-1と同一に扱われる場合もある。NSAIDsは，COX-1およびCOX-2の両方を阻害する薬物(非選択的NSAIDs)，COX-2を選択的または優先的に阻害する薬物，COX-1を選択的または優先的に阻害する薬物，およびCOX-2のみを特異的に阻害する薬物(選択的COX-2阻害薬)に分類される。

NSAIDsの一般的な副作用には，胃腸管潰瘍，腎障害，および血液凝固異常がある。これらは主にCOX-1阻害に関連しており，COX-2選択性の高いNSAIDsによって大きく軽減できる。しかし，NSAIDsのCOX-1とCOX-2の選択性は動物種で異なることから，同じNSAIDsを用いてもその副作用には動物種差がある。また，近年，COX-1とCOX-2が各臓器において様々作用を持つことが見出され，選択的COX-選択的阻害薬であってもNSAIDsの副作用を完全には排除できないことも明らかになった。例えば，胃腸管潰瘍の発生に関連して，胃腸管粘膜への血流増加と保護粘液や重炭酸の分泌増加にはCOX-1で誘導されるPGが必要であるが，潰瘍部位に発現するCOX-2が潰瘍治癒に重要

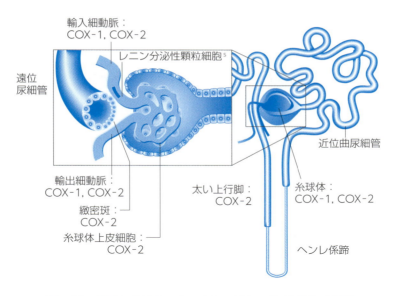

図4-20　腎臓におけるシクロオキシゲナーゼ（COX）の発現

な役割を果たす．腎臓では，輸入細動脈が収縮すると，反応性に遠位尿細管上皮細胞の緻密斑からPGが分泌され，このPGが血管拡張を引き起こして腎血流と糸球体濾過率を適切に維持している．NSAIDsの腎障害は低血圧によって既に腎血流が低下している状況（例：出血，ショック，過剰な全身麻酔）で生じやすいが，腎臓ではCOX-1とCOX-2が恒常的に発現しており（図4-20），非選択的NSAIDsでも選択的COX-2阻害薬でも腎障害の発生状況に差はない．血小板でCOX-1によって産生されるトロンボキサンA_2（TXA_2）は血小板凝集を促進し，血管内皮でCOX-2の作用によって産生されるプロスタサイクリン（PGI_2）は血小板凝集を抑制する．通常，生体内ではPGI_2とTXA_2の産生は平衡が保たれているが，COX-1が阻害されるとTXA_2産生が阻害されて血液凝固が阻害され，COX-2が阻害されるとPGI_2産生が阻害されて末梢血管で血栓が形成されやすい状況となる．人では，選択的COX-2阻害薬であるコキシブ系NSAIDsの多くにおいて，血栓形成の危険性を増大することが指摘されている．現状では，動物におけるコキシブ系NSAIDsによる血栓形成の危険性の増大に関して明確ではないが，血液凝固異常（凝固障害または血栓形成増大）のある動物では，COX-1またはCOX-2のいずれを阻害しても血液凝固異常を増悪することを念頭に置くべきである．

　現在，わが国で動物医薬品として承認されているNSAIDsには，ケトプロフェン（犬，猫），カルプロフェン（犬，猫），メロキシカム（犬，猫，牛），フルニキシン（牛，馬），フィロコキシブ（犬），ロベナコキシブ（犬，猫），マバコキシブ（犬）があり，これらのうちカルプロフェン，メロキシカム，およびロベナコキシブの注射薬およびフィロコキシブの経口薬について犬猫への術前投与が承認されている（表4-4）．

f. その他の薬物薬

　解離性麻酔薬，制吐剤，H_2-拮抗薬，プロトンポンプ阻害薬，H_1-拮抗薬，および糖質コルチコイドが麻酔前投薬として用いられることがある．解離性麻酔薬のケタミンは，鎮静と鎮痛効果を付加するために麻酔量以下の投与量（犬猫では2〜5 mg/kg IM）でトランキライザーや$α_2$-作動薬と併用して麻酔前投薬に用いられる．また，低用量ケタミン（0.6 mg/kg/時間）を術中の補助鎮痛として持続IV投与（CRI）する際に，その負荷用量（0.5 mg/kg IV）として麻酔前投薬に併用されることもある．制吐剤

表4-4　非ステロイド系抗炎症薬（NSAIDs）の投与量と投与経路

NSAIDs	犬	猫	馬	牛
ケトプロフェン	2 mg/kg SC, PO	2 mg/kg SC, PO	2.2 mg/kg IV	3 mg/kg IV
カルプロフェン	2〜4 mg/kg SC, PO	4 mg/kg SC	0.7 mg/kg IV	1.4 mg/kg IV
メロキシカム	0.2 mg/kg SC, PO	0.3 mg/kg SC, PO	0.6 mg/kg IV	0.5 mg/kg IV
フルニキシン	−	−	1.0 mg/kg IV	2.0 mg/kg IV
フィロコキシブ	5 mg/kg PO	−	−	−
ロベナコキシブ	2 mg/kg SC, PO	2 mg/kg SC, PO	−	−

IV：静脈内投与，SC：皮下投与，PO：経口投与

（例：メトクロプラミド，マロピタント），H_2-拮抗薬（例：シメチジン，ラニチジン，ファモチジン），およびプロトンポンプ阻害薬（例：オメプラゾール）は，術後の悪心嘔吐（postoperative nausea and vomiting：PONV）や麻酔中の胃食道逆流によって引き起こされる誤嚥性肺炎などの合併症を防止する目的で用いられている。H_1-拮抗薬（例：ジフェンヒドラミン）は，昆虫の刺咬やアレルゲンによるアレルギー反応を軽減するために用いられている。糖質コルチコイド（例：デキサメタゾン）は，NSAIDsよりも強力な抗炎症効果と鎮痛効果が必要な場合に用いられる。

(2) 麻酔導入と気管挿管

　麻酔導入の目標は，最小限のストレスで動物の意識を消失させること，気管挿管可能な下顎筋の弛緩を得ること（気管挿管を計画している場合），および過剰な麻酔深度や循環抑制を避けることにある。麻酔前投薬によって深い鎮静を生じている動物，基礎疾患によって麻酔要求量が減少している動物，および麻酔薬によって引き起こされる循環抑制を代償できない動物では，通常量の麻酔薬を用いても相対的な過剰投与となる。脱水や出血等によって循環血液量が減少している動物では，通常量の麻酔薬を用いてもその血中濃度が高くなる。老齢動物では，若齢動物に比較して循環血液量が減少しており，圧受容体反射の能力も低下していることから，麻酔導入時の循環抑制を生じやすい。

　麻酔導入には，主に注射麻酔薬が用いられる。犬や猫などの小動物では，揮発性吸入麻酔薬のイソフルランやセボフルランによるマスク導入やボックス導入も利用できる（図4-21a, b）。しかしながら，気管挿管を実施するためには麻酔維持に要する濃度より高い濃度の吸入麻酔薬が必要であり，マスク導入では強い心血管抑制を生じやすい。また，揮発性吸入麻酔薬を用いたマスク導入やボックス導入が禁忌となる場合もあることから（表4-5），注射麻酔薬による速やかな麻酔導入が推奨される。加えて，適切な麻酔前投薬を実施し，麻酔導入に要する全身麻酔薬の要求量を軽減して心血管抑制を最小限にすべきである。牛や馬などの大動物の麻酔導入では，スイングドアを利用することで動物とスタッフの安全性を高めることができる（図4-21c）。

　麻酔導入後には，気管チューブを速やかに気管挿管する。多くの動物種で経口的に挿管できる（図4-22）。対象となる動物の気管に挿入できる最大径のサイズの気管チューブを選択し，気管チューブ先端が胸腔入り口を越えないように挿管する。また，口腔外に飛び出した過剰に長い気管チューブは死腔を増大するため，切歯から口腔外の気管チューブ先端までの長さを短くする（犬で2〜6 cmまで）。気管チューブの経口的気管挿管が困難な動物種ではラリンジアルマスクも利用できる（図4-12参照）。口腔や咽喉頭に病変のある症例では，咽頭切開や気管切開による気道確保が必要となる場合もある。

　気管挿管による喉頭損傷を避けるために，気管チューブをやさしく操作する。気管挿管後には，20〜25 cmH$_2$Oの気道内圧を加えても漏れを生じない程度にカフを膨らませる。また，気管チューブからの呼吸気の出入りやカプノメータによる二酸化炭素の検出によって，確実に気管挿管されていることを確認する。術中に体位変換をする場合には，気管チューブを呼吸回路から外し体位変換した後に呼吸回

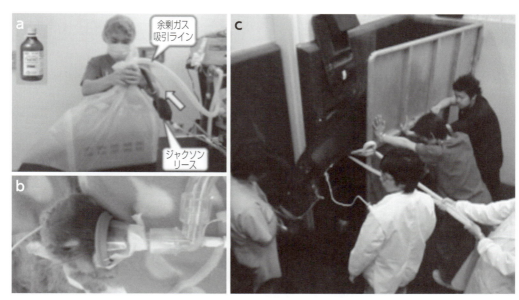

図4-21 動物の麻酔導入
非協力的な猫をセボフルレンでボックス導入している（a）。メデトミジンで麻酔前投薬したウサギをセボフルランでマスク導入している（b）。メデトミジンで麻酔前投薬した馬をスイングドア内に保定し，プロポフォールで麻酔導入している（c）。

表4-5 揮発性吸入麻酔薬を用いた麻酔導入（マスク導入，ボックス導入）

利点	欠点	禁忌
●麻酔回復が速やかで，若齢動物や老齢動物に良い ●気管挿管前に酸素化することになる	●注射麻酔薬より麻酔導入が遅い ●発揚が生じるとカテコラミン放出によって麻酔要求量が増大する ●気管挿管に要する麻酔深度は麻酔維持よりも深く，血圧が低くなる ●麻酔ガスの汚染のリスク	●気道閉塞のある場合には，麻酔薬の取り込みが遅く麻酔導入に時間を要する：短頭種，咽頭腫瘤，気管虚脱，肺炎，横隔膜破裂 ●胃内容の逆流と誤嚥のリスク：満腹，巨大食道症，喉頭麻痺

路に再度繋げることによって，体位変換で生じる気管チューブの捻れによる気道粘膜損傷を回避する。麻酔深度の浅い動物では，気管挿管の刺激によって反射性に無呼吸が生じることがある。多くの場合，$PaCO_2$の上昇によって自発呼吸が回復してくることから人工呼吸は必要ないが，チアノーゼを認めた場合には2〜3回程度強制換気して酸素化を図る。

(3) 麻酔維持と術中鎮痛

全身麻酔は，注射麻酔薬の反復投与や持続IV投与によって維持でき，とくに，全身麻酔の4つの要素（鎮痛，意識消失，筋弛緩，有害反射の抑制）をすべて注射薬で得ることをTIVAと呼ぶ。30分程度の処置であれば，麻酔導入に用いた注射麻酔薬を少量追加投与することで麻酔維持可能である。しかし，代謝排泄の遅い注射麻酔薬を反復投与すると，麻酔回復は延長することから（例：チオペンタール），60分を超える処置であれば代謝排泄の速やかな注射麻酔薬（例：プロポフォール，アルファキサロン）を用いたTIVAや吸入麻酔で麻酔維持する。

外科的侵襲を加えないX線検査やCT検査，MRI検査などの画像診断を目的とした不動化のための全身麻酔では鎮痛薬の投与は必要ないが，外科的処置を実施する場合には鎮痛薬の投与が必要となる。

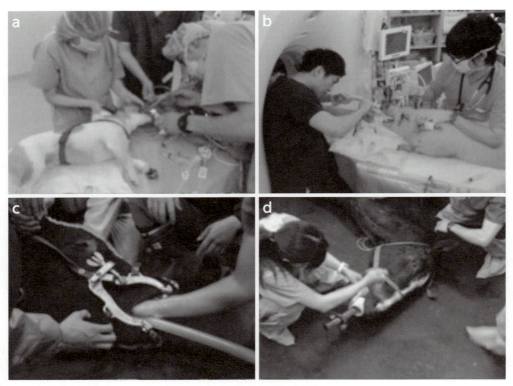

図4-22 各種動物の経口的気管挿管
犬では左右の下顎犬歯の間に舌を引き出して大きく開口し，必要であれば喉頭鏡を用いて気管挿管する(a)。豚の気管挿管では長いブレードのミラー型喉頭鏡が必要である(b)。成牛では，安全開口器を用いて開口し，手を挿入して喉頭を触知して気管チューブを気管内に送り込む(c)。馬の気管挿管は容易であり，上下の切歯の間に噛ませた円筒状のバイトブロックを通して気管チューブを喉頭手前まで挿入し，吸気時に気管チューブを送り込むと盲目的に気管挿管できる(d)。

この場合，麻酔前投薬での鎮痛薬の併用（例：α_2-作動薬，オピオイド，NSAIDs，ケタミン），局所麻酔または鎮痛薬のボーラス投与や持続IV投与を用いた術中鎮痛を利用できる。これらの鎮痛薬の麻酔前投薬や術中鎮痛の利用によってバランス麻酔の効果が得られることから，術中の麻酔要求量が減少して麻酔薬による呼吸循環抑制を軽減できる。例えば，犬に麻薬性オピオイドのフェンタニルを20 μg/kg/時間で持続IV投与すると，麻酔維持に要する吸入麻酔薬の濃度を半減できる。また，麻酔前投薬に鎮痛薬を用いることで先取り鎮痛の効果が得られ，加えて麻酔前投薬や術中鎮痛に作用機序の異なる複数の鎮痛薬を併用することでマルチモーダル鎮痛の効果を得られる。これらの痛みの治療には余分な時間がかかり，費用負担も増え，過剰投与や副作用の危険性に注意が必要となるなど，臨床的に煩雑な部分もある。しかし，積極的な痛みの治療によって動物の麻酔回復や術後回復を促進することができ，動物の福祉の向上が得られる。

(4) 麻酔回復

麻酔終了時に体温を計測し，低体温の場合には36.4℃に回復するまで温風ブランケットなどで積極的に加温する。充分に麻酔回復していない動物に空気を呼吸させると低酸素になる可能性があることから，麻酔終了後には少なくとも10分間程度100％酸素で吸入させる。

喉頭反射が回復したところで気管チューブを抜管する。抜管後（または気道確保していない場合）に

は，動物の頭頸部を伸展して気道を確保し，円滑に呼吸できるようにする。麻酔回復期には，呼吸運動による胸の動きだけではなく，鼻孔や口からの呼吸気の出入りや呼吸音を確認して呼吸状態を把握する。パルスオキシメータで経皮的酸素飽和度（SpO_2）を計測することで，早期に低酸素を検出できる。抜管後には，犬猫では頭を自力で支持できるようになるまで，牛や馬では起立するまで動物を連続的に観察し，呼吸困難などが発生した場合に迅速に対応できる体制を維持する。外科手術後の麻酔回復期の動物に鳴く等の疼痛症状を認めた場合には，追加鎮痛処置を実施して痛みを緩和する。

第5章 疼痛と鎮痛

> 一般目標：痛みが伝達・認識される機序と鎮痛法について理解する。

> 到達目標：1) 痛みが伝達・認識される機序と，痛みが生体に及ぼす影響および鎮痛法を説明できる。
> 2) 麻薬性鎮痛薬の作用機序，薬物動態，薬力学を説明できる。
> 3) 非麻薬性鎮痛薬の作用機序，薬物動態，薬力学を説明できる。
> 4) 急性痛，慢性痛，癌性疼痛の特徴と管理法を説明できる。
> 5) バランス鎮痛の概念とその実施方法を説明できる。

1. 痛みが生体に及ぼす影響

"動物の幸せ"はなんであろうか？ 日本の獣医師は，1995年に「動物の命を尊重し，その健康と福祉に指導的な役割を果たすとともに，人の健康と福祉の増進に努める」ことを誓った（日本獣医師会・獣医師倫理綱領「獣医師の誓い－95年宣言」）。「動物の健康と福祉（幸福）に指導的な役割を果たす……」言い換えると，獣医師は動物を元気にして幸せにすることに指導的な役割を果たすということになる。人間は，目標を達成するために努力をし，その目標を達成することに喜び（幸せ）を感じる。しかし，動物たちは，苦痛を我慢して目標を達成することに喜びを感じるであろうか？ おそらく，"No"である。動物は，人間よりもはるかに"今"にとらわれており，"今の幸せ"が大切と言える。

痛みは，生体の恒常性を障害するストレスを生じ，ストレスを受けた動物は自身の恒常性を維持するために生物学的反応を示す。例えば，健康な犬が，動物病院で避妊手術を受けたとする。その動物病院では，獣医師が手術前の検査をしてその犬の健康状態をチェックし，万全の体制で全身麻酔が実施され無事に避妊手術が終了したとしよう。しかし，どんなスーパードクターであっても，犬の体に全く傷をつけることなく避妊手術を実施することはできない。その結果，手術による傷害によって様々な生物学的反応が引き起こされる（図5-1）。傷害によるストレスは，視床下部などにおける副腎皮質刺激ホルモン放出因子（corticotropic-releasing factor：CRF）を増加させ，増加したCRFは視床下部と下垂体を活性化し，副腎皮質刺激ホルモン（adrenocorticotropic hormone：ACTH），バゾプレッシン（抗利尿ホルモン〈antidiuretic hormone：ADH〉），成長ホルモン（growth hormone：GH），および甲状腺刺激ホルモン（thyroid stimulating hormone：TSH）が放出される。その結果，異化作用（タンパク質，糖質，脂質の分解）による組織修復に要するエネルギー源の確保やナトリウムと水分保持の増加による血液量増加などが引き起こされる。また，手術部位では，傷害を受けた組織に局所的な炎症反応が生じ，組織傷害の程度が大きいと大量のサイトカイン（例：インターロイキン〈IL〉-1，IL-6，腫瘍壊死因子αなど）が産生されて血液中に放出され（サイトカイン血症），炎症反応は全身性となる（発熱，急性相反応）。さらに，手術による痛みや術後の痛みによる刺激が脳へ入力されると，交感神経系が活性化され，交感神経終末からのアドレナリンやノルアドレナリン放出，副腎皮質からのコルチゾル放出，および副腎髄質からのカテコールアミン放出が始まり，これらによって血流動態が変化し（心拍数増加，血圧上昇），血液凝固能が促進され，免疫能が抑制される。

動物が受けた傷害の程度が大きいと生物学的反応は大きくなり，炎症反応や痛みは強くなる。この場合，炎症反応や痛みが適切に治療されなければ，動物には"大きな苦痛"が引き起こされる。痛みを感じている動物には，食欲低下，眠れない，痛みのある部位をかばう，唸る，鳴く，攻撃的になる，瞳孔

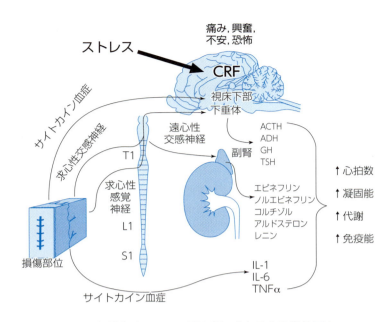

図5-1　組織傷害によって引き起こされる生物学的反応

が開く，毛が逆立つ，などの疼痛行動を示す。また，動物は痛みに耐えるために「じっとして動かない」こともある。動物が見せる痛みによるこれらの行動変化の程度には，種差や個体差がある。例えば，馬は疝痛（急性腹症）の痛みで七転八倒することがあるが，牛は第四胃変位で痛みがあっても暴れることなくじっと耐えていることが多い。前述のように，動物は"今"が大事であり，疾病や傷害によって引き起こされる苦痛は"今の幸せ"を阻害する。つまり，動物の疾病や傷害による苦痛が適切に制御されないと，動物の福祉は阻害される。

2. 痛みが伝達・認識される機序

動物の痛みに対する生物学的反応は刻々と変化する。効果的に痛みを治療するためには，痛みの伝達経路を理解するとともに，痛みが生理学的で保護的な状況（生理的な痛み，適応性疼痛）から有害な痛み（病的な痛み，不適応性疼痛）へ進展していく過程を理解する必要がある。

(1) 痛みの伝達経路（図5-2）

痛みなど生体に有害な刺激は侵害刺激と呼ばれ，この侵害刺激を中枢に伝達する神経線維を侵害受容線維，侵害受容線維の末端で侵害刺激を感知する受容器を侵害受容器と言う。組織損傷によって生じた侵害刺激は，強い刺激にしか反応しない（閾値が高い）鈍感な侵害受容線維（一次知覚神経：C線維，Aδ線維）の末梢性終末にある侵害受容器で感知され，電気信号に変換される（導入）。損傷部にプロスタグランジンなどの内因性発痛物質が放出され，炎症による侵害刺激が加わる場合もある。これらの侵害刺激は，痛み信号として侵害受容線維を移動し脊髄背角に位置する中枢性終末に運ばれる（伝達）。

侵害受容線維の中枢性神経終末は，脊髄背角で脊髄侵害受容ニューロン（二次知覚神経）とシナプス結合している。痛みの信号は，神経伝達物質を介して侵害受容線維の中枢性神経終末から脊髄侵害受容ニューロンに中継され，増強や抑制などの変化を受ける（修飾）。ここでは，グルタミン酸が主要な興奮性神経伝達物質であり，脊髄侵害受容ニューロンのα-アミノ-3-ヒドロキシ-5-メチル-4-イソオキサゾールプロピオン酸（α-amino-3-hydroxy-5-methyl-4-isoxazol propionic acid：AMPA）受容体，代謝

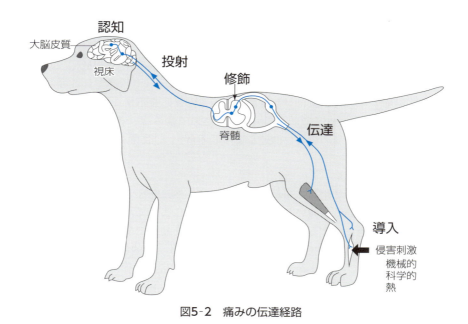

図5-2　痛みの伝達経路

型グルタミン酸受容体(mGluR)，N-メチル-Dアスパラキン酸(N-methyl-D-aspartate：NMDA)受容体などの受容体に作用する．また，サブスタンスPも興奮性伝達物質としてニューロキニン1(NK_1)受容体に作用する．加えて，γ-アミノ酪酸(GABA)，内因性オピオイド，セロトニン，およびノルアドレナリンは興奮性シナプス伝達を抑制し，セロトニン，ノルアドレナリン，およびアセチルコリンは抑制性シナプス伝達を促進する．一方，アデノシン三リン酸(ATP)，サブスタンスP，およびプロスタグランジンは興奮性シナプス伝達を促進し，ATPは抑制性シナプス伝達を抑制する．

脊髄侵害受容ニューロンに伝達された痛みの信号は，脊髄視床路を上行して視床の特殊感覚中継核に入力し(投射)，さらに，視床から大脳皮質体性感覚野に入力され，"痛み"として認識される(認知)．

(2)痛みの種類

a．生理的な痛み，適応性疼痛

生理的な痛みは，動物が組織損傷を最小限にするため(戦闘または逃亡反応)，または創傷修復期に外部刺激を避けるために防御機能として侵害刺激に対する正常な反応を引き起こすことから，「適応性疼痛(adaptive pain)」とも呼ばれる．前述のように，痛み信号の発生は，C線維とAδ線維の末梢性終末にある高閾値侵害受容器(強い刺激のみに反応する)の活性化に依存している．侵害受容器は，①過剰な圧迫，②加熱，③冷却，④化学的または電気的刺激，などの刺激によって活性化される．動物は，この痛みを，つねったり，突っつかれたり，攻撃的に触られた場合，熱い物体や冷たい物体に接触した場合，有害物質に接触した場合に感じる．これらの痛みは局在性が高く，一過性であり，生体に危険や組織損傷の可能性を警告している．また，この痛みによって傷害を受けた部位の物理的接触や動きが制限されることで，環境刺激によってさらに引き起こされる組織損傷が予防または制限され，傷害部位の治癒が促進される．

b．病的な痛み，不適応性疼痛

重度の痛みが治療されないと，実際の組織損傷の範囲を超えて痛みが生じる．この状況は「病的な痛み」または「不適応性疼痛(maladaptive pain)」と呼ばれ，組織損傷が治癒しても痛みが持続すること

がある。急性痛(例：外傷の痛み，術後疼痛)は適応性疼痛として傷害部位の治癒促進に寄与するが，激化した急性痛(例：大きな外傷，大手術)や延長持続する痛み(例：慢性痛，癌性疼痛)では痛みが増強され，動物に強い苦痛が生じる。病的な痛みの大部分は組織損傷による炎症や神経損傷の結果生じ，様相は時間経過とともに変化し，痛みを引き起こす刺激の閾値が低下する(知覚過敏)。この知覚過敏は，本来，痛みを引き起こさない無害な刺激(例：有髄Aβ神経線維によって伝達される軽い接触刺激)によっても痛みを生じる「異痛」や痛み刺激に対して誇張延長した反応を示す「痛覚過敏」の原因となる。末梢神経系や中枢神経系(CNS)の損傷によって引き起こされる痛みは「神経因性疼痛」と呼ばれ，運動神経，知覚神経，または自律神経の傷害に関連して生じる(例：幻肢痛)。

c．急性痛，慢性痛，癌性疼痛

急性痛とは，外傷や外科手術で生じる組織損傷によって突然に発症する痛みであり，持続時間は比較的短く，痛みの原因となっている刺激の除去(例：創傷治癒)によって消退する。慢性痛とは，急性疾患の通常の経過または創傷治癒に要すると予想される治癒期間を超えて少なくとも数週間～数カ月間持続する痛みである。慢性痛では，治療で痛みが制御できていても一時的に痛みが強まることがあり，「突出痛(breakthrough pain)」と呼ばれる。癌性疼痛とは，腫瘍自体やその治療に関連して急性，慢性，あるいは間欠的に生じる痛みである。

d．体性痛と内臓痛

体性痛とは，骨，関節，筋肉，または皮膚の損傷によって生じる痛みである。とくに，腱，関節，筋，および骨膜に由来する痛みを深部痛と呼ぶ。内臓痛とは，体内の臓器を由来とする痛みであり，限局性に乏しく，小さな領域の損傷は大きな痛みを引き起こさないが，び漫性の病巣は重度の痛みを引き起こす。また，内臓，腸間膜，腱を引っ張ったり捻ったりすると，全身麻酔下の動物でも痛みを引き起こすことがある。内臓痛は体表の痛みとして認知されることがある(関連痛)。内臓痛では，炎症が壁側腹膜，胸膜，または心膜に広がると，これらの領域の一次知覚神経も刺激される。壁側腹膜や胸膜は皮膚のように神経支配されており，腹膜炎や胸膜炎では対応する体表の領域に関連する高度に限局した急性痛として認知される可能性がある。また，内臓痛では，重度の交感神経活性化(例：頻脈，高血圧，頻呼吸)も生じる可能性があり，傷害領域の上に位置する腹壁骨格筋の痙縮を引き起こすこともある。

体性痛は，前述した導入→伝達→修飾→投射→認知といった伝達経路を取る。内臓痛と体性痛の脊髄から上位中枢(修飾→投射→認知)の伝達経路は共通している。しかし，内臓痛の伝達経路の末梢(導入→伝達)には特異的な侵害受容線維は認められず，内臓臓器(例：腸管，肝臓，脾臓，腎臓，膀胱)からの痛み刺激は交感神経と副交感神経に沿ったAδ線維およびC線維によって脊髄へ伝達される。内臓痛では，この伝達経路における体性痛との違いによって痛みのある場所を特定し難く，内臓臓器に鉗圧，焼灼，および切開などの処置を加えても痛みは引き起こされない。内臓痛では，炎症，乏血，腸間膜の牽引，胃腸管の拡張，あるいは尿管の拡張によって強い痛みを感じる。腸管や膀胱では，炎症や組織傷害が"沈黙した"侵害受容器を大量に活性化することが知られている。内臓痛は，κ-オピオイド受容体作動薬に非常に良く反応し，ブトルファノールは内臓痛治療に効果的と考えられる。

傷害のない部位や原因部位から離れた正常組織に圧痛，異痛，および痛覚過敏を生じることを「関連痛」と言う。関連痛では，深部体性痛や内臓痛の原発部位と同じレベルの脊髄神経に支配される皮膚領域に痛みを感じる。関連痛の最も良い例は，人の虫垂炎で鳩尾(みぞおち)に生じる痛みである。

(3) 痛みの抑制系

通常，痛みの刺激は，痛みの伝達経路に接続する介在神経などによって修飾を受け，痛みのレベルが抑制される。この痛みの抑制は，動物に生まれながらに備わっている痛みに対する保護機能である。

a. 内因性オピオイド

痛み刺激は内因性オピオイド(例：エンドルフィン，エンケファリン)を放出させ，これらの化学物質が様々なオピイド受容体(μ, δ, κ)に作用し，グルタミン酸やサブスタンスPなどの興奮性神経伝達物質の放出を抑制することによって，末梢，脊髄，および脳における侵害受容反応を抑制する。

b. ゲートコントロール説

太い神経線維からの刺激は，C線維からの刺激を抑制し，痛みのレベルを下げるように働く。例えば，擦りむいた皮膚の周囲をなでると痛みが和らぐのは，触覚や圧覚を伝達する太い有髄Aβ神経線維を刺激するためと考えられている。

c. 下行性疼痛抑制系

脊髄では，上位中枢(中脳，橋)から下行性に侵害受容の修飾を受け，侵害受容線維終末からの神経伝達物質の放出や脊髄背角細胞の活性が抑制される。下行性疼痛抑制系には，ノルアドレナリン(NA)神経系とセロトニン(5-HT)神経系がある。α_2-作動薬は，下行性NA神経系(橋の外側被蓋/青斑核→脊髄後外側索→脊髄背角のα_2-受容体→脊髄背角ニューロン抑制)に作用して鎮痛効果を発揮する。下行性5-HT神経系(中脳中心灰白質→延髄大縫線核/延髄大細胞性網様核→脊髄後外側索→脊髄背角の5-HT受容体→脊髄背角ニューロン抑制)は，オピオイドによる鎮痛効果の一翼を担っている。

(4) 痛みの増強

CNSや末梢神経は，環境変化(例：感染，炎症，外傷)に対して適応性変化を示す。この神経系の特徴を「神経可塑性(neuroplasticity)」と呼ぶ。炎症反応や持続的な痛み刺激によって神経細胞の反応性が増大され，痛覚過敏が生じ，痛みの信号は増幅されてより強い痛みとして認知される。

a. 末梢感作

損傷部位とその周囲に放出される"炎症スープ"(例：プロスタグランジン，ブラジキニン，サイトカイン，セロトニン，ヒスタミン，神経ペプチドなど)によって，末梢性侵害受容神経終末の興奮と反応性の増大が引き起こされる。これは末梢感作と呼ばれ，損傷部とその周囲に生じる痛覚過敏(一次痛覚過敏)の原因となる。"炎症スープ"は，高閾値侵害受容器を低閾値侵害受容器に変化させ，いわゆる"沈黙した"侵害受容器を活性化する(図5-3)。"沈黙した"侵害受容器は，総侵害受容器数の10～40％を占めるとされ，関節，内臓，および皮下組織に存在し，その活性化によって痛み信号は増強される。

b. 中枢感作

中枢感作は脊髄内ニューロンの興奮性変化によって引き起こされ，痛覚過敏領域は一次痛覚過敏が生じている周囲にさらに拡大する(二次痛覚過敏)。炎症や組織損傷による持続的な侵害受容入力(例：慢性痛，癌性疼痛)や重度の侵害受容入力(例：大きな外傷，大手術)によって，脊髄背角でより多くの神経伝達物質が放出される。大量のグルタミン酸は，NMDA受容体，NK_1受容体，およびmGluRを活性化し，侵害刺激の時間的空間的加重("ワインドアップ")を生じ，痛みを延長増大する(図5-4)。これらの変化は，痛み刺激が持続的に伝達されていたことを象徴しており，持続した強い痛みが治療されないままに経過したことを示している。いったん，中枢感作が生じてしまうと，動物には非常に強い痛みが生じ，痛みの治療が困難になる。この場合，痛み治療を戦略的かつ積極的に実施しなければ，痛みを緩和することはできない。

(5) 痛みの記憶

人では，痛みの受容と記憶は，痛みの最大強度に相関し，痛みの持続時間には関連しない。さらに，

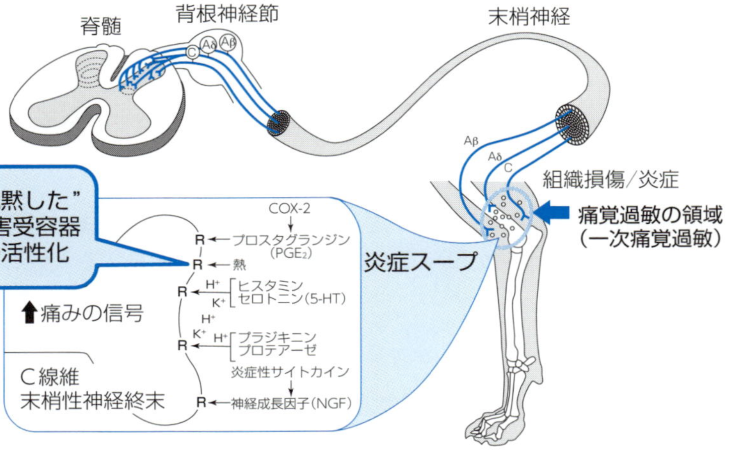

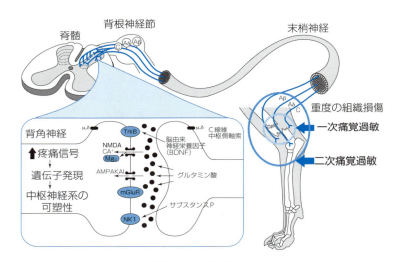

図5-3　末梢感作

図5-4　中枢感作

痛みは過去に外傷を受けた経験のある人で強く生じやすく，痛みの経験は痛みの感受性を増大することが示唆されている．痛みの記憶によってCNSに神経可塑性変化や心理的機序に歪みが生じると，痛みやその増強が生じることがあり，このような痛みは「心因性疼痛」と呼ばれる．動物においても，痛み刺激に対する反応に同様の変化が生じることが知られている．既に痛みの記憶が形成されている場合には，中枢感作の抑制が正常な痛みの感受性を維持するための適切な治療法となる．しかし，中枢感作が確立してしまうと，鎮痛効果を得るために大量の鎮痛薬が必要となり，痛みも明確に記憶されてしまう．したがって，すべての痛みをできるだけ早期に治療すべきである．

3. 鎮痛法

わが国では，伴侶動物の内科治療技術の進歩と進行性疾患や高齢動物に対する支持治療技術の向上によって高齢動物の割合が劇的に増加し，慢性痛などの新しい問題をもたらしている．また，伴侶動物に対する外科治療技術は向上し，複雑で大きな組織操作によって術後に重度の急性痛（術後疼痛）を生じる

外科手術が実施されるようなった。加えて、伴侶動物医療における悪性腫瘍に対する治療の発展も目覚ましく、抗癌治療の過程やその末期に癌性疼痛に苦しむ場合もある。癌性疼痛から開放され、食欲が回復すれば、悪性腫瘍と戦う体力も充填できると期待されることから、癌性疼痛の軽減は、治療成績を向上するために重要な抗癌治療の一つである。

(1) 薬物療法

動物の痛みの治療には、非ステロイド系抗炎症薬(NSAIDs)、オピオイド、局所麻酔薬、α_2-アドレナリン受容体作動薬(α_2-作動薬)、NMDA受容体拮抗薬、トランキライザー、ガバペンチン、ビスホスホネート剤などが用いられる。

a. NSAIDs(第4章「全身麻酔」を参照)

NSAIDsはシクロオキシゲナーゼ(COX)阻害を介してプロスタグランジン産生を抑制し、抗炎症作用と鎮痛作用を発揮することから、末梢感作と中枢感作の抑制を期待できる。COXのサブタイプには、生理的プロスタノイド産生に関わるCOX-1、炎症性プロスタノイド産生に関わるCOX-2、およびCOX-1と同じ遺伝子コードされ脳内に存在するCOX-3がある。COX-2選択性の高いNSAIDsは、COX-1阻害による副作用が少なく、長期投与が可能である。

NSAIDsは軽度から中等度の痛みの軽減に有用である。NSAIDsには、オピオイド要求量の軽減効果があるので、痛みが増加した場合には、低用量のオピオイド投与を併用することによってより良い鎮痛治療を実施することができる。

犬にNSAIDsを投与した際に最もよくみられる副作用は胃腸障害であり、その他、腎不全、または肝不全に発展し得る肝障害に注意が必要である。COX-2選択性の高いNSAIDsは、胃腸障害と腎機能への影響が少ないようである。しかし、肝疾患や腎疾患、脱水、低血圧、あるいは血液凝固障害が認められる場合には、NSAIDsの投与は避けるべきである。ミソプロストールは、NSAIDsによって引き起こされる胃腸障害の防止に役立つ。化学療法中にNSAIDsを投与する場合には、消化管内出血と血小板減少症について注意深くモニターする必要がある。

b. オピオイド(第2章「鎮静」を参照)

オピオイドの鎮痛効果はμおよびκ-オピオイド受容体への作用として得られる。オピオイドは、オピオイド受容体への作動性によって薬理学的にオピオイド作動薬(例:モルヒネ、フェンタニル、レミフェンタニル)、オピオイド作動-拮抗薬または部分的作動薬(例:ブトルファノール、ブプレノルフィン)、およびオピオイド拮抗薬(例:ナロキソン)に分類される。わが国では、麻薬(例:モルヒネ、フェンタニル、レミフェンタニル)および非麻薬性鎮痛薬(例:ブトルファノール、ブプレノルフィン、トラマドール)に分けられる。

オピオイドは、最も効果的で治療効果の予測が可能な鎮痛薬であり、中等度から重度の痛みに利用できる。モルヒネやフェンタニルといったμ-オピオイド受容体作動薬では、用量依存性に良好な鎮痛効果を得られ、痛みの増大に従って投与量を増加することができる。痛みが強い時期には、副作用を恐れずに高用量を用いることもある。癌性疼痛の治療には、モルヒネが最も多く使用されており、徐放性製剤など多様な注射薬と経口薬がある。モルヒネの経口投与は、中等度〜重度の痛みがある犬猫の長期治療として、最も効果的な方法と考えられている。また、硬膜外カテーテルを設置することにより、モルヒネを数日間〜数週間投与することができる。モルヒネの代わりに、経皮吸収型フェンタニルパッチを用いることもできる(図5-5)。フェンタニルパッチでは、鎮痛効果が発現するまでに貼付後8〜12時間を要することから、その間に補足的な鎮痛薬投与(例:モルヒネやフェンタニルの注射投与)が必要であるが、その効果は2〜4日間持続する。フェンタニルパッチは高価であるが、経口投与できない症例では最適の選択肢となる。

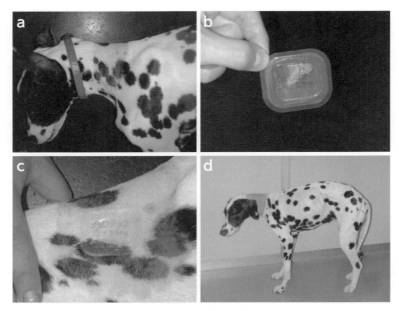

図5-5 フェンタニルパッチ
頸部の皮膚を傷つけないように注意して剪毛する(a)。フェンタニルパッチを取り出し，ライナーを剥がしてパッチの角を持ち，貼付する準備をする(b)。写真は以前使用されていたリザーバー製剤であり，現在ではフィルム状のマトリックス製剤が利用されている。パッチを皮膚に張り，2分程度手のひらで押さえる(c)。バンデージでパッチを保護する(d)。

　非麻薬性鎮痛薬は，麻薬性鎮痛薬に比較して鎮痛作用が弱く，天井効果(高用量を用いても鎮痛効果が頭打ちになる)があるために，軽度～中等度の痛みの治療に使用すべきである。ブトルファノールは，μ拮抗-κ作動性の非麻薬性鎮痛薬あり，動物用医薬品の注射薬を利用できるが，作用時間が短く，在宅での痛み治療には不向きである。ブプレノルフィンは部分的μ作動薬であり，作用時間が6～12時間と非常に長く，人体薬として注射薬の他に坐薬もあることから，在宅での痛み治療にも利用できる。トラマドールは，オピオイド受容体とは関連のない中枢性鎮痛作用を持つ部分的μ作動薬であり，モルヒネに耐性となった症例でも鎮痛効果を得ることができる。トラマドールは，人体薬の注射薬と経口薬を利用できる。
　オピオイドの副作用として，徐脈，投与初期の下痢と嘔吐，長期使用での便秘，鎮静，不安などがある。オピオイドを注射投与すると，徐脈が生じることが多いが，このような場合には，オピド投与を中止するよりも，抗コリン作動薬(例：アトロピン)を投与すべきである。投与初期の胃腸への作用は初回の注射投与後に頻繁に認められるが，続く投与では生じない。また，オピオイドの経口投与では嘔吐と鎮静は生じない。オピオイドの長期使用での便秘に対しては，経口緩下剤で対応できる。その他，オピオイド投与によって生じた重篤な副作用は，ナロキソンで拮抗できる。

c. 局所麻酔薬(第3章「局所麻酔薬」を参照)

　局所麻酔薬は，細胞膜の安定化作用によって軸索膜の電位型Na^+チャネルが脱分極相に開くことを阻害して活動電位の発生を防止する。この結果，神経線維に沿った活動電位の伝達が遮断され，侵害刺激の導入と伝達が抑制される。局所麻酔薬は優れた鎮痛効果を持ち，中枢感作を抑制できる。作用発現が速やかなリドカイン，作用時間の長いブピバカインやロピバカインを利用し，痛みの原因となっている領域へ局所ブロック(例：腕神経叢ブロック，胸膜腔内ブロック)や硬膜外ブロックを実施できる。

d. α_2-作動薬（第2章「鎮静」を参照）

α_2-作動薬は，α_2-受容体を介して鎮静・鎮痛・筋弛緩作用を発現する。国内では，キシラジンとメデトミジンの注射薬が動物用医薬品として承認されている。これらのα_2-作動薬の投与によって良質の内臓鎮痛を得られるが，その作用時間は20分～2時間と短い。また，α_2-作動薬は，比較的強い循環抑制を引き起こすことから，慢性痛や癌性疼痛の治療において第一選択薬あるいは単独の鎮痛薬としては使用されない。一方で，α_2-作動薬はオピオイドと相乗効果があることから，先取り鎮痛とマルチモーダル鎮痛の効果を得る目的で健康な動物の麻酔前投薬に併用される。

e. NMDA受容体拮抗薬

ケタミンはNMDA受容体拮抗薬であり，中枢感作を抑制する。低用量ケタミン（負荷用量0.5 mg/kg 静脈内投与，維持用量0.12 mg/kg/時間持続静脈内投与）が補助的鎮痛としてオピオイドに併用されている。ケタミンは「麻薬」に指定されている（第4章「全身麻酔」を参照）。

アマンタジンは，抗ウイルス薬として開発された薬物であるが，薬物誘導性錐体外路作用に効果があることが示され，パーキンソン病の治療に使用されるようになった。また，アマンタジンにはNMDA受容体拮抗作用があることも示され，痛み治療の補助的鎮痛薬として用いられている。

f. トランキライザー

痛みの治療では，鎮痛効果と同時に動物の精神の安定化または鎮静がよく問題となる。これまでに紹介してきた鎮痛薬のうち，オピオイド，α_2-作動薬，およびケタミンは鎮静作用を発現する。動物病院に来院し，既に大きな不安を抱えている症例では，不安によって痛みが増強される場合がある。このような症例には，低用量のトランキライザー（例：アセプロマジン，ドロペリドール，ミダゾラム，ジアゼパム）を投与することで，不安を鎮められ，動物は痛みに注意を払わなくなる。慢性痛や癌性疼痛の治療では，中枢感作を抑えるために集中的な鎮痛治療を実施する場合を除いて，飼い主とともに安心して過ごせる在宅での治療が理想的と考えられる。

g. ガバペンチン

ガバペンチンはGABAの類似物質であり，神経因性疼痛や慢性痛および癌性痛の治療に有効である。ガバペンチンは，電位依存性Ca^{2+}チャネルのサブユニットのうち$\alpha_2\delta$サブユニットと結合することで興奮性神経の前シナプスのCa^{2+}流入を阻害し，グルタミン酸などの興奮性伝達物質の遊離を抑制する。ガバペンチン単独投与で鎮痛を得ることは難しいが，他の鎮痛薬と併用すると鎮痛効果を増強できる。ガバペンチンは，炎症性の痛みに対する脊髄背角の反応を用量依存性に抑制する。

h. ビスホスホネート

進行した悪性腫瘍では，骨転移を生じることがあり，強い痛みが引き起こされことがある。悪性腫瘍の中には骨芽細胞性転移を起こすものもあるが，ほとんどの場合，骨転移によって骨融解を生じる。ビスホスホネート（例：パミドロン酸，アレンドロン酸，インカドロン酸，ゾレドロン酸）は，骨表面に蓄積し，破骨細胞誘発性再吸収を阻害して骨の形成に有利に働く。犬では，四肢の骨肉腫の症例において，パミドロン酸とNSAIDsの併用によって癌性疼痛の緩和を得られたと報告されている。

(2) マルチモーダル鎮痛と先取り鎮痛

マルチモーダル鎮痛とは，作用機序の異なる複数の鎮痛薬を併用して相加的または相乗的な鎮痛効果を得ることである。マルモーダル鎮痛では，低用量で鎮痛薬を組み合わせることによって個々の薬物の副作用を軽減して大きな鎮痛効果を得ることが可能となる。例えば，カルプロフェンとブトルファノールを同時に投与することでマルチモーダル鎮痛が得られる。

先取り鎮痛とは，痛みが発生する前に鎮痛治療を実施することである。外傷や痛みのない動物における選択的外科手術（例：去勢術，卵巣子宮全摘出術）では，麻酔前投薬に鎮痛薬を用いることで先取り鎮痛の効果を得られる。また，麻酔前投薬に作用機序の異なる鎮痛薬を併用することでマルチモーダル鎮痛の効果を得られる。例えば，ロベナコキシブとブトルファノールを麻酔前投薬に併用することで，マルチモーダル鎮痛と先取り鎮痛の両方の効果を得られる。

(3) 理学療法
a．温熱療法
温熱療法では，加熱と冷却の両方を用いる。体表面の加温によって筋血流量，筋弛緩，および線維性組織の伸展性を増大する。温めたパックや赤外線ヒーターを用いて体表面を加温する。皮膚の火傷を防止するため，温めたパックをタオルで包み，ヒーターの使用状況に注意する。加温は，温水を用いることで水中療法の一部として実施できる。熱源を取り除くと熱はすぐに放散してしまうので，温熱療法にストレッチ運動や可動域運動を併用する場合には，加温したままあるいは熱源除去後すぐに運動を実施すべきである。寒冷療法は，血管収縮と炎症緩和によって鎮痛を引き起こす。寒冷療法は，氷や冷却パックで実施でき，術後炎症や運動後の炎症の緩和に理想的な理学療法である。温熱療法は非常に簡単で安価であることから，日常的な慢性痛治療法に加えるべきであり，飼い主自身が実施する症例の在宅療法としても積極的に導入すべきである。

b．マッサージ
マッサージは，筋緊張を開放して痛みのある筋肉への血流を増大し，癒着部位の可動性を増すことによって痛みを軽減することで，機能回復を促進する。マッサージには，叩く，揉む，擦る，回しながら圧迫する，揺さぶる，衝撃を加えるなどの手技がある。マッサージの効果と適応症には，脊椎疾患や関節疾患による筋緊張の緩和，関節や筋機能の改善，静脈うっ滞やリンパうっ滞の緩和と防止，癒着部位の可動化，筋緊張の調整，運動前の筋肉の準備，運動後の筋肉の回復促進，などがある。訓練された人によって高い技術のマッサージを実施すべきであるが，いくつかのマッサージ手技は訓練なしでも利用でき，飼い主に教えることで在宅治療としてマッサージを継続できる。

c．運動療法
運動療法は，痛みを伴わない運動可動域や屈曲性の改善，四肢の使用性の改善や跛行の緩和，筋量や筋力の改善，日常的な機能の改善，さらなる損傷の予防などを目的として計画する。運動療法には，受動運動，固有受容運動，四肢の使用性を改善するための能動運動，速い強化運動などがある。高度な訓練や特別な道具を必要とする運動もあるが，これらの多くは訓練なしで実施でき，飼い主を適切に訓練することで在宅治療としても実施できる。例えば，前十字靭帯断裂整復術後の受動運動および慢性関節疾患や関節硬直に対するストレッチ運動は飼い主も実施できる。その他，家庭で実施できる運動には，屈曲反射の誘導，横臥位や起立位での自転車こぎ運動，座った状態からの起立運動，体重移動，リーシュウォーク（革ひもで繋いだ状態の散歩）がある。

d．水中療法
水中トレッドミル運動や水泳など水中療法は，整形外科手術後のリハビリテーション，神経損傷後の筋力トレーニングや関節機能回復を目的としたリハビリテーションに用いられる。水中では体重負荷が減少し，痛みのある関節への負担が減り，地上ではできないような運動がより快適に可能になる。さらに，水圧によって腫脹や浮腫を緩和できる。しかしながら，水圧は胸部にも加わり，運動負荷も大きいことから，治療前に動物の心血管系機能や肺機能を評価しておく必要がある。開放創や外科切開のある症例には水中療法は適していない。

e. 電気刺激

電気刺激は，関節炎，脊椎症，神経変性症，整形外科手術の回復期など様々な整形外科疾患や神経疾患の疼痛管理に有効であり，とくに，急性痛や慢性痛または筋萎縮の治療に効果がある。また，電気刺激は，骨折治癒の促進，筋緊張の緩和，不使用による筋萎縮の防止，筋ストレッチなどにも利用できる。治療方式には，神経筋電気刺激，経皮電気刺激，皮下電気刺激，および電気筋刺激がある。これらの治療方式には，様々な周波数と電流が利用されるが，電流を変化させる低周波パルスが一般的である。

f. 鍼治療

鍼治療（刺鍼術）とは，身体の特定の点（経穴）を刺激するために専用鍼を刺入する治療法である。鍼治療は，数千年にわたって人の痛みの治療に用いられてきたが，その作用機序は完全には解明されていない。鍼治療の鎮痛効果は，Aδ線維とC線維の活性化と内因性オピオイドの放出によるものとされ，下行性疼痛抑制系も関連しているようである。鍼治療は，術後疼痛，神経障害性の痛み（例：椎間板ヘルニア），および筋骨格傷害による痛み（例：骨関節症）など様々な痛みの治療に用いられている。とくに，慢性痛に対する鍼治療の鎮痛効果は多くの獣医師によって支持されている。電気刺激を併用した電気刺鍼術（EAP）や経皮的経穴電気刺激（PAES）も実施されている。鍼治療は訓練を受けた人によって実施されるべきである。

g. その他の理学療法

超音波療法には多くの適応症があるが，とくに，障害のある関節や機能不全の関節や関節構成成分，そして筋疾患にとくに有効である。体外衝撃波療法の適応症には，関節疾患（例，股関節，膝関節，あるいは肘関節の関節炎）や腱疾患がある。低レベルレーザー療法には多くの適応があり，鎮痛もその一つである。その他，パルス磁場治療も利用されている。

4. 急性痛の特徴とその管理法（第6章「周術期管理」を参照）

獣医療で最も頻繁に遭遇する急性痛は，術後疼痛である。急性痛の薬物治療には，オピオイド，NSAIDs，局所麻酔薬，NMDA受容体拮抗薬，α_2-作動薬などの鎮痛薬が用いられる。急性痛の治療では，鎮痛薬の投与時期が重要であり，痛みの刺激が加わる前に鎮痛薬を投与する先取り鎮痛が効果的である。また，作用機序の異なる複数の鎮痛薬を併用するマルチモーダル鎮痛によって，鎮痛薬による副作用を増大することなく鎮痛効果を増強できる。術後疼痛管理では，痛みが消失していても少なくとも術後24時間まで鎮痛薬の投与を継続する。

同じ外科手術を実施しても，その痛みの程度や表現は個体によって異なり，個体に応じた鎮痛治療が必要である。そのためには，定期的に痛み治療の効果を判定し，必要に応じて治療内容の修正（継続，追加，停止）を実施する必要がある（図6-19参照）。動物の急性痛の治療では，ペインスケール（図6-21）を用いてバイタルサインの一つとして痛みの程度を定期的に評価する。とくに，麻酔終了から術後3時間目までの術後初期には，全身麻酔薬の作用消退によって痛みが強くなる可能性があり，動物の全身状態とともに注意深く痛みの程度を評価する必要がある。術後疼痛管理では，理学療法として急性炎症を緩和する寒冷療法を利用できる。

5. 慢性痛の特徴とその管理法

動物の慢性痛は，急性痛と比較して評価が困難である。とくに，動物病院に来院した症例においてその慢性痛の程度を評価することは非常に困難であり，飼い主が観察している日常生活の変化をもとに判断する必要がある。わが国では，犬の慢性痛判定シート（図5-6）が開発されており，飼い主の意見をもとに慢性痛の有無，慢性痛の治療経過の判断に役立てることができる。

慢性痛の治療では，薬物療法と非薬物療法の両方を用いるべきである。痛みが強い場合には，まず，

図5-6 犬の慢性痛判定シート

薬物治療で運動できる程度に痛みを軽減する。次に，薬物療法を継続しながら非薬物療法を開始する。慢性痛の症状が改善したところで薬物療法を中止し，非薬物療法を継続する。慢性痛の症状がなくなれば，非薬物療法も中止しても良いが，前述の犬の慢性痛判定シートなどで常に慢性痛症状の再燃を警戒し，痛みが再燃した場合には薬物療法と非薬物療法による治療を再開する。薬物療法には，オピオイド，NSAIDs，局所麻酔薬，NMDA受容体拮抗薬，α_2-作動薬などの鎮痛薬を用いた治療が含まれる。

非薬物療法には，温熱療法，マッサージ，運動療法，水中療法，鍼治療，電気刺激，超音波療法，体外衝撃波療法，低レベルレーザー療法，などが含まれる。非薬物治療法の多くが，直接的な鎮痛効果（例：鍼治療）または機能や力の回復によってもたらされる鎮痛効果（例：運動療法）に関連している。

6. 癌性疼痛の特徴とその管理法

癌性疼痛は，悪性腫瘍が原因で生じる慢性的な痛みであり，持続する痛みの刺激によって痛みの増強（末梢感作，中枢感作）が生じる可能性がある。痛みの増強を生じている場合には，麻薬性オピオイドとケタミンを併用したマルチモーダル鎮痛を適用する必要がある。癌性疼痛を適切に治療するためには，麻薬施用者免許を取得して麻薬を施用できる診療体制を整えるべきである。また，癌性疼痛の治療では，飼い主自身に動物の痛みの評価に参加してもらい，痛みの程度を徹底的に評価する。このように飼い主が治療にかかわることは，癌治療中に飼い主が感じるかもしれない無力感の軽減に役立つと考えられている。

世界保健機構（WHO）は，疼痛管理のため一般的なアプローチ法として，鎮痛ラダー（痛みの程度に応じた3つの治療ステップ）を示している（図5-7）。軽度〜中等度の痛みはNSAIDsで治療する。痛みが強い場合には，オピオイドの投与を加え，痛みが制御できるまで用量を増加していく。痛みが中等度〜重度となった場合には，鎮痛薬を痛みのある時のみに投薬するのではなく，定期的に投与して継続的な鎮痛効果を得ることによって動物のQOL（quality of life：生活の質）を良好に維持することができ

る。鎮痛薬を継続投与している際に痛みが間欠的に重度となる場合には，鎮痛薬を追加投与する。また，トランキライザーを投与して不安を取り除くことで，鎮痛薬の鎮痛効果を補助することもできる。表5-1に犬と猫の癌性疼痛治療に用いられる薬物とその投与量を要約した。

薬物治療のみでは癌性疼痛を治療できない場合には，理学療法を補助的に併用する。癌性疼痛の理学療法には，マッサージ，鍼治療，電気刺鍼術，経皮的経穴電気刺激，経皮電気刺激，皮下電気刺激，レーザー治療，およびパルス磁場治療などが利用されている。

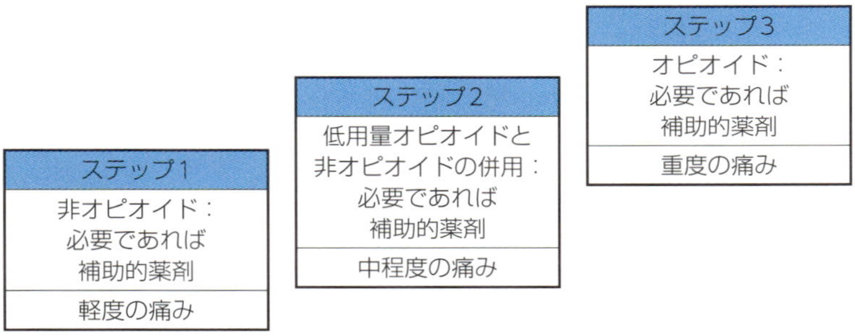

図5-7 癌性疼痛治療における鎮痛ラダー

ステップ1：非オピオイド：必要であれば補助的薬剤／軽度の痛み
ステップ2：低用量オピオイドと非オピオイドの併用：必要であれば補助的薬剤／中程度の痛み
ステップ3：オピオイド：必要であれば補助的薬剤／重度の痛み

表5-1 犬と猫の癌性疼痛治療に用いられる薬物とその投与量（続く）

薬物		犬の投与量	猫の投与量
NSAIDs	メロキシカム	0.2 mg/kg SC	0.3 mg/kg SC
		0.1 mg/kg PO SID	0.1 mg/kg PO SID 2〜3日間その後 0.025 mg/kg PO 2〜3回/週
	カルプロフェン	4 mg/kg SC	
		2 mg/kg BID	
	フィロコキシブ	5 mg/kg PO SID	2 mg/kg SC, PO SID
	ロベナコキシブ	2 mg/kg SC, PO SID	
オピオイド	モルヒネ	0.25〜1.0 mg/kg IM 4〜6時間毎	0.1〜0.5 mg/kg IM 4〜6時間毎
		0.05〜0.1 mg/kg/時間 CRI	0.05〜0.1 mg/kg/時間 CRI
		0.1 mg/kg 硬膜外 12〜24時間毎	0.1 mg/kg 硬膜外 12〜24時間毎
	徐放性モルヒネ経口薬	1 mg/kg PO 4〜6時間毎	0.5 mg/kg PO 4〜6時間毎
	フェンタニル	2〜5 μg/kg IV後，2〜20 μg/kg/時間 CRI	1〜3 μg/kg IV後，1〜4 μg/kg/時間 CRI
	フェンタニルパッチ	2〜5 μg/kg/時間	2〜5 μg/kg/時間
	ブプレノルフィン	0.01〜0.03 mg/kg IM 6〜12時間毎	0.005〜0.03 mg/kg IM 6〜12時間毎
	ブトルファノール	0.1〜0.4 mg/kg IM 1〜4時間毎	0.1〜0.4 mg/kg IM 2〜6時間毎
		0.1〜0.4 mg/kg IM後，24 μg/kg/時間 CRI	
	トラマドール	2〜4 mg/kg IV	2〜4 mg/kg IV
$α_2$-作動薬	メデトミジン	10〜20 μg/kg IM 1〜4時間毎	20〜30 μg/kg IM 1〜4時間毎

SID：1日1回，BID 1日2回，SC：皮下投与，IM：筋肉内投与，IV：静脈内投与，CRI：持続静脈内投与，PO：経口投与

表5-1 （続き）犬猫の癌性疼痛治療に用いられる薬物とその投与量

薬物		犬の投与量	猫の投与量
NMDA拮抗薬	ケタミン	0.5 mg/kg IV後に，0.12 mg/kg/時間CRI	0.5 mg/kg IV後に，0.12 mg/kg/時間CRI
	アマンタジン	3 mg/kg PO SID	3 mg/kg PO SID
トランキライザー	アセプロマジン	0.02〜0.05 mg/kg IM 3〜6時間毎	0.02〜0.1 mg/kg IM 3〜6時間毎
	ドロペリドール	0.25 mg/kg IV	0.25 mg/kg IV
	ミダゾラム	0.1〜0.4 mg/kg IM	0.1〜0.4 mg/kg IM
	ジアゼパム	0.1〜0.2 mg/kg IV	0.1〜0.2 mg/kg IV
局所麻酔薬	リドカイン	3 mg/kg/時間 CRI	1.5 mg/kg/時間 CRI
		1〜2 mg/kg 胸腔，浸潤	1〜2 mg/kg 胸腔，浸潤
	ブピバカイン	1〜2 mg/kg 胸腔，浸潤	1〜2 mg/kg 胸腔，浸潤
	ロピバカイン	1〜2 mg/kg 胸腔，浸潤	1〜2 mg/kg 胸腔，浸潤
ガバペンチン	ガバペンチン	2.5〜10 mg/kg PO BID	2.5〜10 mg/kg PO BID
ビスホスホネート	ゾレドロン酸	0.07〜0.08 mg/kg IV	0.07〜0.08 mg/kg IV

SID：1日1回，BID 1日2回，SC：皮下投与，IM：筋肉内投与，IV：静脈内投与，CRI：持続静脈内投与，PO：経口投与

第6章 周術期管理

一般目標：一般目標：麻酔を安全かつ快適に管理するためのモニター法およびそれぞれに対する対処法，さらに術前術後の管理法について理解する。

到達目標：1）麻酔症例の術前評価と術前準備を説明できる。
2）麻酔中のモニタリングの概要と，結果の評価法，対処法を説明できる。
3）麻酔中の呼吸管理法，循環管理法を説明できる。
4）術後の疼痛管理について説明できる。

1. 麻酔症例の術前評価と術前準備

麻酔薬を投与することだけが麻酔ではない。安全に麻酔するためには，症例の確認，病歴ならびに薬物の服用歴の確認，術前の全身状態の評価，術前の全身状態と目的とする処置に応じた適切な麻酔計画などの術前準備が必要である。

(1) 症例の確認，病歴ならび薬物の服用歴の確認

症例の取り違えは，あってはならない医療ミスである。麻酔を実施する症例について，診療記録の症例番号と個体を照合し，症例の動物種，品種，年齢，性別，体重を確認する。また，稟告聴取では，病状の期間と程度，同時に起こっている症状や疾患，活動性，最近の食餌，薬物の服用歴，過去の麻酔歴とその反応などについて情報を得る。

(2) 術前の全身状態の評価

術前の全身状態の評価は身体検査が基本であり，身体検査での異常所見およびその症例が罹患している疾患によって予想される身体機能の変化をもとに追加検査の必要性を決定する。最終的に，身体検査所見およびその他の追加検査所見をもとに，症例の術前の全身状態を分類する。

a．麻酔当日の身体検査

麻酔当日には，ボディ・コンディション・スコアを用いて症例の栄養状態を評価する（図6-1）。また，妊娠の有無，脱水の有無とその程度，体温を確認するとともに，各臓器について身体検査を実施する。削痩した動物や肥満した動物では，薬物投与量を減らすべきである。

心肺系の身体検査では，心拍数，呼吸数，呼吸の深さと努力性，異常呼吸音の有無，胸部打診，胸部聴診（心音，肺音，心雑音の有無など），動脈血圧，脈性状，可視粘膜の色調，毛細血管再充填時間（CRT）などを確認する。表6-1に各動物種における安静時の体温，心拍数，および平均動脈血圧を要約した。通常，安静時の正常な動物では，呼吸数は小動物で15～25回/分および大動物で8～20回/分，1回換気量は10～14 mL/kg，可視粘膜はピンク色，およびCRTは1.5秒未満である。可視粘膜の色調は，貧血または血管収縮によって蒼白となり，酸素化されていないヘモグロビン（Hb）濃度が5 g/dL未満となるとチアノーゼを示す。

重度の肝機能低下では，黄疸，血液凝固不全，昏睡，または痙攣を認めることがある。重度の腎機能低下では，嘔吐，尿量減少や無尿，多尿・多渇を認めることがあり，尿閉では努力性排尿を示すことがある。消化管の身体検査では，歯や歯肉の状態，排便の有無，下痢，嘔吐，胃内容逆流，嚥下困難，腹

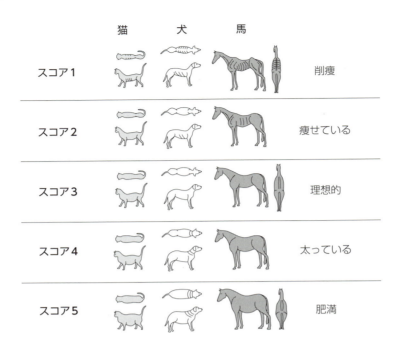

図6-1　ボディ・コンディション・スコア

表6-1　各動物種における安静時の体温，心拍数，および平均動脈血圧

動物種	体温(℃)	心拍数(回/分)	平均動脈血圧(mmHg)
大型犬	37.5〜38.6	60〜140	70〜100
小型犬	38.5〜39.2	70〜180	−
猫	37.8〜39.2	100〜200	80〜120
馬	37.2〜38.6	30〜45	70〜90
子馬	37.5〜38.6	50〜80	60〜80
牛	37.8〜39.2	60〜80	90〜140
子牛	38.6〜39.8	80〜100	−
緬羊	38.9〜39.4	60〜90	80〜110
豚	37.8〜38.9	60〜90	80〜110
子豚	38.9〜40.0	70〜120	−

部膨満などを確認し，必要に応じて腹部聴診(腸音)や直腸検査を実施する。

神経系の身体検査では，症例の態度(静穏，興奮，神経質，攻撃的，不活発)，痛み，痙攣，失神，昏睡，盲目，麻痺，虚弱，および斜頸の有無を確認する。代謝と内分泌系の身体検査として，体温(低体温，高体温)，脱毛，甲状腺機能亢進または甲状腺機能低下の徴候，副腎皮質機能亢進または副腎皮質機能低下の徴候，糖尿病の徴候(白内障など)を確認する。体表外皮に関しては，水和状態，腫瘍，皮下気腫(肋骨骨折)，寄生虫(ノミ，ダニ)，脱毛，火傷，外傷などの有無を確認する。筋骨格筋に関しては，筋肉の量，弱々しさ，歩行が可能か不可能かどうか，骨折の有無などを念頭に身体検査を実施する。

b．血液検査および血清生化学検査

麻酔前には，症例の循環血液量の維持能力(血漿浸透圧)と酸素運搬能を把握するため，少なくとも，

血清総蛋白濃度およびヘマトクリット（Ht）値またはHb濃度を測定すべきである．さらに，身体検査での異常所見および症例の疾患に応じて必要な検査項目を追加する．身体検査において，脱水，貧血，あるいは感染が疑われる所見を認めた場合には全血球計算（赤血球数，白血球数，白血球百分比），呼吸不全やショックを認める場合には血液ガス分析と血液pH，皮下出血を認めた場合には止血能，浮腫や血清総蛋白濃度に異常値を認めた場合には血清アルブミン濃度，ショックや心血管虚脱または内分泌疾患が疑われる場合には血清電解質濃度（Na^+，K^+，Cl^-，Ca^{2+}），肝疾患や腎疾患が疑われる場合には血液尿素窒素，血清クレアチニン濃度，肝逸脱酵素，胆汁酸塩などを追加検査する．また，尿検査では，尿比重，尿pH，蛋白，アセトン，ビリルビン，潜血反応，尿沈渣（尿円柱，赤血球，白血球，上皮細胞，細菌の有無）を検査する．表6-2に血液検査および血清生化学検査の代表的な測定項目の各動物種における正常範囲を要約した．

c．その他の検査

その他，身体検査での異常所見および症例の疾患に応じて，心電図検査，X線検査，超音波検査を実施する．外傷の症例では，心筋損傷や不整脈の可能性があることから，心電図検査を実施すべきである．また，身体検査で不整脈を認めた場合には，心電図検査で調律異常の有無と種類を確認する．腫瘍性疾患では，胸部X線検査で肺転移の有無を確認する．また，外傷の症例では，胸部X線検査にて肺損傷の程度や気胸の有無を確認する．腹部膨満の症例や消化管異物の疑われる症例では，腹部X線検査で異常を確認する．心雑音や腹部膨満を認める症例では，心臓超音波検査や腹部超音波検査を実施し，身体検査での異常所見の原因を特定すべきである．

d．術前の全身状態の分類

身体検査，血液検査および血清生化学検査，およびその他の検査所見をもとに，症例の術前の全身状態を分類する．術前の全身状態の分類法には，American Society of Anesthesiologists（ASA）分類（表6-3）が広く利用されている．獣医療においても，ASA分類クラスが高いほど麻酔関連偶発死亡例（原因に関わらず全身麻酔後に死亡した症例）の発生率が高くなることが示されており，可能であれば，クラスⅢ以上の症例では麻酔前に全身状態の改善を図る．

（3）術前準備

胸腔損傷，大量出血，健康な胎仔の娩出が優先される産科手術では，緊急手術が必要である．しかし，適切な術前準備によって症例の生存率が改善されるだけでなく，術中や術後に生じる合併症を防止できることから，緊急手術以外では術前準備に労力と時間をかけることには大きな価値がある．

術前評価でまったくの健康（クラスⅠ）と評価された動物では，絶食，術野の剪毛や血管確保など最小限の術前準備で良い．一方，術前の全身状態がクラスⅢ以上と判断された症例では，術前検査で明らかとなった異常に対して適切な術前治療を実施して全身状態の改善を図る．脱水または血液量減少に対しては，静脈内輸液を実施する．貧血，血液喪失，または低蛋白血症に対しては輸血を実施する．酸-塩基平衡や電解質の異常については補正する．心不全を認めた症例では，利尿薬や陽性変力作用薬を投与して治療する．呼吸困難のある症例では酸素化を実施し，気胸や胸水貯留がある症例では胸腔チューブを設置して空気や胸水を抜去する．腎不全では，静脈内輸液を実施して腎血流量を増加させる．血液凝固異常では，血漿または全血輸血を実施する．低体温では保温，高体温では冷却を実施する．

a．食餌と飲水

全身麻酔下で選択外科手術を実施する際に必要とされる術前の絶食期間は，動物種で異なる．膨張した胃は横隔膜の動きを制限し，呼吸運動を妨げる．満腹状態の犬猫は，全身麻酔下で嘔吐しやすい．一方，犬を長時間絶食すると胃食道逆流が誘発されることも示されている．馬では，満腹の状態で麻酔導

表6-2 各動物種の血液検査および血清生化学検査における正常範囲

	項目	犬	猫	馬	牛	緬羊	豚
血液検査	血漿蛋白濃度(g/dL)	5.7〜7.2	5.6〜7.4	6.5〜7.8	7.0〜9.0	6.3〜7.1	6.0〜7.5
	ヘマトクリット(%)	36〜54	25〜46	27〜44	23〜35	30〜50	30〜48
	ヘモグロビン濃度(g/dL)	11.9〜18.4	8.0〜14.9	9.7〜15.6	8.3〜12.3	10.0〜16.0	10.0〜15.0
	赤血球数($\times 10^6/\mu L$)	4.9〜8.2	5.3〜10.2	5.1〜10.0	5.0〜7.5	—	—
	白血球数($\times 10^3/\mu L$)	4.1〜15.2	4.0〜14.5	4.7〜10.6	3.0〜13.5	4.0〜12.0	6.5〜20.0
	分葉核好中球($\times 10^3/\mu L$)	3.0〜10.4	3.0〜9.2	2.4〜6.4	0.7〜5.1	1.0〜6.0	3.0〜15.0
	杆状核好中球($\times 10^3/\mu L$)	0〜0.1	0〜0.1	0〜0.1	0〜0.1	0〜0.1	0〜0.5
	リンパ球($\times 10^3/\mu L$)	1.0〜4.6	0.9〜3.9	1.0〜4.9	1.1〜8.2	2.0〜8.0	2.0〜12.0
	単球($\times 10^3/\mu L$)	0〜1.2	0〜0.5	0〜0.5	0〜0.6	0〜0.6	0〜0.6
	好酸球($\times 10^3/\mu L$)	0〜1.3	0〜1.2	0〜0.3	0〜1.5	0〜1.0	0〜0.6
	好塩基球($\times 10^3/\mu L$)	0	0〜0.2	0〜0.1	0〜0.1	0〜0.1	0〜0.1
	血小板数($\times 10^3/\mu L$)	106〜424	150〜600	125〜310	192〜746	250〜800	200〜700
血清生化学検査	血糖値(mg/dL)	77〜126	70〜260	83〜114	55〜81	50〜80	60〜100
	血清総蛋白濃度(g/dL)	5.1〜7.1	5.6〜7.6	6.4〜7.9	6.4〜9.5	6.3〜7.1	—
	アルブミン(g/dL)	2.9〜4.2	2.5〜3.5	2.8〜3.6	2.7〜4.6	2.4〜3.0	—
	総ビリルビン(mg/dL)	0.1〜0.4	0.1〜0.4	0.6〜1.8	0〜0.4	—	—
	間接ビリルビン(mg/dL)	0〜0.1	0〜0.1	0.1〜0.3	0	—	—
	BUN(mg/dL)	5〜20	13〜30	13〜27	4〜31	5〜20	8〜24
	クレアチニン(mg/dL)	0.6〜1.6	0.9〜2.1	0.8〜1.7	0.7〜1.6	—	1.0〜2.7
	総コレステロール(mg/dL)	80〜315	65〜200	51〜97	40〜380	—	—
	AST(IU/L)	12〜40	10〜35	170〜370	50〜120	—	—
	ALT(IU/L)	10〜55	20〜95	—	—	—	—
	ALP(IU/L)	15〜120	15〜65	80〜187	20〜80	—	—
	クレアチンキナーゼ(IU/L)	50〜400	70〜550	150〜360	90〜310	—	—
	Na(mEq/L)	143〜153	146〜156	132〜142	133〜143	140〜145	139〜152
	K(mEq/L)	4.2〜5.4	3.2〜5.5	2.4〜4.6	3.9〜5.2	4.9〜5.7	4.4〜6.7
	Cl(mEq/L)	109〜120	114〜126	97〜105	98〜108	—	100〜105
	Ca(mg/dL)	9.3〜11.6	8.4〜10.1	11.1〜13.0	8.6〜10.0	8.1〜9.5	—
	Ca^{2+}(mg/dL)	5.0〜6.1	4.9〜5.5	6.0〜7.2	4.7〜5.4	—	9.5〜12.7
	P(mg/dL)	3.2〜8.1	3.2〜6.5	1.2〜4.8	3.9〜5.2	3.5〜6.7	5.3〜9.6
	Mg(mg/dL)	0.53〜0.89	0.6〜1.0	0.53〜0.91	0.6〜1.1	—	—
	T3(μg/dL)	30〜130	40〜75	30〜130	60〜190	—	—
	T4(μg/dL)	0.5〜2.1	1.0〜3.0	0.5〜2.1	1.7〜5.8	—	—
	コルチゾル(μg/dL)	1.0〜11.0	1.0〜13.5	1.0〜11.0	0.7〜1.4	—	—
	APTT(秒)	9〜21	8〜17	9〜21	24〜57	35〜50	—
	PT(秒)	6〜7.5	8〜11.5	6〜7.5	12〜18.5	13〜17	—
動脈血血液ガス分析	pHa	7.27〜7.43	7.25〜7.33	7.32〜7.45	7.32〜7.45	7.33〜7.41	7.40〜7.53
	PaO_2(mmHg)	80〜105	95〜115	75〜90	77〜90	75〜100	73〜92
	$PaCO_2$(mmHg)	35〜45	25〜37	40〜45	37〜44	34〜41	35〜44
	HCO_3^-(mEq/L)	19〜26	15〜22	24〜30	17〜29	17〜24	22〜33
	Base Excess(mEq/L)	−5〜5	−10〜0	−3〜2	−3〜3	−4〜0	0〜5

BUN：血中尿素窒素，AST：アスパラ銀酸アミノ基転移酵素，ALT：アラニンアミノ基転移酵素，ALP：アルカリフォスファターゼ，T3：トリヨードサイロニン，T4：サイロキシン，APTT：活性化部分トロンボプラスチン時間，PT：プロトロンビン時間，pHa：動脈血pH，PaO_2：動脈血酸素分圧，$PaCO_2$：動脈血二酸化炭素分圧

表6-3 術前の全身状態の分類

全身状態の分類	定義
クラスⅠ	臓器疾患のない正常な動物
クラスⅡ	軽度の全身性疾患のある動物
クラスⅢ	重度の全身性疾患に罹患して活動が制限されているが、まったく動けないような状態ではない動物
クラスⅣ	全身性疾患で活動できず、常に生命が脅かされている動物
クラスⅤ	手術実施に関係なく24時間生存することができない瀕死の動物

緊急手術では、適当な全身状態の分類の後に"E"をつける。

入すると倒馬時に胃破裂が生じる可能性がある。現在用いられている馬の麻酔導入の手順(**第7章参照**)であれば、急性腹症(疝痛)の外科手術例を除いて、麻酔導入時に胃破裂が生じることは稀であるが、満腹の胃は横隔膜を圧迫し、とくに馬を仰臥位に保定した場合に低換気の原因となる。反芻動物では、数時間絶食しても第一胃内容の体積を適切に減らすことはできないが、第一胃内の発酵は減少し、横臥位において第一胃内容の逆流を引き起こす第一胃鼓脹の発生を遅らせることができる。

一方、鳥類、新生子、トイ犬種、小型哺乳類では絶食で生命が脅かされる危険があることから、術前の絶食を避ける。馬では、長時間絶食すると腸管運動の抑制によって術後疝痛を生じ易いので、麻酔前投薬直前まで自由飲水とする。

b. 血管確保

多くの場合、麻酔前投薬を実施する前に無鎮静で血管確保できるが、非協力的な動物では鎮静が必要となる。犬や猫では橈側皮静脈、外側伏在静脈、内側伏在静脈(猫)、および頸静脈、牛馬では頸静脈、豚では後耳介静脈を血管確保に用いる。一般的に、血管確保にはカテーテルである外筒に内針が挿入された留置針を用い、できるだけ大きな口径のカテーテルを静脈内に留置すべきである。小型犬や猫の橈側皮静脈では24～22ゲージ(G)の留置針(長さ3/4～1.25インチ)、中型～大型犬の橈側皮静脈では22～18Gの留置針(長さ1.25～2インチ)、牛馬の頸静脈では18～14Gの留置針(長さ2.5～5.25インチ)を用いる。

血管確保では、バリカン、酒精綿、留置針、プラグ、固定用テープ、ヘパリン(10単位/mL)添加生理食塩液、ポビドンヨードゲルなどを準備する。血管確保の手順を**図6-2**に示した。まず、血管確保する静脈上の皮膚を剪毛消毒する。静脈を駆血して怒張させ、留置針を皮膚に穿刺する。この際、穿刺部位に18G注射針の先端などで皮膚に極小切開を加えても良い。皮膚穿刺後、留置針を静脈走行に沿って刺入して先端を血管内に進める。留置針の先端が血管内に入ると内針のチャンバー内に血液の流入を認める。この血液流入は留置針の外筒(カテーテルの部分)の先端から飛び出した内針が血管内に刺入された時点で生じる。外筒先端を確実に血管内に配置させるため、血液流入後にさらに留置針の刺入をわずかに進める。次に、内針を少し引き抜いて外筒と内針を血管内に押し進めるか、外筒のみを血管内に押し進め、カテーテル全体を血管内に刺入する。この時、カテーテルが血管内に刺入されていれば抵抗なくカテーテルを押し進めることができる。続いて、内針を引き抜いてカテーテルにプラグを設置し、ヘパリン添加生理食塩液でカテーテル内の血液をフラッシュする。留置針刺入部にポビドンヨードゲルを塗布し、カテーテルをテープで固定する。牛馬では、頸静脈に留置したカテーテルをナイロン糸で皮膚に縫合固定する。

c. 麻酔管理計画

症例の術前の全身状態、実施される手術内容(外科処置の種類、保定体位)、予想される手術時間、および術後疼痛の程度を考慮して、麻酔前投薬、麻酔導入、麻酔維持、および周術期(術前、術中、術後)

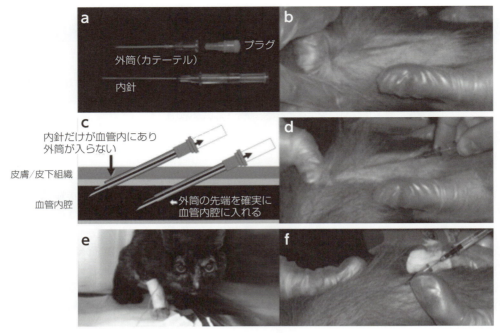

図6-2 血管確保

留置針はカテーテルとして静脈内に留置する外筒と内針で構成され(a)，プラグで栓をして薬剤の静脈内投与を可能にする(b)。右図にニホンザルの左前腕での血管確保を示した。血管確保する部位の皮膚を剪毛消毒した後，静脈を駆血して怒張させ(b)，留置針を静脈の走行に沿って刺入する(d)。内針のチャンバー内に血液の流入を認めたら，外筒(カテーテル)を血管内に押し進める(f)。外筒の先端が血管内に達していれば，抵抗なく外筒を押し進めることができる(c)。eに右前肢の静脈カテーテルをテープで固定した猫を示した。

の疼痛管理に使用する薬剤とその投与経路を決定する。周術期疼痛管理に使用する鎮痛薬の選択では，先取り鎮痛とマルチモーダル鎮痛を取り入れる(**第5章参照**)。また，周術期の輸液と栄養管理，体温管理，麻酔モニタリング，症例に必要な特別な治療薬の投薬，外科医の要求などを考慮して，麻酔管理計画を立てる。加えて，麻酔管理において可能性のある副作用や問題となる反応性を予想しておく。外科的処置によっては特別な準備が必要となる場合がある。例えば，胸部外科では麻酔導入前にあらかじめ酸素化し，麻酔中には人工呼吸での呼吸管理が必要となる。

2. 麻酔モニタリング

動物が生きるためには酸素が必要であり，酸素は細胞内のミトコンドリアで好気性代謝によるアデノシン三リン酸(ATP)の産生に利用される。空気中には21％の酸素が含まれ(空気中の酸素分圧は約160 mmHg＝760 mmHg×0.21)，気道内には水蒸気が存在することから，空気を吸入した動物の肺胞内酸素分圧は約105〜115 mmHgになり，動脈血酸素分圧(PaO_2)は90〜100 mmHgとなる。血液中で酸素はHbと結合し，各臓器に運搬される。各臓器には自動調節能があり，平均血圧50〜150 mmHgで臓器内の血液灌流が一定に維持される(腎臓では平均血圧が80 mmHgを下回ると腎血流低下)。したがって，麻酔下の動物では，空気より高い酸素濃度を供給し，自動調節能の範囲に血圧を維持することで，細胞内のミトコンドリアへ確実に酸素を供給できる。しかし，全身麻酔下の動物では，麻酔薬の呼吸循環抑制によって生理機能の変化に対する代償能力が低下し，好気性代謝が阻害されて生命が脅かされる可能性がある。麻酔モニタリングとは，麻酔下の動物の生理機能を看視することで

あり，目的とする処置を円滑に実施できる環境（外科医の求める麻酔深度）を提供すると同時に，生理機能の異常や悪化の早期検出と早期対応を可能にして麻酔の安全性を高める（動物の生命を守る）ことを目的に実施される．麻酔モニタリングでは，主に，動物の麻酔深度，酸素化，換気，および循環機能を看視する．

麻酔モニタリングの手段には，五感を用いた方法（麻酔の臨床徴候，心音や呼吸音の聴診，呼吸パターン，胸郭の動き，再呼吸バッグの動き，可視粘膜の色調，脈の触知など），非侵襲的方法（脳波，心電図，パルスオキシメータ，カプノメータ，オシロメトリック式血圧計など），および侵襲的方法（血液ガス分析，観血的血圧測定など）がある．五感を用いた方法は安全で信頼性が高いが，異常の検出感度は鈍い．非侵襲的方法は安全で異常検出感度は高いが，信頼性が乏しくなる場合がある．侵襲的方法は感度，精度，および信頼性が高いが，測定に際して採血やカテーテル設置などが必要であり，動物に負担を強いる．実際の麻酔モニタリングでは，五感を用いた方法に加えて非侵襲的モニタリング機器を用いて精度を高め，生理機能の変化を連続的に看視して動物の状態を判断把握し，異常や変化にタイミング良く対応することが重要である．また，必要に応じて侵襲的モニタリング機器を用い，動物の呼吸循環機能の変化を高い精度で看視する．

麻酔モニタリングの計画は，症例の健康状態と疾患，実施される処置内容，選択する麻酔薬と麻酔法，利用できるモニタリング機器，および予想される麻酔時間に基づいて立てる．麻酔中には，酸素化，換気，および循環機能について複数のモニタリング項目を看視し，それぞれの機能について正常値との比較に基づいて観察する（測定値が正常範囲内にあるか？麻酔に対する反応が適切かどうか？）．複数のモニタリング項目を同時に評価することで（例：心拍数，呼吸数，動脈血圧），個々のモニタリング項目の断片的な情報よりも麻酔に対する異常反応を正確に評価できる．また，個々のモニタリング項目の変化の傾向（トレンド）を確認することで，生理機能の異常や悪化に対する早期判断と早期対応が促進される．麻酔モニタリングに関わらず，不正確な情報は混乱を招き誤った判断を導くことから，単純で信頼性の高いモニタリング法（五感による方法）とともに頻繁に較正したモニタリング機器を用いるべきである．

(1) 麻酔深度のモニタリング

麻酔深度のモニタリングでは，麻酔下の動物の中枢神経系（CNS）の抑制状態を把握して適切な麻酔深度に維持するため，一般的に，麻酔下の動物の臨床徴候や手術操作に対する反応性を評価して麻酔深度を判断する．また，近年では，動物においても脳波（electroencephalogram：EEG）を用いた評価法が利用されつつある．

- **臨床徴候**：麻酔深度のモニタリングでは，CNS抑制の程度を看視するために反射活性や筋緊張を観察する．麻酔の臨床徴候はエーテル麻酔を基本に開発され，現在でも全身麻酔によるCNS抑制状態の記述に有用である．麻酔深度を判断するために，眼球の位置と眼反射，筋弛緩，呼吸数と呼吸パターン，および外科的操作に対する反応性などの臨床徴候を観察する．眼反射は，一般的に，大動物においてより有用で特徴的である．眼瞼反射は麻酔深度が浅いと活発になり，外科的麻酔深度において多くの動物種で消失する．角膜反射は，麻酔深度が深くなるまで残存する．眼球振盪は麻酔深度が浅いと発現する．涙液産生は，しばしば眼球振盪と同時に発現し，麻酔深度が浅いことを示す．下顎緊張は筋緊張の全体的な指標であり，中等度の外科的麻酔深度では口を完全に開口した際に中等度の抵抗がある．肛門反射は，外科的麻酔深度ではゆっくりになるか消失する（動物種によって異なる）．屈曲反射は，外科的麻酔深度で消失し，肢端をつねっても動物は反応しない．肢端をつねって動物が肢を引っ込める場合には麻酔深度は浅く，外科手術を実施するには不十分な麻酔深度である．

吸入麻酔の麻酔深度のモニタリングでは，Guedelがエーテル麻酔について開発した古典的な麻酔ステージを大雑把に適用できる（図6-3）．ステージⅠは，麻酔導入開始から意識消失までの麻酔

深度を示し，正常な反射または反射亢進を伴う見当識障害が最も一般的な徴候であり，不安，心拍数増加，および浅速呼吸（パンティング）や流涎（過剰な唾液分泌）を生じることもある。

　ステージⅡでは，脳の自発運動中枢が抑制されて動物は周囲の環境を認識しなくなるが，交感神経系緊張は増大し，振戦，せん妄または興奮などを示すことがあり，発揚期とも呼ばれる。一般的に呼吸の深さや回数は不規則であり，息こらえが生じることもある。眼瞼は大きく開き，交感神経系刺激によって瞳孔は散大している。絶食していないと，反射性嘔吐が生じることもある。排便や排尿を生じることもある。麻酔前投薬によってステージⅡの持続を減少または回避できる。また，注射麻酔薬のⅣ投与によってステージⅢへ急速に移行させること（麻酔導入）もできる。

　ステージⅢでは外科的な手術操作が可能となる外科的麻酔期であり，麻酔深度に応じて第1～3相に分けられる。第1相は浅い麻酔状態であり，規則的な呼吸を示し，心血管系機能の抑制は最小限である。痛みに対する反応は抑制されているが，まだ残存している。第Ⅱ相では，外科的操作への反応が消失する。呼吸数は増加または減少し，1回換気量は減少する。心血管機能は中等度に抑制される。第1～2相における呼吸循環機能の抑制や鎮痛の程度は，麻酔前投薬や麻酔導入に使用した薬物による直接的な影響を受ける。

　第Ⅲ相は深い麻酔であり，肋間筋緊張の消失によって呼吸抑制が重度となり，心血管系機能も著しく抑制される。

　ステージⅣでは，呼吸筋の完全な弛緩によって呼吸運動がすべて停止し，心血管系機能が全般的に抑制され，血管が拡張して低血圧を招く。この麻酔深度では，瞳孔は散大し，呼吸停止に続いて循環虚脱を生じ，5分以内に死亡する。

- **脳波**：EEGを利用したbispectral index（BIS）は麻酔深度に比例し，麻酔深度のモニタリングに用いられる。意識がある場合にはBIS値100であり，BIS値が低いほどCNS抑制の程度が大きいことを示す。
- **終末呼気麻酔ガス濃度**：終末呼気麻酔ガス濃度は赤外線吸収法などで測定可能であり，各吸入麻酔薬の最小肺胞濃度（MAC）と比較することで麻酔深度の判断に利用できる。

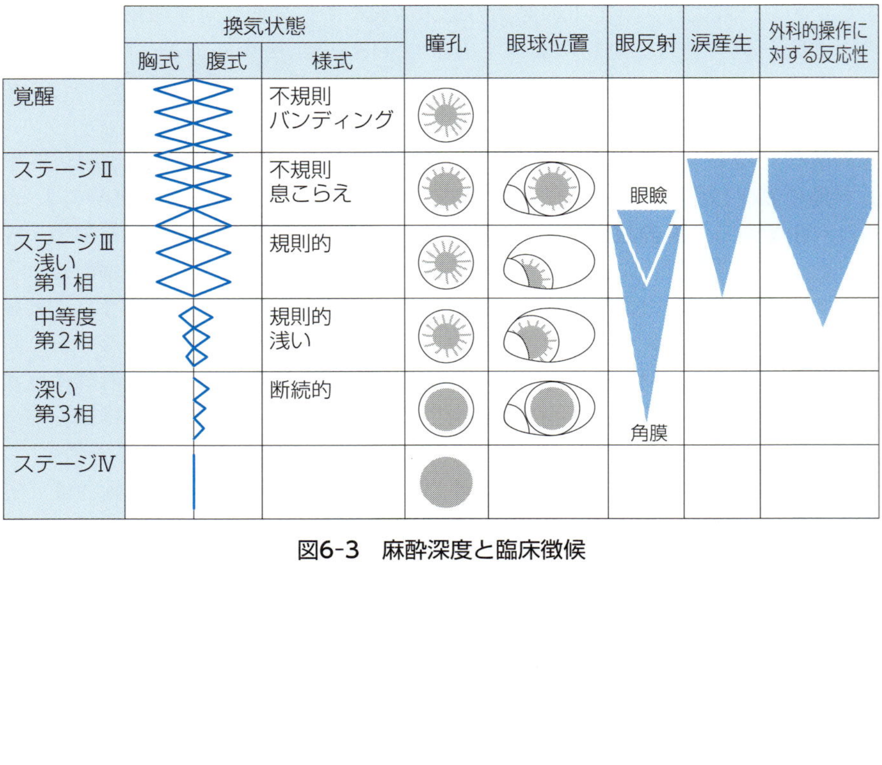

図6-3　麻酔深度と臨床徴候

(2)酸素化のモニタリング

組織への酸素供給量は，心拍出量と動脈血の酸素含量によって決まり，動脈血の酸素含量は血中Hb濃度と酸素と結合したHbの割合（Hb酸素飽和度）で決まる。Hb酸素飽和度と血中酸素分圧はシグモイド曲線の関係を示し，動脈血のHb酸素飽和度（SaO_2）はPaO_2 90～100 mmHgで約95％となり，混合静脈血では80％を下回る（図6-4）。最も感度が高く信頼性の高い酸素化の指標は，動脈血の血液ガス分析で得られるPaO_2とSaO_2である。

動物の酸素化状態は可視粘膜の色調の変化で確認でき，低酸素状態ではチアノーゼを認める。チアノーゼは酸素と結合していない還元Hb濃度が5 g/dL以上となった場合に生じることから，血中Hb濃度が12 g/dLの動物ではHb酸素飽和度が約58％となった時点でチアノーゼが認められる。しかし，貧血の動物では，同様の低酸素状態でもチアノーゼが認められない場合もある。例えば，貧血の動物で血中Hb 6 g/dLの場合，Hb酸素飽和度が40％でも還元Hb濃度は3.6 g/dLに過ぎず，低酸素状態でもチアノーゼは認められない。つまり，人間の五感では低酸素状態を認識できない場合もある。

動物の酸素化状態は，パルスオキシメータを用いて高い感度で非侵襲的に連続看視できる。パルスオキシメータは経皮的に動脈血のHb酸素飽和度（SpO_2）と皮膚血流を非侵襲的に測定するモニタリング機器であり，光電式容積脈波（プレチスモグラフ）を計測表示して脈拍数も同時に測定できる（図6-5）。スペクトル光電効果装置のプローブを脈打つ血管床上の毛のない皮膚に直接あてて，酸素化ヘモグロビンと還元ヘモグロビンの光吸収を検出し，SpO_2を表示する。プローブを舌，口唇，指間，趾間，指，趾，包皮，陰嚢，外陰，耳介などに設置することで体表動脈を検出でき，反射プローブを用いると直腸や食道でもSpO_2を測定できる。SpO_2の測定値は，カルボキシヘモグロビンやメトヘモグロビンの存在により不正確になる。SpO_2の測定は，低血圧，低体温，血管収縮によって脈拍信号が減少すると制限され，黒い色素沈着があると不可能になる。

(3)換気のモニタリング

細胞のミトコンドリアでは，末梢組織まで運搬された酸素を利用してブドウ糖などの有機物を分解してATPを産生し，二酸化炭素と水を放出する。放出された二酸化炭素は，静脈血に取り込まれて肺での換気によって生体外の環境へ排出される。換気のモニタリングでは，二酸化炭素が適切に排出されて

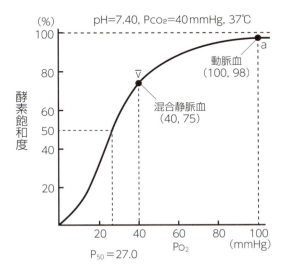

図6-4　ヘモグロビン-酸素解離曲線

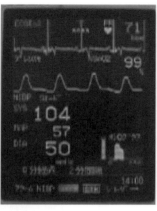

図6-5　パルスオキシメータ
ボクサー犬の舌にパルスオキシメータのプローブが設置されている（左図）。右のモニタ画面には，心電図の下にプレシスモグラフが表示され，酸素飽和度99％と表示されている。プレシスモグラフの脈波形が心電図のQRS波にわずかに遅れて表示されていることに注目。心電図とプレシスモグラフを同時に確認することで，先行するQRS波で示される心臓の電気的変化によって心拍出が発生していることを確認できる。このモニタリング機器では，プレシスモグラフの下にオシロメトリック式自動血圧計で測定した血圧も表示されている。

いるかを看視することが重要な目的となる。最も感度が高く信頼性の高い換気の指標は，動脈血の血液ガス分析で得られる動脈血二酸化炭素分圧（$PaCO_2$）である。

　五感では$PaCO_2$を認識できないことから，呼吸数や呼吸パターン，胸郭や再呼吸バッグの動きで分時換気量（呼吸数×1回換気量）を予測し，換気状態を判断する。1回換気量は，死腔換気（上部気道を移動してガス交換に関与しない換気）と肺胞換気（肺胞でのガス交換量）の合計であり，呼吸が速いと死腔換気量が増加して充分な肺胞換気を得られない。麻酔中には，ゆっくりとした深い呼吸を維持すべきである。浅速呼吸を認める場合には，痛み，換気抑制（$PaCO_2$の上昇，低酸素），または高体温が示唆される。

　呼吸数は，胸郭の動き，再呼吸バッグの動き，聴診（食道聴診器または前胸部に聴診器），呼吸頻度モニター（気道内温度または気道内圧の変化によって呼吸数を計測），カプノメータなどで計測できる。調節呼吸時には気道内圧計動きでも測定できる。食道聴診器は呼吸音と心音を同時に聴取でき，心拍数と呼吸数を計測できる（図6-6）。

　カプノメータは呼吸回路内の二酸化炭素濃度を分析する機器であり，呼吸数および終末呼気二酸化炭素分圧（$PETCO_2$）を測定できる。カプノメータでは，気管チューブと呼吸回路の連結部で呼吸ガスをサンプリングして連結部のセンサーで二酸化炭素濃度を分析するか（メインストリーム法），サンプリングガスを小径チューブで持続的に吸引してモニター内で分析する（サイドストリーム法）。サイドストリーム法ではサンプリングガスを余剰ガスとして排気する必要がある。モニター画面には，最も高い二酸化炭素濃度（終末呼気）と最も低い二酸化炭素濃度（吸気）がデジタル表示され，呼吸周期における二酸化炭素濃度の変化をグラフ波形（カプノグラム）として表示する。麻酔導入後にカプノグラムを記録することで，気管チューブの誤挿管，呼吸回路のはずれ，人工呼吸器とのファイティング，呼気ガスの再呼吸などの呼吸回路の異常を容易に検出できる（図6-7）。

　カプノグラムで肺胞相プラトーを得られていれば，$PETCO_2$は$PaCO_2$の良い指標となり，換気状態を正確に把握できる。調節呼吸下の動物では肺胞相プラトーが確実に得られるので，$PETCO_2$を換気の指標として利用できる。調節呼吸下の犬では，$PETCO_2$は$PaCO_2$より3～5 mmHg低い値を示す。一方，自発呼吸では，呼吸数が多いと肺胞相プラトーを得られず，$PETCO_2$の値は$PaCO_2$の値よりも

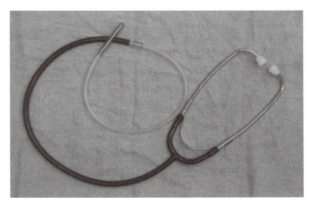

図6-6　食道聴診器

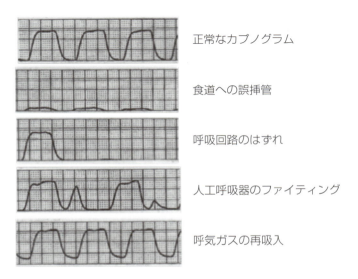

図6-7　カプノグラムが示す異常

正常なカプノグラムでは，呼気の開始によって呼吸回路内の二酸化炭素（CO_2）濃度が増大し，呼気終末までに平坦化する（肺胞相プラトー）。吸気が始まると急速にCO_2濃度が低下して0レベルになる。気管チューブが食道に誤挿管されていると，CO_2が検出されず，動物は呼吸しているにもかかわらずカプノグラムが得られない。呼吸回路が外れると，突然，カプノグラムが表示されなくなる。調節呼吸時に人工呼吸器と動物の自発呼吸がぶつかる（ファイティング）と，カプノグラムの波形が乱れる。再呼吸回路でソーダライムなどのCO_2吸収剤の能力が低下している場合や呼気弁が閉鎖していない場合，あるいは非再呼吸回路で新鮮ガス流量が不十分な場合には，呼気中のCO_2が再呼吸されることから，カプノグラムの基線が0レベルよりも上になる。

かなり小さな値を示すようになる。換気/環流比のミスマッチまたは異常な呼吸パターンを示す場合にも，$PETCO_2$の$PaCO_2$の指標としての精度が低下する。

(4) 循環のモニタリング

　各臓器は，平均血圧50〜150 mmHgで臓器内の血液灌流を一定に維持できる自動調節能を持つ。しかし，腎臓では平均血圧80 mmHg未満で腎血流が低下する。麻酔中に臓器灌流を適切に保つためには平均血圧60 mmHg以上および収縮期血圧80 mmHg以上とすべきであり，これらを下回った場

合には低血圧と判断して治療を開始する。動脈血圧，心拍出量，1回拍出量，心拍数，全身血管抵抗には以下の3つの式で示される関係がある。日常診療では，心拍出量や全身血管抵抗の測定が困難であり，一般的に動脈血圧と心拍数の測定値より以下の循環系機能に関する3つの式を利用して心拍出量や全身血管抵抗を予測する。

> 動脈血圧 ＝ 心拍出量 × 全身血管抵抗（後負荷）
> 心拍出量 ＝ 1回拍出量 × 心拍数
> 1回拍出量 ＝ 前負荷 × 心拡張性 × 心収縮力 ÷ 後負荷

　麻酔中に許容できる心拍数の下限と上限は動物種で異なる（表6-4）。心拍数は，心音の聴診または体表動脈や前胸部胸壁からの心臓の動きの触知（脈拍数）で測定できる。その他，食道聴診器，心電図，超音波ドップラー装置，パルスオキシメータによっても心拍数を測定できる。

　動脈血圧は，右心房を0レベルとしてミリメートル水銀（mmHg）で示される。麻酔下の動物では，平均血圧60 mmHg未満で低血圧と判断して治療を開始する。麻酔中の血圧測定法には，末梢動脈に留置したカテーテルと圧トランスデューサを用いて測定する観血的血圧測定法と四肢や尾根にカフを用いて非侵襲的に測定するオシロメトリック法や超音波ドップラー法がある。観血的血圧測定法は最も感度が高く信頼性の高い血圧モニタリング法であり，非侵襲的測定法では測定中の体動などによって測定精度が低下する。

　観血的血圧測定法では，末梢動脈（例：犬猫では足背動脈や舌動脈，馬では顔面動脈や第三趾背側中足動脈，牛では耳介動脈）に無菌的にカテーテルを留置し，動脈ラインを圧トランスデューサに連結する。圧トランスデューサを三方活栓の動脈側を閉じた状態で右心房の高さ（横臥位-胸骨柄，仰臥位-肩関節）に配置し，大気開放して0レベルを合わせる。動脈ラインを圧トランスデューサに開放すると脈圧波形が表示される（図6-8）。カテーテル閉塞防止のためヘパリン添加生理食塩液を頻繁にフラッシュするが，必ず血液を吸引した後にフラッシュして空気塞栓を防ぐ。カテーテル抜去後には留置部位を指で5分間圧迫し，血腫形成を予防する。

　獣医臨床に用いられている非侵襲的血圧測定には，オシロメトリック法と超音波ドップラー法がある。いずれの非侵襲的測定法も血圧測定用カフを四肢または尾根部に巻いて加圧して動脈血流を停止させ，カフ内圧を徐々に減少させて動脈血流が再開した時のカフ内圧を収縮期血圧（最高血圧），動脈血流が検出されなくなったカフ内圧を拡張期血圧（最低血圧）として血圧を測定する。オシロメトリック法では，動脈血流を血圧測定用カフ内の空気振動として検出する。超音波ドップラー法では，血圧測定用カフより遠位にある末梢動脈上に設置したドップラークリスタルで動脈の血流音を検出し，血圧測定用カフに連結した圧マノメータで血圧を読み取る（図6-9）。血圧測定部位の円周の40～50％幅のサイズ

表6-4　麻酔中に許容できる心拍数の下限と上限および脈を触知できる体表動脈

動物種	下限（回/分）	上限（回/分）	脈を触知できる体表動脈
犬	50	160	大腿動脈，背側中足動脈，指動脈，舌動脈
猫	100	200	大腿動脈
馬	28	50	顔面動脈，顔面横動脈，背側中足動脈，口蓋動脈
牛	48	90	耳介動脈，指動脈，尾骨動脈，背側中足動脈
緬羊/山羊	60	150	耳介動脈，指動脈，尾骨動脈，背側中足動脈
豚	50	150	大腿動脈，耳介動脈

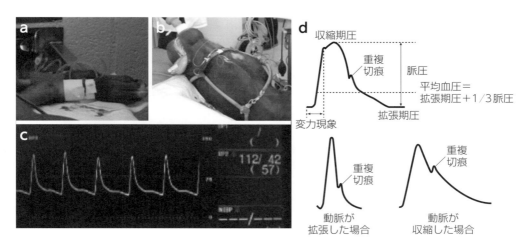

図6-8 観血的動脈血圧測定
犬の足背動脈(a)と馬の顔面動脈(b)に動脈カテーテルを留置して観血的動脈血圧測定を実施している。cは犬の観血的動脈血圧測定における脈圧波形であり、収縮期圧 112 mmHg、拡張期圧 42 mmHg、平均血圧 57 mmHgを示している。dに示したように、脈圧波形は、大動脈弁の開放とともに急峻に立ち上がり、大動脈弁の閉鎖時に重複切痕ができる。その後、緩やかに下降していく。収縮期圧と拡張期圧の差は脈圧と呼ばれ、末梢動脈の脈拍の強さはこの脈圧を反映している。平均血圧は、拡張期圧に脈圧の1/3を加えることで算出される。

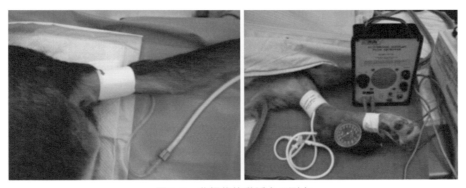

図6-9 非侵襲的動脈血圧測定
オシロメトリック法で血圧測定するために尾根部に血圧測定用カフを巻いた犬(a)と超音波ドップラー法で血圧測定するために足根部に血圧測定用カフを巻き、趾の背側面にドップラークリスタルを配置した犬(b)

の血圧測定用カフを用いて測定すると、実際の血圧に近い値を得られる。オシロメトリック法では、収縮期血圧、平均血圧、拡張期血圧、および脈拍数を測定できるが、血圧測定値の精度は高くなく(血圧が低いと不正確になる)、経時的変化(トレンド)は正確に反映する。超音波ドップラー法では、収縮期血圧、脈拍数、心調律を検出でき、計測された収縮期血圧は観血的に測定した平均血圧に近似する。

心調律の正確な診断には、心電図が必要である。麻酔中には、心電図波形が最も大きく記録できるⅡ誘導またはAB誘導を用いる(図6-10)。心電図は、心房筋の電気的脱分極を示すP波、心室筋の脱分極を示すQRS波、および心室筋の再分極を示すT波で構成される(図6-11)。心電図は心筋の電気的な変化を示しているが、心拍出を補償するものではない。

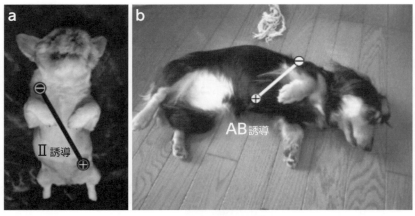

図6-10 心電図の誘導

電極をⅡ誘導で設置した犬(**a**)とAB誘導で設置した犬(**b**)。Ⅱ誘導では右前肢に(−)、左後肢に(＋)の電極を設置する。AB誘導では、右肩付近に(−)、胸骨柄付近に(＋)の電極を設置する。

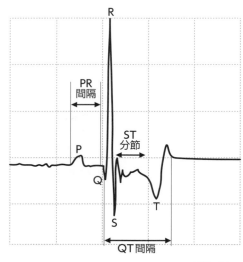

P波：心房の脱分極を示す
QRS波：心室の脱分極を示す
T波：心室の再分極を示す
PR間隔：心房と房室結節を信号が通り抜ける時間
QT間隔：心室の脱分極から再分極までの時間
ST分節：基線より上昇または下降していると
・心筋の低酸素または虚血
・低心拍出量
・貧血
・心膜炎
・心挫傷

図6-11 心電図の波形

　その他、臨床的に実施されている循環のモニタリングには、末梢灌流のモニタリングや中心静脈圧(CVP)の測定がある。末梢灌流を示す指標には、CRT、脈拍の強さ、尿産生量などがある。末梢灌流は動脈血圧と末梢血管の緊張によって機能している。CRTは動物の口腔または外陰部の粘膜を圧迫し、白色化した可視粘膜が元の色調に戻るまでの時間であり、その正常値は1～2秒以内である。脈拍の強さは、脈圧(収縮期圧と拡張期圧の差)を示しており、直接には血圧を反映していない(図6-9参照)。脈拍は、低血圧や血管拡張によって弱くなり、速い脈で弱くなる。心拍出量の約25％が腎臓に分布しており、尿産生は末梢灌流の良い指標となる。可能であれば、尿道カテーテルを設置し単位時間あたりの尿量を測定する。犬と猫では、正常な尿量は0.5～2 mL/kg/時間である。
　CVPは静脈カテーテルを右心房に進めて平均右心房圧を測定することにより得られる。CVPの急性変化を看視することによって症例の輸液反応性の判断や輸液過剰の検出に役立つ。右心房圧は心拍出量と静脈還流量の平衡状態を示す。正常範囲は、起立した覚醒状態の動物では0～4 cmH₂Oであり、麻

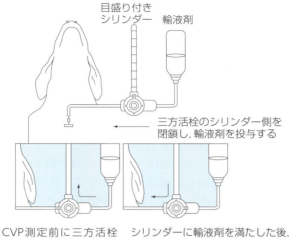

図6-12 中心静脈圧（CVP）の測定

酔下では，犬や猫などの小動物で2～7 cmH$_2$O，牛や馬などの大動物で15～25 cmH$_2$Oを示す。CVPは，輸液反応性あるいは輸液過剰の指標として常に正しいわけではないが，循環血液量の増大により上昇し，循環血液量が減少すると低下する。また，血管拡張が生じると血液が末梢に貯留して静脈還流量が減少するためCVPは低下し，静脈血管収縮が生じると静脈還流が増大するためCVPは上昇する。心収縮力が低下すると，心臓のポンプ作用が減少するためCVPは上昇する。CVPは頻脈によって低下し，徐脈により上昇する。心血管系以外でCVPに影響を及ぼす因子には，胸腔内圧，心外膜圧，体位などがある。調節呼吸の陽圧換気などで胸腔内圧が上昇すると，CVPは上昇し，胸腔内圧の低下によりCVPは低下する。心タンポナーデや先天性心嚢ヘルニアでは，心外膜内圧が増加して心室充満が大きく減少し，CVPが上昇する。大動物では横臥位にするとCVPが上昇する。

　CVPの低下を認めた場合には，CVPが正常値の上限に達するまで適切な輸液剤(例：晶質液，コロイド溶液，血液)を静脈内輸液して循環血液量の増加を図る。CVPの上昇を認めた場合は，一般的に，血液量過多または心筋抑制(右心不全)を示すことから，静脈内輸液を減量または中止し，心収縮力を増大する薬物(例：ドパミン，ドブタミン)の投与を開始する。

　CVP測定では，胸腔内の大静脈(できれば右心房)に達する適切な長さのIVカテーテルを頸静脈から挿入し，圧トランスデューサまたはCVPマノメータ(三方活栓，目盛り付きシリンダー，連結チューブ)を用いて測定する(**図6-12**)。CVPマノメータを用いる場合には，三方活栓が動物の心底部よりも低くなるように目盛付きシリンダーを設置し，床と平行な仮想線を動物の心底部からシリンダーの目盛の間に引いてシリンダー上でのCVPの0レベルとする。CVP測定では，空気塞栓症，血栓性静脈炎，あるいは出血といった危険がある。

(5)体温のモニタリング

　麻酔中には，直腸温または食道温を深部体温として日常的に体温を看視する。保温を目的として，外部加温装置(温水マット，温風循環装置)を使用する場合には必ず体温を看視すべきである。環境温より高く温めた晶質液(輸液剤)を体温維持のために投与しても，その効果は最小限である。

(6) 筋弛緩のモニタリング

　筋弛緩の状態は，一般的に下顎や四肢などの骨格筋の緊張状態で把握できる。神経筋遮断薬（いわゆる筋弛緩薬）を用いる場合には，その投与開始時と麻酔回復前または拮抗時に末梢神経への電気刺激に対する骨格筋反応の質を評価することが望ましい（**第4章参照**）。

(7) 麻酔モニタリング指針

　日本獣医麻酔外科学会は，外科手術を受ける動物の健康と福祉の向上を目指し，『犬および猫の臨床例に安全な全身麻酔を行うためのモニタリング指針』を公開している。全身麻酔管理の目的は，「全身麻酔下の動物の安全を守る」，「検査や手術が円滑に進行する場を提供する」ことにある。したがって，麻酔を担当する獣医師は，麻酔深度を適切に維持すると同時に，動物の呼吸・循環・代謝などを可能な限り正常範囲に維持することが要求される。日本獣医麻酔外科学会では，全身麻酔中の動物の安全を維持するために，麻酔モニタリングに関して以下の8項目を推奨している。

- **麻酔看視係の配置と麻酔記録**：麻酔看視係（いわゆる"麻酔係"）を配置し，動物の麻酔深度および呼吸循環状態を五感とモニタリング機器によって絶え間なく看視する。動物の状態が変化した場合には，麻酔係は麻酔担当獣医師に警告できるようにする。麻酔係は麻酔記録に麻酔実施日時，患者情報，投与したすべての薬物名と投与量，および投与経路，そして使用した麻酔器（回路）とガスの種類および流量を記録するとともに，以下のモニタリング項目を少なくとも5分毎に麻酔開始時から動物が麻酔から回復するまでの間記録する。
- **五感を用いたモニタリング**：全身麻酔下の動物の眼瞼および角膜反射，瞳孔の大きさ，心音と呼吸音，脈圧，心拍数または脈拍数，呼吸数および呼吸様式，可視粘膜の色調，CRT，筋肉の緊張度などを人の五感を駆使して看視する。
- **循環のモニタリング**：心拍数（脈拍数）および動脈血圧の測定を行うこと。必要に応じて観血式動脈血圧測定を実施する。心電図モニター，心音，心拍数（脈拍数），動脈の触診，動脈波形，または脈波（プレスチモグラフ）のいずれかを連続的に看視すること。心調律の看視には心電図モニターを用いること。数値の測定と記録は原則として5分間隔で行い，必要ならば頻回に実施すること。また，必要に応じて尿量の測定と記録を30分ごとに行う。
- **酸素化のモニタリング**：可視粘膜，血液の色などを看視する。酸素化と脈拍数を同時に把握できるパルスオキシメータの装着を推奨する。
- **換気のモニタリング**：呼吸数，呼吸音，および換気様式（胸郭や呼吸バッグの動きなど）を看視する。動物の気道を確保し，カプノメータを装着することを推奨する。換気量モニターを適宜使用することが望ましい。
- **体温のモニタリング**：体温測定を行うこと。
- **筋弛緩のモニタリング**：筋弛緩モニターは，筋弛緩薬を使用する場合になど必要に応じて行う。
- **麻酔回復期の動物のモニタリング**：全身麻酔薬の投与終了後に呼吸循環状態が安定した動物を麻酔係が連続的に看視できない場合には，自力で頭を支持できるようになるまで，定期的（少なくとも5分毎）に動物の状態を確認する。

3. 麻酔中の呼吸管理

　安全に全身麻酔するためには，換気を正常に維持する（$PaCO_2$を正常範囲に維持する）必要がある。全身麻酔下で低換気が生じると，高二酸化炭素血症（$PaCO_2$ 40〜50 mmHgを上回る場合）によって呼吸性アシドーシスを生じ，交感神経系が活性化されて心拍数が増加し，心不整脈を生じやすくなる。初期には交感神経性効果で末梢血管は収縮するが，続いて末梢血管への二酸化炭素の直接作用によって血

管拡張が引き起こされる。また，換気が刺激されて呼吸仕事量が増加する。高二酸化炭素血症がさらに進行すると，脳血流量と脳圧の増大やナルコーシスを生じる（$PaCO_2$ 80〜100 mmHg以上で麻酔効果）。

麻酔中の呼吸抑制には補助呼吸や調節呼吸で対応する。胸部外科手術や神経筋遮断薬を投与した外科手術では調節呼吸が不可欠であり，胸壁損傷や横隔膜損傷，肺腫瘍や横隔膜ヘルニアなどの胸腔内占拠性病変，肥満した動物，仰臥位で頭を下げるなど特殊な保定体位が必要な外科手術，および頭蓋内圧の制御が必要な疾患における外科手術などの麻酔管理で調節呼吸が必要となる。

呼吸運動は動物の胸郭や腹壁の動きで評価できるが，呼吸運動が規則的で十分に見えても適切な肺胞換気が得られているとは限らない。肺胞換気は，補助呼吸や調節呼吸で改善できる。吸入麻酔では調節呼吸で麻酔深度を安定できる。一方，調節呼吸で適切に肺へガスを供給するためには，呼吸回路の気密性を維持しなければならない。調節呼吸による換気の適性度は$PaCO_2$の測定によって精度高く把握でき，$PETCO_2$の看視によって連続的に評価できる。

(1) 麻酔用人工呼吸器

麻酔用人工呼吸器には，換気条件を1回換気量で設定する「従量式」，気道内圧で設定する「従圧式」，またはガス流量と換気時間で換気量を設定する「時間設定式」のいずれかの方式が採用されている。また，再呼吸バッグの替わりに呼吸回路に伸縮性ベローズを連結するベローズ方式または呼吸回路に連結した蛇管を連結するナフィールド方式に分けられる（図6-13）。ベローズは気密性の高い硬質プラスチックの筒の中に収容され，駆動ガス（多くの場合，医療用酸素）を定期的に硬質プラスチック製の筒内に送り込み筒内圧を上昇させる。これでベローズが圧縮され，ベローズ内の麻酔ガスが気道に供給される（吸気相）。筒内圧が開放され圧が低下すると逆の過程が生じ，肺の弾性反跳によってベローズが再膨張する（呼気相）。ナフィールド方式では，蛇管内に麻酔ガスを流入させ，吸気相では呼吸回路との連結部の反対側から蛇管内に駆動ガスを定期的に送り込んで蛇管内の麻酔ガスを気道へ押し出す。呼気相で

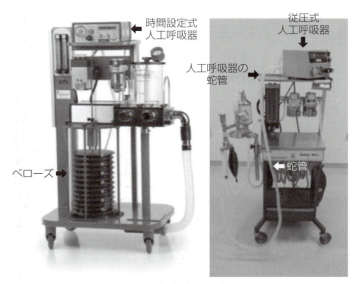

図6-13　麻酔用人工呼吸器

大動物用麻酔器に搭載されたベローズ方式の時間設定式人工呼吸器（左）と小動物に使用されている麻酔器で使用されているナフィールド方式の従圧式人工呼吸器。ナフィールド方式では，人工呼吸器の蛇管の体積が対象となる動物の1回換気量よりも大きくないと駆動ガス（多くの場合酸素）の混入によって呼吸回路内の麻酔ガス濃度が低下する。

は，蛇管内に麻酔ガスが再流入して溜め込まれる。ベローズおよびナフィールド方式では，動物の1回換気量（約15 mL/kg）より大きな体積のベローズまたは蛇管を選択する。ベローズ方式ではベローズ内の麻酔ガスに駆動ガスが接触し混合することはないが，ナフィールド方式では，使用した蛇管の長さが短くその体積が動物の1回換気量よりも小さいと駆動ガスが呼吸回路内に流入し，麻酔ガスが希釈される可能性がある。

(2) 陽圧換気における注意点

　正常な肺では，自発呼吸によって良好に換気できる。自発的な吸気運動は神経系と骨格筋系の機能の統合に依存している。自発呼吸では，胸郭の拡張と横隔膜の伸展によって胸腔体積と胸腔内の陰圧が増大して肺へ空気が引き込まれ（吸気），続いて受動的な本来の肺体積への回復によって吸気されたガスが呼出される（呼気）。調節呼吸では，胸腔と肺を膨らませるために外部からガスを肺へ送り込むことから，吸気時の気道内圧は増大して陽圧を生じる（図6-14）。肺コンプライアンスとは肺の膨らみ易さを示す用語であり，陽圧換気で単位気道内圧あたりどの程度の換気量を得られるかで示される。実際の陽圧換気では，肺とともに胸壁（肋骨，肋間筋や他の軟部組織）を膨らますことから，肺と胸郭の膨らみ易さを示す用語として肺胸郭コンプライアンスが用いられる。例えば，1回換気量500 mLを気道内圧10 cmH₂O得られたとすると，肺胸郭コンプライアンスは500 mL ÷ 10 cmH₂O = 50 mL/cmH₂Oと計算される。一方，気道内圧10 cmH₂Oでは1回換気量300 mLを得られたとすると，肺胸郭コンプライアンスは300 mL ÷ 10 cmH₂O = 30 mL/cmH₂Oと計算され，前者よりも肺が膨らみにくい（肺が硬い）ことを示す。

　自発呼吸下では，胸郭や横隔膜の呼吸運動面に接触する肺領域（末梢肺野，横隔膜）で体積変化が最大になる。一方，陽圧換気では，気管支周囲と肺の縦隔領域が膨らむが，自発呼吸に比較して肺の末梢領

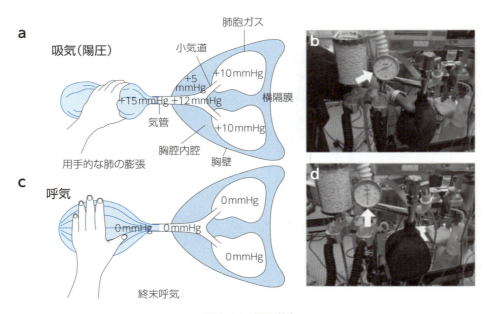

図6-14　陽圧換気
再呼吸バッグを押しつぶして肺にガスを送り込むと陽圧の気道内圧を生じ（a），呼吸回路の圧マノメータは陽圧を示す（bの白矢印）。呼気時には気道内圧が0となり（c），呼吸回路の圧マノメータも0を示している（dの白矢印）。

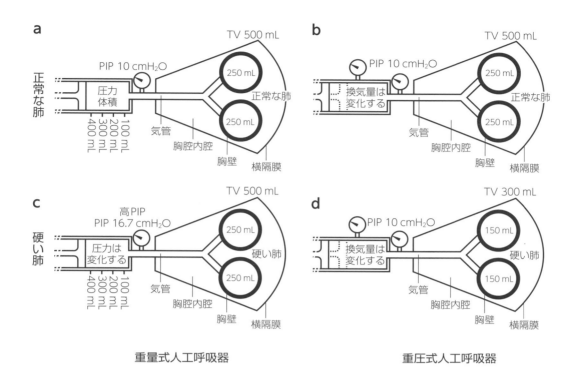

図6-15 従量式人工呼吸器と従圧式人工呼吸器
正常な肺と硬い肺に従量式または時間設定式人工呼吸器で設定した同じ1回換気量(TV, 図中では500 mL)を供給すると, 正常な肺では最大気道内圧(PIP)は10 cmH$_2$Oであるが(**a**), 硬い肺ではPIPは16.7 cmH$_2$Oと高くなっている(**c**)。一方, 正常な肺と硬い肺に従圧式人工呼吸器で設定した同じPIP(図中では10 cmH$_2$O)で換気すると, 正常な肺ではTV 500 mLを得られているが(**b**), 硬い肺ではTV 300 mLに留まっている(**d**)。ちなみに, 本図の正常な肺の肺胸郭コンプライアンスは50 mL/cmH$_2$Oであり, 硬い肺の肺胸郭コンプライアンスは30 mL/cmH$_2$Oとなり, 硬い肺で肺胸郭コンプライアンスが低くなっている。

域は比較的低換気のままである。人工呼吸器を用いた調節呼吸では, 陽圧換気によって気道径が増大して解剖学的死腔の増加を招く。長時間の陽圧換気では, 肺サーファクタントの減少によって肺コンプライアンスが大きく減少し, 肺胞が虚脱して無気肺を生じやすくなる。また, 小気道の閉塞が生じる可能性があり, 換気の分布が変化して換気灌流比の不均衡を生じる可能性もある。

従量式人工呼吸器や時間設定式人工呼吸器では, 換気量を確実に供給することから, 硬くなった肺(肺コンプライアンスが低い)では, 異常に高い気道内圧を生じる危険性がある。一方, 従圧式人工呼吸器では, 硬くなった肺でも設定された気道内圧で換気が終了することから異常に高い気道内圧になる危険はないが, 充分な換気量を得られない危険性がある(図6-15)。

自発呼吸と陽圧換気では, 心血管系機能への影響も大きく異なる。自発呼吸では, 吸気時に横隔膜と肋間筋の収縮によって胸腔内圧が大気圧よりも低くなり, この陰圧によって静脈還流が促進される。一方, 陽圧換気では, 気道や肺内に加わった陽圧が胸腔に伝達され, 静脈還流を妨げ(前負荷の減少), 心拍出量を減少させる可能性がある。調節呼吸下の動物において, 平均気道内圧が持続的に10 mmHg(13.6 cmH$_2$O)を超えている場合, 循環血液量が低下している場合(例:脱水, 出血), 交感神経系活性が低下している場合(例:全身麻酔, 局所麻酔, ショック)には, 心拍出量が減少し血圧が低下する。また, 調節呼吸は静脈還流量と肺血流量を減少し, 換気灌流比のミスマッチを引き起こす場合がある。調

節呼吸における循環系変化は，$PaCO_2$の変化(減少, 増加)によっても引き起こされる。

最小限の循環抑制で効果的な調節呼吸を実施するためには，過剰な換気条件を避けることが重要である。正常な1回換気量は10〜15 mL/kgであり，通常，犬猫では，正常な1回換気量(10〜12 mL/kg)に2〜4 mL/kgを加算して設定し，陽圧換気によって生じる蛇管や上部気道の死腔体積の増加を代償させる。この体積は，馬や牛でさらに大きくなる。分時換気量は1分間あたりにガス交換される体積であり，1回換気量 × 呼吸数で計算できる。正常な肺を適切に膨らませるためには，約15〜20 cmH_2Oの気道内圧または10〜12 mL/kgの換気量が必要である。肺を膨らませるために要求される気道内圧の決定には，肺胸郭コンプライアンスが重要であり，肺胸郭コンプライアンスが低下している動物(硬い肺，機械的圧迫)では適切な1回換気量を得るために高い気道内圧を要する。

自発呼吸の吸気時間は，小動物で1秒，大動物で1.5〜2秒程度である。調節呼吸で吸気時間を長く設定すると，胸腔内圧が上昇している時間が長くなり，胸腔への静脈還流量(前負荷)が減少し，循環抑制が強くなる。したがって，調節呼吸では，吸気時間を小動物で約1〜1.5秒および大動物で2〜3秒以内とし，吸気時間/呼気時間比(I/E比)を小動物で1：2〜1：3および大動物で1：2〜1：4.5とすべきである。例えば，体重500 kgの馬で換気回数を6回/分，吸気時間2秒とすると，1回の換気時間は10秒間，呼気時間8秒間となり，I/E比＝2：8＝1：4となる。

(3) 人工呼吸からの離脱

人工呼吸からの離脱はウィーニングとも呼ばれ，調節呼吸の換気回数の減少，麻酔深度を浅くする，鎮静薬/鎮痛薬および神経筋遮断薬の拮抗，身体操作(動物を転がす，耳を捻る，つま先をつねる)，呼吸刺激剤の投与(ドキサプラム0.2〜0.5 mg/kg IV)などの方法で自発呼吸の再開を促進できる。

4. 麻酔中の循環管理

麻酔中の循環管理には，有効な循環血液量を維持するために実施する静脈内輸液，低血圧を改善するために実施する治療，および不整脈の治療などがある。

(1) 麻酔中の静脈内輸液

全身麻酔の作用を得る目的で用いられるほとんどすべての薬物は，心収縮力の低下と血管内容積の増加を導く血管拡張を引き起こし，結果として相対的な血量減少を生じる。したがって，麻酔中には心拍出量と動脈血圧が低下し易い。また，全身麻酔下での外科的処置が必要となる症例では，体液平衡や酸-塩基平衡の障害や循環血液量の減少を伴う場合もある。麻酔中の静脈内輸液は，適切な循環血液量を効果的に維持し，心拍出量と組織灌流の改善に重要である。

体内の全水分量は体重の55〜75％を占め(若齢動物で多い)，細胞内液と細胞外液に分けられる。細胞外液は血液と間質液で構成され，体重の23〜33％を占める。血液量は体重の8〜10％(約90 mL/kg)であり，血漿と赤血球体積の和にほぼ等しい。細胞外液には大量のナトリウムイオン(Na^+)とクロールイオン(Cl^-)が含まれ，細胞内液には大量のカリウムイオンが含まれる。血漿には，水分と電解質，蛋白(アルブミンなど)，糖蛋白(免疫グロブリン)，およびブドウ糖が含まれ，血漿浸透圧を担っている(正常範囲：280〜300 mOsm/kg)。Na^+やCl^-などの小分子は血管壁や細胞膜を自由に通過するが，アルブミンなどの血漿蛋白は分子量が大きいことから血管壁や細胞膜を通過せず，血管内に水を維持する膠質浸透圧(正常値約28 mmHg)を生じる。麻酔中の輸液には，血漿浸透圧と等張の晶質液(例：乳酸リンゲル液，酢酸リンゲル液，リンゲル液，生理食塩液)やコロイド液(例：6％ヒドロキシルデンプン，10％デキストラン40)が用いられる。晶質液に含まれるNa^+やCl^-などの電解質は血管壁を通過できることから，晶質液は投与後30分程度でその1/3が血管内の血漿水分，2/3が血管外の間質液として分布する。コロイド液は分子量30 kDa以上の大きな分子を含み，これらの分子は血管壁や細胞膜を通過できないことから，投与初期にはそのすべてが血管内に留まる。

麻酔中の静脈内輸液では，静脈カテーテルで血管確保を実施し（「血管確保」の項を参照），輸液セット（20滴／mLまたは60滴／mL）または注射筒を用いて，輸液剤をゆっくりと一定速度でIV投与する。静脈カテーテルの径が大きいほど液体の流れ抵抗が小さく，輸液の投与速度が速くなる。輸液ポンプやシリンジポンプを用いることで，長時間にわたって正確な輸液速度で投与できる。

晶質液の輸液速度は手術中の体液喪失量に依存するが，晶質液の維持投与速度は3～5 mL/kg/時間である。出血による循環血液量喪失に対しては，出血した血液量1 mLに対して晶質液3 mLまたはコロイド液1～1.5 mLを投与することで循環血液量を回復できる。血清総蛋白（TP）濃度3.5 g/dLを下回る，またはHtが20%を下回る場合には，血漿投与または輸血を考慮する。出血による血液量減少性ショックの治療に要する最大輸液量および最大輸液速度は状況によりかなり異なるが，経験的な目安として20～90 mL/kg/時間とされている。血液量減少性ショックの治療では，7%高張食塩液（4～7 mL/kg IV）やコロイド液（5～10 mL/kg IV）を用いても良い。麻酔中の過剰輸液による血液希釈を防止するため，大量輸液を実施した場合にはHtとTPをモニタリングする。

(2) 低血圧を改善するための治療

麻酔中に低血圧（平均血圧＜60 mmHg，収縮期血圧＜80 mmHg）を認めた場合には臓器灌流が適切に維持されていないことから，治療を開始する必要がある。麻酔深度が過剰と判断される場合には，まず，全身麻酔薬の投与量を減量する。麻酔深度が適切である場合には，循環系機能に関する3つの式（循環のモニタリング参照）をもとに低血圧の原因を探り，その治療法を選択する。

動脈血圧は，心拍出量と後負荷で決まることから，心拍出量の増加または後負荷の増大（血管収縮）によって血圧が上昇する。心拍出量は，1回拍出量と心拍数で決まることから，心拍数または1回拍出量の増加で心拍出量が増大する。1回拍出量は，前負荷（左心室への静脈還流量）の増加，心臓の拡張性増大，心臓の収縮力増大，および後負荷の低下で増加する。しかし，後負荷を低下させると，同時に低血圧を引き起こす。後負荷を増大させると血圧は上昇するが，1回拍出量の減少により心拍出量が減少し，血圧の改善を得られない可能性がある。また，心臓の拡張性は，心タンポナーデや心臓周囲の腫瘍，肥大性心筋症などの疾患がない限り通常制限されることはない。したがって，麻酔中の低血圧を改善する手段には，心拍数増加，前負荷の増加，心収縮性の増加があり，充分な心拍出量が維持されている状況において後負荷を注意して増大させる。

低血圧を認め，同時に心拍数が正常範囲より低い場合や徐脈を示す場合には，心拍数の増加で対応する。抗コリン作動薬のアトロピンの投与でムスカリン受容体を遮断して副交感神経緊張を緩和し，交感神経系の相対的活性を高めて心拍数を増加させ，心拍出量の改善を図る。この際，希釈したアトロピン（例：0.05 mg/mL）を少しずつ投与し，適切な心拍数増加を得られたところで投与を中止するタイトレーション投与によって頻脈を防止することが好ましい。

低血圧を認め，心拍数が正常または高い場合には，1回拍出量を増加させて対応する。1回拍出量は，前負荷の増大または心収縮性の増大によって増加を図る。術前検査で心機能に異常を認めなかった場合や循環血液量の低下が考えられる場合（例：出血，血管拡張，充分に補正されていない脱水）には，コロイド液5～10 mL/kg IV（最大20 mL/kg/日）または晶質液10～20 mL/kg IVを投与して前負荷を増大させる。この前負荷の増大によっても血圧の改善が得られない場合には，β_1-アドレナリン受容体への選択性が高いドブタミンまたはドパミンを持続静脈内投与（3～10 μg/kg/分）して心収縮力の増大を図る。これらの治療（前負荷と心収縮力の増大）を実施しても血圧が改善しない場合には，心拍出量が改善していることを確認して，エフェドリン（0.05～0.1 mg/kg IV）やフェニレフリン（0.05～0.1 mg/kg IV）の投与によって血管収縮させ，血圧改善を図る。日常診療では，心拍出量の測定は一般的ではないが，調節呼吸下で分時換気量を一定にして前負荷や心収縮力の増大を図る治療を実施した際に，治療後にカプノメータで$PETCO_2$値の上昇を確認できた場合には肺への静脈還流の増大を示唆しており，心拍出量が増大したと判断できる。

術前検査で心機能に異常を認めた症例では，心不全に対する代償反応(交感神経緊張増加，血管収縮，尿細管でのNa^+再吸収による循環血液量の増加)が様々な程度で生じている可能性があり，循環血液量が増加している可能性が高い。このような症例において，心拍数が正常〜増加で低血圧が生じた場合には，まず，心収縮性の増大(ドブタミンまたはドパミンの持続静脈内投与)によって1回拍出量の増大を図る。この治療でも低血圧が改善されない場合には，慎重に前負荷の増大(コロイド液2.5〜5 mL/kg IVなど)を図る。

(3) 不整脈の治療

不整脈の頻度が多く血圧低下を認めている場合(例：第二度房室ブロック，心室性早期拍動など)や致死的な不整脈を認めている場合(例：心室性頻拍，多元性の心室性早期拍動，補充調律など)には，薬物治療を実施する(図6-16)。例えば，低血圧を伴う洞性徐脈は抗コリン作動薬のアトロピンをタイトレーション投与で用いて治療する。第三度房室ブロックや発生頻度が高く血圧低下を招いている第二度房室ブロックもアトロピン投与で治療する。補充収縮や補充調律もアトロピン投与で治療するが，補充収縮ではエピネフリン投与(0.01 mg/kg IV)による交感神経刺激が必要となる場合もある。頻度の高い心室性早期拍動，多元性の心室性早期拍動VPCや二段脈などはNa^+チャネル遮断薬のリドカイン投与(犬で1〜2 mg/kg IV，猫で0.5〜1 mg/kg IV)で治療する。上室性頻拍は，$β_1$-遮断薬のエスモロール投与(10〜50 μg/kg/分 IV)で治療する。

5. 体温管理

(1) 体温調節機構

体温調節は，中枢性および末梢性機構による複雑な制御機構であり，環境や治療操作によって容易に影響を受ける。麻酔下の動物の異常体温は，麻酔薬に関連した作用，環境要因，および静脈内輸液に使用した輸液剤の温度，投与量，および投与速度によって引き起こされる。体温調節にかかわる主な臓器には，CNS，心血管系，呼吸器系，骨格筋系，および皮膚がある。温冷感受容機能は，皮膚内や皮膚下に位置しており，温度情報は末梢神経のA-δ線維またはC線維によって脊髄に伝達され，求心性経路は外側脊髄視床路を通って視床下部の体温中枢に達し，遠心性経路は視床下部からα運動神経の末端へ伸びている。体温変化に対する初期反応は血管に生じる(体温を保持するために血管収縮，体温を放散するために血管拡張)。これらの反応は$α_1$-および$α_2$-受容体を介して制御され，$α_2$-受容体は末梢組織において動静脈短絡の制御に重要な役割を担う。

(2) 低体温

体温損失の機序には，放散(周囲の空気への熱損失)，伝導(体に直接触れている物への直接的な熱損失：冷えた手術台，冷えた輸液剤や血液製剤の注入，冷えた液体を用いた洗浄)，対流(体に直接接触していない冷えた物による熱損失：冷えた手術室の壁，換気，体表面に当たっている空気の対流)，および蒸発(皮膚や肺からの水分損失による熱損失：外科的に準備された術野の皮膚，露出した胸膜や腹膜，気道)がある(図6-17)。低体温は，熱損失が熱産生より大きくなった場合に生じる。最も一般的な周術期体温異常は，全身麻酔中に生じる無意識下の低体温であり，熱損失は麻酔時間の延長に応じて大きくなる。熱損失の速度は，動物の種類，体重，現在の体温，および体脂肪率に関連しており，小動物では体質量が小さく体表面積が大きいことから一般的に低体温が生じやすい。また，体脂肪の増加は熱損失速度の低下に関連している。

麻酔中には，麻酔薬による血管拡張，CNS抑制による代謝低下，骨格筋活性の低下による熱産生低下，外科的処置中の体腔の開放(開腹術，開胸術)，室温の液体を用いた体腔内洗浄や静脈内輸液によって体温が低下する。麻酔中の体温低下は，典型的に第Ⅲ相で生じる(図6-18)。第Ⅰ相は，初期の急速な体温低下であり，熱の再分配によって全身麻酔の最初の1時間で深部体温は1〜1.5℃低下する。第Ⅱ相は，

6章　周術期管理

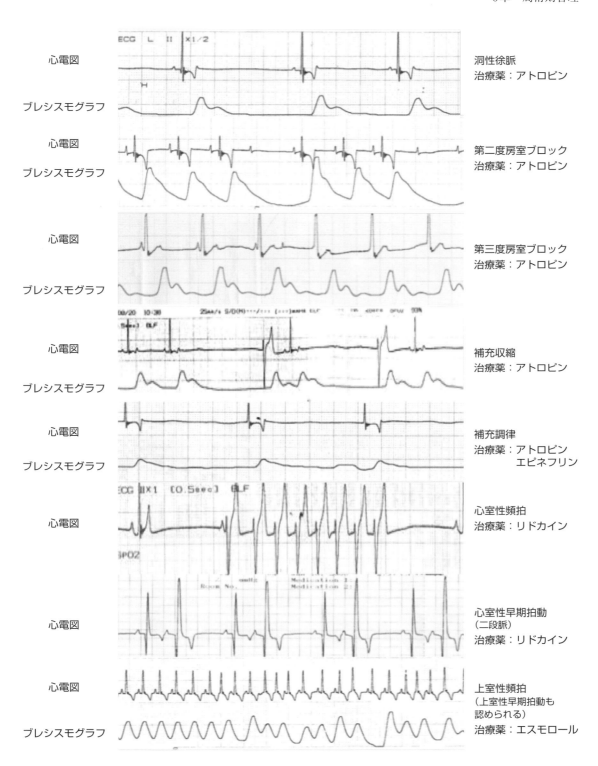

図6-16　代表的な心不整脈と治療薬

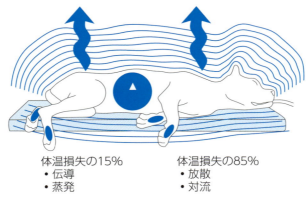

図6-17　体温損失の機序

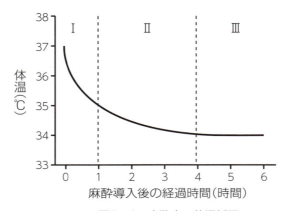

図6-18　麻酔中の体温低下

直線的でゆっくりとした体温低下であり，熱損失は代謝による熱産生より大きくなり，2～3時間かけてゆっくりと低下する．第Ⅲ相は，低体温安定期であり，熱損失と熱産生が同等となった時点で安定期となり，3～5時間後に深部体温の低下が止まる．

体温が約0.2℃低下した時点で交感神経が活性化され，末梢血管収縮が生じるが，全身麻酔下ではこの反応が弱まることから，急速に体温が低下する．また，血管拡張作用のある麻酔薬（例：吸入麻酔薬，プロポフォール，アセプロマジン）の使用によって急激な体温低下を生じる．低体温では，代謝酵素の活性抑制によって薬物動態が変化し，多くの薬物でその作用が延長増強する（とくにオピオイドや神経筋遮断薬で顕著）．吸入麻酔薬の最小肺胞濃度（MAC）は体温低下に伴って減少する．低体温では，血小板機能の障害，血液凝固因子酵素の機能低下，線溶作用の増加によって血液凝固が障害される．低体温によってヘモグロビン-酸素解離曲線は左方にシフトし，低いPaO_2でもSaO_2が高くなる．低体温では，心機能低下によって心拍出量が減少し，心興奮性の増大によって心不整脈が生じる．また，低体温ではカテコラミンやアトロピンなどの循環治療薬のほとんどで効果が顕著に低下する．低体温では，血管収縮によって組織酸素分圧が低下し，好中球阻害によって免疫機能が障害され，創傷感染を生じ易くなる．低体温では，震えによって酸素消費量と二酸化炭素産生が増大する．侵害刺激に対する感受性は，体温低下初期に交感神経活性の増大に関連して増大するが，体温低下が進行すると神経伝導の減少に関連して低下し，皮膚温が4℃以下になると局所麻酔作用を生じる．

低体温の症例を復温する方法には，CNS抑制薬の拮抗（例：ナロキソンでオピオイドを拮抗する，フルマゼニルでベンゾジアゼピンを拮抗する，$α_2$-作動薬をアチパメゾールで拮抗する），受動的な復温（例：

毛布で覆う，四肢にブーツや靴下を履かせるかセロファンで覆う），および能動的な復温がある。能動的な復温の方法としては，呼吸回路の吸気肢内への加湿器の設置，温水循環ブランケットの使用，温水を満たしたラテックス製手袋などが推奨される。一方，温めた輸液剤をゆっくりと投与しても輸液ライン内で温度が下がってしまうので，復温の効果はなく，輸液加温装置を用いる場合には最大限の効果を得るために動物の近くに配置すべきである。電気毛布は火傷を生じることがあり，復温には推奨されない。体外血液加温は侵襲的であり，実用的ではない。温めた液体を用いた体腔洗浄や経口胃チューブによる胃洗浄は侵襲的であり，重度で致死的な低体温を示している動物のみに推奨される。複数の復温法を併用することでより良い効果を得られる。

(3)高体温

高体温(深部体温39℃以上)は熱産生が熱損失を上回ると生じる。39〜42℃の高体温では臓器障害を防止するために冷却が必要であり，42℃以上の高体温では恒久的な臓器障害が生じ得る。高体温の原因には，感染，炎症，ヒスタミン放出(例：薬物投与，肥満細胞腫の操作)，薬物(例：猫ではモルヒネやフェンタニルが高体温発生に関連している)，医原性因子(偶発的な過剰加温：加温パッド，暑い環境，温風加温器)，および悪性高熱がある。悪性高熱は，麻酔中に骨格筋代謝の増大による急激な体温上昇(5分で1℃程度)を認める臨床症候群であり，致死率が高い。悪性高熱では，常染色体劣性遺伝が指摘されている。イソフルラン，ケタミン，およびサクシニルコリン等の使用による悪性高熱が豚で報告されているが，犬猫における報告は稀である。

高体温の臨床徴候には，筋硬直，横紋筋融解症，高カリウム血症，およびアシドーシスがある。高体温を認めた時には，酸素吸入して，積極的に冷却する(冷水またはアルコールを皮膚にかける，室温の輸液剤を静脈内輸液する)。冷却した輸液剤の投与，冷却した液体を用いた胃洗浄，冷却した液体を用いた腹腔洗浄，冷却した液体を用いた浣腸，または冷水浴などを実施する場合には，過剰に冷却しないように注意する。その他，非ステロイド系抗炎症薬，中枢性筋弛緩薬(例：ジアゼパム，ミダゾラム，グアイフェネシン)，および血管拡張作用にある薬物(例：アセプロマジン)を投与しても良い。

6. 術後疼痛管理

外科手術による組織損傷は動物に痛みを生じ，適切に治療されなければ痛みによってストレス反応が引き起こされ，動物の福祉は脅かされる。一般的に，外科手術に関連する痛みは組織損傷の程度が大きいほど強い。上腹部の外科手術は体表の小腫瘤切除術よりも痛みが強く，整形外科手術は重度で長く持続する痛みを生じる。去勢術や避妊手術などの日常的な外科手術でも痛みが生じる(表6-5)。術前に外科手術によって引き起こされる術後疼痛の程度を予測し，痛みのレベルに応じて麻酔・疼痛管理プロトコールを計画する。術後には，定期的に術後疼痛の程度を評価し，痛み治療の効果を判定して必要に応じて追加鎮痛を実施する(図6-19)。

術後疼痛の治療効果と全身麻酔の安全性を高めるため，周術期に疼痛管理を実施する。痛みの防止および麻酔の安全性を高めるには鎮痛薬の投与時期が重要であり，痛みの刺激が加わる前に鎮痛薬を投与

表6-5 伴侶動物に予想される術後疼痛の程度

痛みのレベル	外科手術の例
最も痛い	開胸術，断脚術，全耳道切除術，骨盤骨折整復術，頸部椎間板手術，腎臓摘出術
中等度〜重度	乳房切除術，下顎骨切除術，胸腰椎椎間板手術，大腿骨/上腕骨の骨折整復術，前腹部の手術
軽度〜中等度	気管切開術，耳血腫手術，後腹部の手術，歯石除去，抜歯，橈骨/尺骨/脛骨/腓骨の骨折整復術

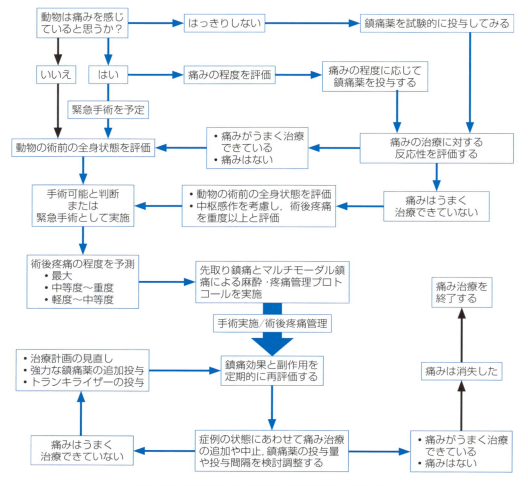

図6-19　周術期における疼痛管理のアルゴリズム

する「先取り鎮痛」が効果的である．また，作用機序の異なる複数の鎮痛薬を併用する「マルチモーダル鎮痛」によって，鎮痛薬による副作用を増大することなく鎮痛効果を増強できる．また，痛みが消失していても少なくとも術後24時間まで痛み治療を継続する．

　動物は痛みを感じているが，その表現は年齢，動物種，および個体によって差があり，外敵から自身を保護するために痛みを表現しないこともある．つまり，術後に痛みを表現していない動物でも痛みによるストレス反応が生じている可能性がある．同じ外科手術を実施しても，その痛みの程度や表現は個体によって異なる．大きな個体差のある痛みを適切に治療するためには，個体に応じた治療が必要である．そのためには，定期的に痛み治療の効果判定と修正（継続，追加，停止）を実施する必要があり，痛みの評価が重要である．動物の術後疼痛管理では，ペインスケール（図6-20）を用いてバイタルサインの一つとして痛みの程度を可能な限り定期的に評価する．とくに，麻酔終了から術後3時間目までは動物の全身状態とともに注意深く痛みの程度を評価する．

　「痛み」や「不快感」，動物病院の慣れない環境は，動物に不安を引き起こし，この不安が痛みを増大させる．入院症例では，動物が快適に過ごせる柔らかい寝床と温かで清潔な環境を準備し，適切な看護とやさしい取り扱いによって不安をできる限り小さくする．

レベル0	レベル1	レベル2	レベル3	レベル4
痛みの徴候はみられない	ケージから出ようとしない	痛いところをかばう	背中を丸めている	持続的になきわめく
	逃げる	第3眼瞼の突出	心拍数増加	
	尾の振り方が弱々しい，振らない	アイコンタクトの消失	攻撃的になる	全身の強直
	人が近づくと吠える	自分からは動かない（動くよう促すと動く）	呼吸が早い	
	反応が少ない	食欲低下	間欠的に唸る	間欠的になきわめく
	落ち着かない，そわそわ	じっとしている（動くよう促しても動かない）	間欠的に鳴く	
	寝てはいないが目を閉じている	術部に触られるのを嫌がる	体が震えている	持続的に鳴く
	元気がない	耳が垂れたり，平たくなっている	額にしわを寄せた表情	持続的に怒る
判定レベル：	動きが緩慢	立ったり，座ったり	体に触れたり，動かそうとしたりすると怒る	食欲廃絶
	尾が垂れている		流涎	散瞳
	唇を舐める		横臥位にならない	眠れない
	術部を気にする，舐める，咬む		過敏	
	ケージの扉に背を向けている		術部を触ると怒る	

図6-20　犬の急性痛ペインスケール

第7章　動物種と麻酔

> 一般目標：動物種による生理学的特性の違いを理解し，それぞれの動物における麻酔法について理解する。

> 到達目標：1）馬の麻酔処置と手技を説明できる。
> 2）反芻動物の麻酔処置と手技を説明できる。
> 3）犬の麻酔処置と手技を説明できる。
> 4）猫の麻酔処置と手技を説明できる。
> 5）豚の麻酔処置と手技を説明できる。
> 6）実験動物の麻酔処置と手技を説明できる。

1. 馬の麻酔

　馬は神経質で興奮しやすい動物であり，その外科処置や診断検査では人と馬の安全を確保するために鎮静や全身麻酔を必要とする場合が多い。一方，馬では，麻酔関連偶発死亡例（原因に関わらず全身麻酔後に死亡した症例）の発生率が1～2％に上り，麻酔導入と麻酔回復の時期に事故が発生する危険性が高い。馬では，全身麻酔を安全に行う上で鎮静薬や麻酔薬の効果を適切に予測できることが重要である。馬の全身麻酔の安全性を高めるためには，麻酔導入前の適切な鎮静，麻酔導入室での速やかな麻酔導入，麻酔維持における正常な心肺機能の維持，そして麻酔回復室での穏やかな麻酔回復が必要である。

　馬の全身麻酔において生じ易い合併症には，低血圧（平均血圧60 mmHg未満），低換気（動脈血二酸化炭素分圧〈$PaCO_2$〉55 mmHg以上），低酸素血症（動脈血酸素分圧〈PaO_2〉60 mmHg未満，100％酸素の吸入ではPaO_2 150 mmHg以上であるべき），徐脈（心拍数25回／分未満），心不整脈，不適切な麻酔深度，代謝性アシドーシス，上部気道閉塞，覚醒不良または覚醒遅延，覚醒期の極度の筋衰弱，神経障害および筋障害などがある。これらの麻酔合併症を最小限にするため，精度の高い麻酔モニタリングで早期に異常を検出し，適切に対応する必要がある。

(1) 麻酔前の評価と術前準備（第6章「周術期管理」を参照）

　麻酔前には，馬の病歴ならびに薬物の服用歴を確認し，身体検査および血液検査などで術前の全身状態を評価する。術前の身体検査では，馬の年齢，体重，性別，体型，健康状態，気性，および疾患の状態を確認するとともに，心肺機能に重点を置いた検査を実施する。体重計または胸囲測定で体重を計測し，馬の用途（例：競走馬，調教中の若駒，繁殖牝馬，種牡馬，重種馬など）およびボディ・コンディションを確認する（第6章「周術期管理」図6-1参照）。馬に跛行や運動失調がある場合はその程度を確認する。術前の全身状態，予定されている外科手術に要する時間，術後疼痛の程度，および予想される合併症を確認し，麻酔計画を立てる。

　馬では，子馬を除いて，術前4～8時間絶食させるが，麻酔前投薬の直前まで自由飲水とし絶水はしない。体躯にブラシをかけ，湿らせた布で拭き取り，鱗屑や汚れを除去する。また，蹄も洗浄し清潔にする。外傷防止のため，蹄鉄を外すか布テープやパッドで保護する。馬の血管確保には頸静脈を用い，成馬では14 G長さ5.25インチの静脈カテーテルを留置する（図7-1）。口腔内に残った食渣の誤吸引を防止するため，麻酔導入前に口腔内を水で洗浄する。可能な限り麻酔前に術野の準備（剪毛と洗浄）を行い，麻酔時間の短縮を試みる。これらの術前準備には馬の鎮静が必要となる場合もある。

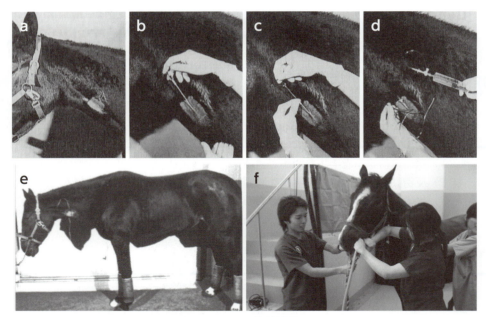

図7-1 馬の術前準備
馬の血管確保には頸静脈を用い，成馬では長さ5.25インチの14Gカテーテルを留置し（a→d），ナイロン糸で皮膚に縫合固定する（e）。また，麻酔導入までに水で口腔内を洗浄する（f）。

（2）麻酔前投薬

　麻酔導入の5～30分前に麻酔前投薬を実施するが，馬が重度の跛行を示す場合には，麻酔導入室へ移動させるまで鎮静しない。馬の麻酔前投薬には$α_2$-作動薬の静脈内投与（IV）または筋肉内投与（IM）が広く用いられており，わが国ではキシラジン（0.4～1 mg/kg IV，1～2 mg/kg IM）またはメデトミジン（5～10 μg/kg IV，10～20 μg/kg IM）が用いられている。いずれもIV投与後2～3分以内，IM投与後10～15分で鎮静効果が得られ，頭部下垂や口唇の緩みを認め，雄馬では陰茎が露出する。鎮静効果は，キシラジンではIV投与で30分間，メデトミジンではIV投与で45～60分間程度持続し，洞性徐脈，房室ブロックを認めることがある。

（3）麻酔導入

　馬の麻酔導入は「倒馬」とも呼ばれ，静かに沈んでいくように「倒馬」するため，$α_2$-作動薬を用いた麻酔前投薬によって充分な鎮静を得た状態で注射麻酔薬（例：ケタミン，チオペンタール，プロポフォール，アルファキサロン）をIV投与する。また，麻酔導入時に筋弛緩を追加して倒馬をより円滑にするため，中枢性筋弛緩作用を持つ薬物（例：ジアゼパム，ミダゾラム，グアイフェネシン）を併用することもある。子馬では，経鼻気管チューブまたはマスクを用い，揮発性吸入麻酔薬（例：イソフルラン，セボフルラン）を高濃度で吸入させることで麻酔導入できる。より安全に「倒馬」するために，スイングドアなどの特別な設備を備えた診療施設もある（図7-2）。

a. ケタミン

　$α_2$-作動薬で鎮静を得た状態で，ケタミン（1.5～2.0 mg/kg）をジアゼパムまたはミダゾラム（0.04～0.1 mg/kg）とともに混合IV投与する。これによって10～15分間の短時間の全身麻酔を得られる。ケタミン投与後には，無呼吸パターン（息こらえ）が誘発される場合がある。

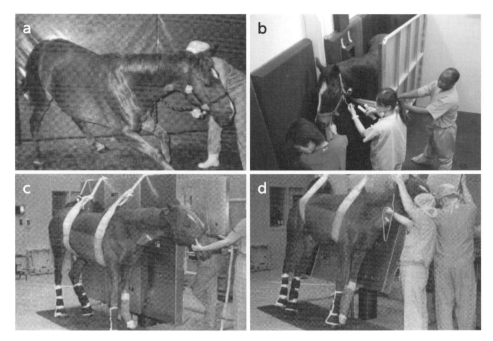

図7-2 馬の麻酔導入

馬の麻酔導入は，別名「倒馬」と呼ばれる。静かに沈んでいくように安全にスムーズに「倒馬」するため，馬の麻酔導入では注射麻酔薬と中枢性筋弛緩作用を持つ薬物が静脈内投与で併用される。「倒馬」法には，フリーフォール法(a)，スイングドア法(b)，チルティングテーブル法(c, d)などがある。

b. チオペンタール

α_2-作動薬で鎮静を得た状態で，チオペンタール(2〜5 mg/kg)をIV投与して麻酔導入するか，5％グアイフェネシン溶液にチオペンタール5 mg/mLで混合して効果が得られる(倒馬する)までIV投与する。チオペンタールは用量依存性に比較的強い心肺抑制を引き起こし，一時的に無呼吸になることがある。

c. プロポフォール

α_2-作動薬で鎮静を得た状態で，プロポフォール(2〜5 mg/kg)をIV投与して麻酔導入する。プロポフォールでは，倒馬後に馬が横になったままで約1分間程度パドリングすることがある。また，プロポフォールは用量依存性に比較的強い心肺抑制を引き起こし，一時的に無呼吸になることがある。

d. アルファキサロン

α_2-作動薬で鎮静を得た状態で，アルファキサロン(1〜3 mg/kg)をIV投与して麻酔導入する。プロポフォールやチオペンタールに比較して，アルファキサロンによる呼吸抑制は少ない。

e. グアイフェネシン

中枢作用性筋弛緩薬であり，馬や牛の全身麻酔において，筋弛緩作用を増強するために併用される。わが国では，試薬を購入して5％ブドウ糖液で5〜10％のグアイフェネシン溶液を自家調整滅菌する必要がある。ケタミン，チオペンタール，プロポフォール，またはアルファキサロンによる麻酔導入前に，グアイフェネシン溶液(50〜100 mg/kg)をIV投与するか，これらの注射麻酔薬との混合投与が可能であり，その作用時間は15〜25分間程度である。グアイフェネシン(50〜100 mg/kg)による中枢性

の筋弛緩作用は，ベンゾジアゼピン化合物のジアゼパム（0.04～0.1 mg/kg）やミダゾラム（0.04～0.1 mg/kg）で代用できる。

(3) 気管挿管

馬は，盲目的に気管挿管できる（図7-3）。気管挿管では，できるだけ大きなサイズの気管チューブを選択する（サラブレッド種の成馬で内径20～26 mm，重種馬の成馬で内径26～30 mm）。2種類のサイズ（想定されるサイズとひと回り小さいサイズ）の気管チューブおよび開口器またはバイトブロックを準備する。気管チューブのカフに注射筒（25 mL, 50 mL）で空気を入れて膨らまして漏れをチェックし，カフの空気を抜いて，滅菌潤滑剤を気管チューブに塗布する。ポリ塩化ビニール製配管パイプをバイトブロックとして上下切歯の間に噛ませ，頭頸部を伸展させる。舌根上に沿うようにして気管チューブを咽頭へ押し進め，気管挿管する際に気管チューブを回転させながら進める。うまくいかない場合にはこれを繰り返す。呼気ガス中の水蒸気による気管チューブの曇りや呼吸に伴う空気の動きを手で感じることで，気管チューブが気管内に入っていることを確認する。気管挿管では，気管チューブが胸腔内まで届かないように注意する。気管挿管後，注射筒で気管チューブのカフを膨らませるが，気管損傷を最小限とするため，カフの過剰膨張に注意する。馬では，経口的気管挿管に用いる気管チューブより1～2サイズ小さな気管チューブを経鼻的に気管挿管できる（例：口腔の外科手術）。

(4) 全身麻酔下のポジショニング

全身麻酔下の馬は，充分なマットを施した手術台の上にポジショニングし，四肢や頭頸部の過伸展を防いで神経筋障害の発生を最小限にする。また，頭絡を外して顔面神経麻痺を防ぐ。側臥位の場合には，

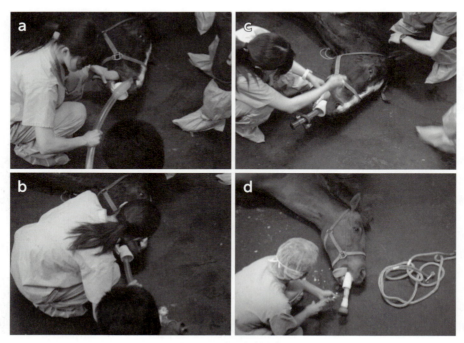

図7-3　馬の気管挿管

馬は盲目的に気管挿管できる。バイトブロックを上下切歯の間に噛ませ，頭頸部を伸展させる（a）。舌根上に沿うようにして気管チューブを咽頭へ向け押し進める（bおよびc）。気管挿管完了後，注射筒で気管チューブのカフを膨らませる（d）。

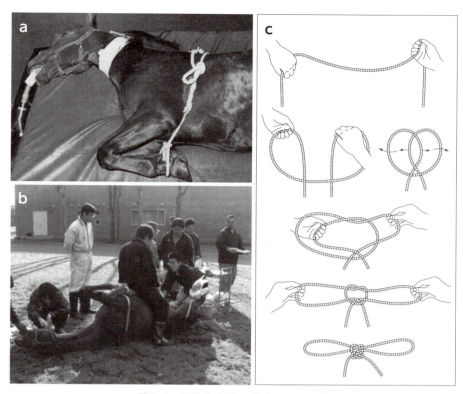

図7-4　麻酔中の馬のポジショニング

麻酔中の馬は，充分なマットを施した手術台の上にポジショニングする(a)。野外での全身麻酔（フィールド麻酔）で去勢術などを実施する場合には，草地など地面の柔らかい場所に馬をポジショニングする(b)。麻酔中には，麻酔深度が浅くなった場合の馬の体動に対応できるように前肢をロープで拘束しておく(a, b)。その際，左右の前肢に通すロープの輪の結び方を(c)に示した。

下側の前肢を頭側へ引き出し，上側の前肢による下側の三頭筋への体重負荷を最小限にすることで下側肢の神経筋障害（例：橈骨神経麻痺）を防ぐとともに，後肢の間にマット等を挟んで地面に対して左右の後肢が平行になるようにして股関節への負担を軽減する。馬では，麻酔深度が浅くなると，まず眼球振盪を認めるが，眼球振盪の発現を見落としてさらに麻酔深度が浅くなると，前肢を動かし始める。そこで，麻酔中には，ロープを用いて前肢を拘束しておくことが推奨される（図7-4）。

(5) 麻酔維持

目的とする検査処置に要する麻酔時間に応じて，麻酔維持の方法を選択する。例えば，短時間（30分以内）の麻酔時間であれば，α_2-作動薬を用いた麻酔前投薬と注射麻酔薬のIV投与による麻酔導入のみ，または麻酔導入に用いた注射麻酔薬の追加投与による全静脈麻酔（TIVA）で麻酔維持できる。中等度の麻酔時間（30〜90分間）であれば，グアイフェネシン-ケタミン-キシラジンの混合液を持続IV投与（CRI）するTIVA（トリプルドリップ法）やイソフルランまたはセボフルランを用いた吸入麻酔で麻酔維持する。長時間麻酔（120分以上）は，吸入麻酔やプロポフォールを用いたTIVAで麻酔維持する。中等度-長時間の全身麻酔では，麻酔中の循環血液量を維持するために晶質液を静脈内輸液し（例：乳酸リンゲル液5 mL/kg/時間），気管挿管して酸素吸入するとともに，調節呼吸ができる体制を整えておくべきである。また，外科手術などの痛みを伴う処置では，局所ブロックや鎮痛薬（例：オピオイド，α_2-作動薬，ケタミン，リドカイン）の全身投与によって適切な鎮痛効果を得る必要がある。

a. 短時間（30分以内）の全静脈麻酔

検査や処置が15分程度で終わる場合に有用なTIVAの例を以下に示す。これらのTIVAは野外のフィールド麻酔としても利用できる。

- **キシラジン-ジアゼパム-ケタミン**：麻酔前投薬としてキシラジン1.1 mg/kg IVを投与し，その3～5分後にケタミン2.2 mg/kgおよびジアゼパム0.04 mg/kgを混合IV投与する。これによって馬は円滑に倒馬され，約15分間の全身麻酔を得られ，麻酔導入後35分程度で起立する。ケタミンの追加投与（0.5～1 mg/kg IV）で麻酔時間を延長できる。キシラジンをメデトミジン（5～10 µg/kg），ジアゼパムをミダゾラム（0.04 mg/kg）に置き換えても同様の麻酔効果を得られる。

- **キシラジン-グアイフェネシン-ケタミン**：麻酔前投薬としてキシラジン1.1 mg/kg IVを投与し，その3～5分後に5％または10％グアイフェネシン溶液を馬が顕著なふらつきを示すまで静脈内投与する（グアイフェネシン35～50 mg/kg，10％溶液で350～500 mL）。その後，ケタミン2.2 mg/kgをボーラスIV投与する。または，10％グアイフェネシン1,000 mLにケタミン1～2 gの割合で混合し，この混合液を効果が得られるまで（to effect：この場合は倒馬するまで）IV投与する。これによって馬は円滑に倒馬され，40～60分で起立する。麻酔効果は前述のキシラジン-ジアゼパム-ケタミンとほぼ同様である。

- **キシラジン-グアイフェネシン-チオペンタール**：麻酔前投薬としてキシラジン1.1 mg/kg IVを投与し，その3～5分後に5％または10％グアイフェネシン溶液を馬が顕著なふらつきを示すまでIV投与する。その後，チオペンタール5 mg/kgをボーラスIV投与する。または，5％グアイフェネシン500 mLにチオペンタール1 gの割合で混合し，この混合液を倒馬するまでto effect IV投与する。これによって馬は円滑に倒馬され，30～40分で起立する。

b. 中等度の時間（30～90分）の全静脈麻酔

30～60分間を要する外科手術に有用なTIVAの例を以下に示す。これらのTIVAは野外のフィールド麻酔としても利用できるが，自発呼吸で低酸素血症を生じる可能性があることから，気管挿管して酸素吸入することが推奨される。

- **グアイフェネシン-ケタミン-キシラジンTIVA（トリプルドリップ法）**：麻酔前投薬としてキシラジン1.1 mg/kg IVを投与し，ケタミン2.2 mg/kg IVで麻酔導入する。続いて，グアイフェネシン（100 mg/mL）-ケタミン（2 mg/mL）-キシラジン（1 mg/mL）混合液を1～1.5 mL/kg/時間CRIで投与して麻酔維持する。麻酔時間が60分間程度であれば，混合液の投与中止後30～50分で馬は起立する。しかし，麻酔時間が60分以上になると麻酔回復が延長し，質が悪くなる。

- **ミダゾラム-ケタミン-メデトミジンTIVA**：麻酔前投薬としてメデトミジン5 µg/kg IVを投与し，ケタミン2 mg/kgとミダゾラム0.04 mg/kgを混合IVで麻酔導入する。続いて，ミダゾラム（0.8 mg/mL）-ケタミン（40 mg/mL）-メデトミジン（0.1 mg/mL）混合液を0.1 ml/kg/時間CRIで投与して麻酔維持する。麻酔時間が60分間程度であれば，混合液の投与中止後30分程度で馬は起立する。

c. 長時間（120分以上）の全静脈麻酔

馬において，120分以上の延長したTIVAに適した薬物動態を有する注射麻酔薬には，プロポフォールとアルファキサロンがある。現状で馬のTIVAに臨床応用されているのはプロポフォールであり，アルファキサロンに関しては研究段階にある。プロポフォールの持続静脈内投与に，オピオイド，α_2-作動薬，ケタミン，リドカインなどの持続静脈内投与を組み合わせたTIVAが報告されている。プロポ

フォールを用いた長時間のTIVAでは，気管挿管と陽圧換気による調節呼吸が必要であり，観血的血圧測定と動脈血の血液ガス分析による侵襲的な麻酔モニタリングが推奨される。

- **メデトミジン-プロポフォール TIVA**：麻酔前投薬としてメデトミジン7 μg／kg IVを投与し，ケタミン2 mg／kg IVで麻酔導入する。続いて，メデトミジン3.5 μg／kg／時間CRIおよびプロポフォール0.1〜0.11 mg／kg／分CRIで投与して麻酔維持する。本麻酔法を臨床応用した検討では，麻酔時間46〜225分間で麻酔終了後12〜98分に馬は起立した。
- **メデトミジン-リドカイン-ブトルファノール-プロポフォール TIVA**：麻酔前投薬としてメデトミジン5 μg／kgおよびブトルファノール0.02 mg／kgを混合IV投与し，プロポフォール3 mg／kgおよびリドカイン1 mg／kgを混合IV投与して麻酔導入する。続いて，メデトミジン3.5 μg／kg／時間-リドカイン3 mg／kg／時間-ブトルファノール24 μg／kg／時間CRIおよびプロポフォール0.1〜0.15 mg／kg／分CRIで投与して麻酔維持する。本麻酔法を臨床応用した検討では，麻酔時間57〜195分間の麻酔終了後27〜95分で馬は起立した。

d. 吸入麻酔（第4章「全身麻酔」を参照）

中等度-長時間の馬の全身麻酔には，α_2-作動薬を用いた麻酔前投薬と注射麻酔薬による麻酔導入に続いて，吸入麻酔での麻酔維持が広く応用されている。わが国では，揮発性吸入麻酔薬のイソフルランやセボフルランが酸素をキャリアガスとして馬の吸入麻酔に用いられている。馬における最小肺胞濃度（MAC）は，イソフルランで1.31％，セボフルランで2.34％であり，外科麻酔の維持にはイソフルラン1〜3％，セボフルラン 2〜5％の吸入濃度で用いられている。イソフルランやセボフルランは用量依存性の呼吸循環抑制を持つことから，馬の吸入麻酔では調節呼吸やドブタミン投与が必要となる場合が多い。

馬の吸入麻酔では，大動物用の大型の麻酔器が必要となる（図7-5）。また，気管挿管による気道確保が不可欠である。再呼吸バッグは，1回換気量の5倍以上の大きさが必要であり，成馬では15〜30Lが標準サイズとなる。一般的に，馬などの大動物では再呼吸回路を閉鎖回路で用いることから，麻酔深度が安定している時には新鮮ガス流量を酸素消費量（3〜5 mL／kg／分）としても十分であるが，麻酔導入時や急速な吸入麻酔濃度の上昇が必要となる場合には高い流量が必要となるために吸入麻酔薬の使用量が多くなる。したがって，長時間に及ぶ全身麻酔では，酸素残量の確認がより重要となり，麻酔中に気化器への揮発性吸入麻酔薬の再充填が必要となることもある。また，大量の麻酔ガスによる診療環境の汚染と診療スタッフへの暴露を防止するため，余剰ガス排気システムの設置と動作確認が必要である。

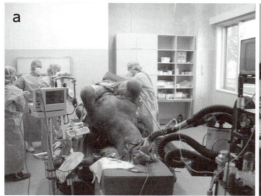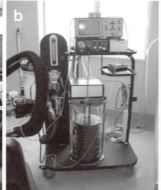

図7-5　大動物用麻酔器

e. 術中鎮痛

去勢術では，短時間または中等度の時間のTIVAに精巣内ブロックを併用することで良好な鎮痛効果を得られる（第3章「局所麻酔」を参照）。局所麻酔を適用し難い外科手術では，オピオイドや他の鎮痛薬の全身投与（例：モルヒネ0.04～0.1 mg/kg IM，ブトルファノール0.01～0.04 mg/kg IV，メデトミジン1～2 μg/kg IV，ケタミン0.5～1 mg/kg IVなど）を用いる。

また，吸入麻酔や長時間のTIVAでは，鎮痛薬の持続投与を併用して強力で安定した術中鎮痛効果を得て揮発性吸入麻酔薬や注射麻酔薬の要求量を減少し，麻酔薬による用量依存性の呼吸循環抑制を軽減することも実施されている（intravenous analgesic adjuncts：IVAA）。これらのIVAAでは，鎮痛薬をIV投与してその血中濃度を高め（負荷用量），続いてCRI投与して有効血中濃度を維持する（維持用量）。以下に馬で用いられているIVAAの例を示す。単独の鎮痛薬のIVAAを組み合わせることでマルチモーダル鎮痛の効果を得られる。

- リドカイン持続投与：負荷用量としてリドカイン1～2 mg/kg IVを投与し，続いて維持用量として3 mg/kg/時間CRIを投与する。
- モルヒネ持続投与：負荷用量としてモルヒネ0.15 mg/kg IVを投与し，維持用量として0.1 mg/kg/時間CRIを投与する。麻酔前投薬にモルヒネを用いた場合には負荷用量は必要ない。
- ブトルファノール持続投与：負荷用量としてブトルファノール0.02 mg/kg IVを投与し，維持用量として24 μg/kg/時間CRIを投与する。麻酔前投薬にブトルファノールを用いた場合には負荷用量は必要ない。
- メデトミジン持続投与：負荷用量としてメデトミジン5～7 μg/kg IVを投与し，維持用量として3.5 μg/kg/時間CRIを投与する。麻酔前投薬にメデトミジンを用いた場合には負荷用量は必要ない。
- ケタミン持続投与：負荷用量としてケタミン0.5～1 mg/kg IVで麻酔導入し，続いて維持用量として1 mg/kg/時間CRIを投与する。麻酔導入にケタミンを用いた場合には，負荷用量は必要ない。
- 低用量トリプルドリップ：前述したトリプルドリップ法の混合液を麻酔用量の約1/4～1/3の低用量で用いる。麻酔導入後にグアイフェネシン（30 mg/kg/時間）-ケタミン（1.2 mg/kg/時間）-キシラジン（0.3 mg/kg/時間）でCRI投与することで麻酔薬の要求量を約40～50％減少できる。また，ミダゾラム（0.02 mg/kg/時間）-ケタミン（1 mg/kg/時間）-メデトミジン（1.25 mg/kg/時間）でも同等の効果を得ることができる。

(6) 麻酔モニタリングと麻酔管理（第6章「周術期管理」を参照）

麻酔深度，酸素化・換気・循環について，臨床徴候を五感で観察するとともに，中等度から長時間の全身麻酔では，観血的血圧測定および動脈血の血液ガス分析を用いて，精度高く酸素化・換気・循環を看視することが推奨される。

馬が，水平方向の眼球振盪，流涙，自発的な閉眼を示している時には，浅麻酔を意味する。この徴候を見逃してさらに麻酔が浅くなると，馬は前肢を動かし始める。麻酔深度が浅くなった場合には，揮発性吸入麻酔薬の吸入濃度増加や注射麻酔薬の少量追加投与を実施して麻酔を安定させる。

麻酔中の低血圧と低酸素血症は筋障害を含む術後合併症に繋がることから，その発生を看視し，回避しなければならない。麻酔導入後に，顔面動脈または第三肢背側中足動脈にカテーテルを留置することで，観血的動脈血圧の測定と定期的な動脈血の血液ガス分析が可能となり，酸素化，換気，および循環を精度高く看視できる。心調律の看視には心電図が必須であり，呼吸回路内の二酸化炭素濃度の看視（例：二酸化炭素吸収剤の劣化による呼吸回路内の二酸化炭素濃度上昇）にはカプノメータが必須となる。

馬では，麻酔中の平均血圧を70 mmHg以上に維持し，低血圧を認めた場合には，麻酔深度の軽減（可能であれば），静脈内輸液の投与速度の増加（成馬では困難な場合がある），コロイド液の投与，ドブタ

ミン投与（1〜3 μg/kg/分 CRI），エフェドリン投与（0.05〜0.1 mg/kg IV）などで対応する。

麻酔中に馬を自発呼吸で麻酔管理すると，ほとんどの場合，呼吸性アシドーシス（$PaCO_2$ 55 mmHg 以上）が認められ，また空気を吸入している場合は低酸素血症（PaO_2 60 mmHg 未満）が認められる。術前の全身状態が良好な馬の短時間麻酔であればこれらの換気抑制に耐えられるが，中等度から長時間の全身麻酔では，陽圧換気で$PaCO_2$を正常範囲に保ち，PaO_2を維持すべきである。麻酔中に低酸素血症や高炭酸ガス血症を認めた場合には，調節呼吸を実施する。成馬における調節呼吸の換気条件は，換気回数6〜8回/分，吸気時間2〜3秒以内，吸気時間：呼気時間比（I：E比）＝1：2〜4.5とする。急性腹症などで腹腔臓器が膨満している場合には，最大吸気圧が30 cmH_2Oを超えることもあり，循環機能とのバランスを図りながら調節換気を実施する。

(7) 麻酔回復

馬は，麻酔から覚醒するとすぐに起立しようとする。うまく起立できないと起立動作を繰り返し，外傷や骨折などの事故の原因となる。馬の麻酔回復では，必要に応じて起立補助や再鎮静を実施し，馬を平穏かつ円滑に麻酔回復させることが重要となる。麻酔回復期にいびきや上部気道閉塞の症状を示す馬では，経鼻カテーテルを実施し，円滑に呼吸できるようにする。可能であれば，馬の喉頭反射が始めるまで酸素吸入し，その後抜管する。頭絡および尾にロープを結び，馬が起立しようとする時に尾のロープを引っ張って起立を補助する（図7-6）。麻酔回復期の成馬が，過剰な眼球振盪や眼球運動，過剰な筋振戦，パドリング（水かき様運動），あるいは興奮を示している場合や早すぎる起立動作により起立不可能な場合には，キシラジン（0.1〜0.2 mg/kg IV）またはメデトミジン（1〜2 μg/kg IV）を投与して再鎮静する。

獣医療において，術後疼痛管理は，動物の福祉に重要な側面となっている。わが国においても，非ステロイド系抗炎症薬（NSAIDs）のフルニキシン（1 mg/kg IV）が馬の消炎鎮痛薬として承認されている。

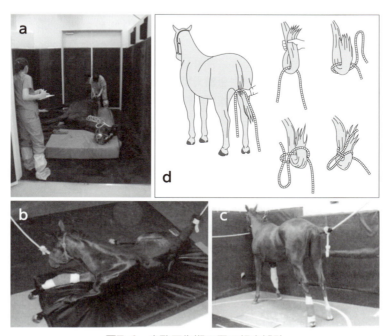

図7-6 麻酔回復期の馬の起立補助

麻酔回復期の馬は厚いマットの上に横臥させる（a）。頭絡と尾にロープを結び（b），馬が起立動作を開始した時に尾のロープを引いて起立を補助する（c）。尾のロープの結び方を（d）に示した。

(8) 起立位での外科手術

骨折片の変位が少ない馬の第一指骨の骨折はラグスクリューによる外科的整復が可能であるが、全身麻酔下で外科手術を実施すると麻酔回復期の起立動作による患肢への負重で骨折整復部位が破損することが多い。また、馬の産科手術や腹腔鏡下手術では、横臥位よりも起立位の方が術野の視認性を確保できる。これらの外科手術では、馬を枠馬保定し、$α_2$-作動薬のIVまたはIM投与やCRI投与による鎮静（例：メデトミジンを7 μg/kg IV後に3.5 μg/kg/時間CRI）と局所麻酔（例：第一指骨骨折では肢の伝達麻酔、産科手術では尾椎硬膜外麻酔）を併用して起立位で実施されている。

2. 反芻動物の麻酔

反芻動物を代表する牛は、4つの胃を持ち、巨大な第一胃で微生物の力を借りて草を発酵消化している（図7-7a）。この解剖学的および生理学的特徴が、牛の全身麻酔を非常に困難なものにしている。第一胃内容は、発酵ガス、食渣（草）、および液体（第一胃液）の三層からなり、第一胃液中には多くの微生物が存在している。通常、起立または伏臥している牛では、噴門が第一胃液面より上に位置し、発酵ガスを噯気として排出している。しかし、牛を横臥位または仰臥位に保定すると、噴門が液面下に沈み、ガスを排出できなくなり、第一胃鼓脹症を生じる。さらに、全身麻酔の影響で噴門括約筋が弛緩して上昇した第一胃内圧に耐えられなくなると第一胃内容が口腔へ逆流し、誤嚥性肺炎を生じる可能性がある。また、全身麻酔下では第一胃などの巨大腹腔臓器が横隔膜を圧迫し、低換気を生じる。このように牛をはじめとする反芻動物の全身麻酔は、麻酔リスクが高く、非常に挑戦的な作業となる。

一方、反芻動物は、枠場保定などの物理学的保定によく耐え、$α_2$-作動薬のキシラジンに対する感受性が非常に高く、馬の約1/10の投与量で十分な鎮静効果を得られる。また、$α_2$-作動薬の作用は$α_2$-拮抗薬のアチパメゾールで拮抗でき、鎮静回復を促進することもできる。したがって、牛の外科処置は、キシラジンによる鎮静と枠場保定で不動化し（図7-7b）、局所麻酔を併用して立位のまま実施されることが多い。

全身麻酔が必要な短時間の外科的処置には、その安全性とIM投与できる利便性からケタミンが多用され、$α_2$-作動薬を併用した注射麻酔が利用されてきた。しかし、ケタミンの麻薬指定は、産業動物医療に大きな混乱をもたらしている。

反芻動物、馬、豚、鶏などの食用動物では、乳製品や肉製品への薬物残留が問題となる。食品は、農薬、飼料添加物、および動物用医薬品が厚生労働大臣の定める量（一律基準0.01 ppm）を超えて残留してはならないことが法的に定められており、残留農薬などポジティブリスト制度が実施されている。動物の麻酔に使用される薬物でポジティブリストに含まれる薬物には、鎮静薬のアザペロンおよびキシラジン、NSAIDsのカルプロフェン、ケトプロフェン、フルニキシン、およびメロキシカムがある。

(1) 麻酔前の評価と術前準備（第6章「周術期管理」を参照）

麻酔前には、絶食、身体検査および血液検査/血清生化学検査による術前状態の評価、血管確保、体重測定を実施する。絶食によって牛の第一胃内容を空にすることは非常に困難である。したがって、牛を横臥位にすると鼓脹、第一胃内容の逆流、および誤嚥性肺炎といった重大な合併症を招き、全身麻酔ではその危険性がさらに増大する。これらの合併症の危険性を減ずるには、子牛で12～18時間の絶食と8～12時間の絶飲が必要であり、成牛では18～24時間の絶食と12～18時間の絶飲が必要となる。緊急手術ではこのような対応は困難であり、第一胃内容の逆流に留意し、その誤嚥を防ぐ注意が必要となる。新生子牛では、絶食は低血糖を招くことから推奨されない。牛では、絶食によって徐脈を生じることも報告されている。麻酔前には、血液検査/血清生化学検査を実施し、術前評価を実施すべきである。とくに、心肺機能ならびに肝機能/腎機能に重点を置いた身体検査および血液検査/血清生化学検査を実施する。牛では、頸静脈にカテーテル（成牛で12～14 G）を留置する。正確な投与量で薬物を投与するためには、体重測定が不可欠である。

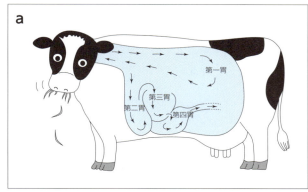

図7-7　牛の解剖学的特徴と枠場保定

牛の第一胃内容は，発酵ガス，食渣（草），および液体（第一胃液）の三層からなり，第一胃液中には多くの微生物が存在している（a）。起立または伏臥している牛では，噴門が第一胃液面より上に位置し，発酵ガスを曖気として排出している。しかし，牛が横臥すると噴門が第一胃液面の下に沈み，発酵ガスが貯留して第一胃鼓脹が生じ，第一胃内容の逆流を引き起こす。したがって，牛の多くの外科処置は鎮静と枠場保定による不動化と局所ブロックによる鎮痛によって起立位で実施される（b）。

(2) 麻酔前投薬

反芻動物の鎮静には，アセプロマジン，α_2-作動薬（例：キシラジン，メデトミジン），ペントバルビタール，ベンゾジアゼピン化合物（例：ミダゾラム，ジアゼパム）を利用できる。アセプロマジンは，反芻動物にはあまり用いられていないが，牛では馬より少ない投与量で使用できる。アセプロマジンは，麻酔中の第一胃内容逆流の危険性を増大させる可能性があり，尾静脈投与の際に誤って尾動脈に投与すると尾が脱落する可能性がある。雄牛にアセプロマジンを投与すると陰茎露出を生じ，麻酔回復期に牛が起立する際に陰茎を損傷する危険性が増大することから，種牛への投与は推奨されない。アセプロマジは，栄養状態の悪い症例や血液量が減少している症例には禁忌である。

牛の鎮静にはキシラジンが頻繁に用いられ，高用量では横臥位に至る効果を発揮する。キシラジンの作用には動物種差があり，牛では強力な効果を得られ，ヘレフォード種ではホルスタイン種よりも強い効果が得られる。また，ブラフマン種は，牛の中でキシラジンに対する感受性が最も高い品種であると言われている。牛におけるキシラジンの効果には，様々な環境要因が影響する。キシラジンは，牛に高血糖と低インスリン血症を引き起こす。キシラジンは，妊娠牛の子宮にオキシトシン様作用を引き起こす。

牛において，キシラジンは低用量（0.015～0.025 mg/kg IV, IM）で横臥を伴わない鎮静を生じ（表7-1），高用量（0.1 mg/kg IV, 0.2 mg/kg IM）で横臥を伴う深い鎮静状態を得られる。反芻動物におけるメデトミジンに対する感受性は，他の動物種とほぼ同等であり，牛ではメデトミジン 5 μg/kg IV によって起立位で短時間の鎮静を得られ，10 μg/kg IV で横臥となる。α_2-作動薬の鎮静効果は，α_2-アドレナリン受容体拮抗薬（α_2-拮抗薬）のアチパメゾール（20～60 μg/kg IV）で拮抗でき，α_2-作動薬投与後の経過時間が長いほど低用量のα_2-拮抗薬で拮抗できる。

反芻動物では，唾液分泌の抑制には高用量の抗コリン作動薬を反復投与する必要があることから，通常，麻酔前投薬として抗コリン作動薬を投与することはない。逆に，抗コリン作動薬を投与すると，分泌液の分泌量の減少に伴ってその粘稠度が増大し，気管から排泄されにくくなる。反芻動物において徐脈を防止できるアトロピンの投与量は 0.06～0.1 mg/kg IV であるが，この投与量では麻酔中の唾液分泌を抑制できない。

表7-1 牛が横臥せずに起立位を維持できるキシラジンの投与量

牛の気質	静脈内投与量(mg/kg)	筋肉内投与量(mg/kg)
おとなしい牛	0.0075〜0.01	0.015〜0.02
扱い易い牛	0.01〜0.02	0.02〜0.04
落ち着きない牛	0.02〜0.03	0.04〜0.06
興奮し凶暴な牛	0.025〜0.05	0.05〜0.1

(3)麻酔導入

　反芻動物の麻酔導入には，ケタミン，グアイフェネシン，プロポフォール，アルファキサロン，チオペンタール，チアミラールなどを用いる。

　牛では，チオペンタール6〜10 mg/kg IVで10〜15分間の全身麻酔を得られる。チアミラールでは，チオペンタールより25〜30％程度少ない量で同様の麻酔効果を得られる。チオペンタールやチアミラールを反復投与すると麻酔回復が遅延する可能性が高いことから，これらの追加投与による麻酔維持は推奨されない。

　ケタミンは，軽度の心肺抑制で麻酔効果を生じ，喉頭反射は消失しないが，気管挿管可能である。成牛では，キシラジン0.1〜0.2 mg/kg IV後にケタミン2 mg/kg IVで麻酔導入できる。子牛では，メデトミジン20 μg/kg IV後にケタミン0.5 mg/kg IVで麻酔導入できる。これらの麻酔導入で外科手術を実施する場合には，手術部位を局所麻酔薬で局所ブロックする必要がある。

　馬と同様に，グアイフェネシンをケタミンまたはチオペンタールと併用することで円滑な麻酔導入が得られる。牛では5％グアイフェネシン溶液2 mL/kg(100 mg/kg) IVが一般的に用いられ，10％溶液を投与すると溶血を生じやすい。5％グアイフェネシン1,000 mLにケタミン1 gまたはチオペンタール2 gの割合で混合する。また，グアイフェネシン(50 mg/mL)-ケタミン(1〜2 mg/mL)-キシラジン(0.1 mg/mL)の混合液を0.5〜1.0 mL/kg IVで投与することでも麻酔導入できる。

　牛では，プロポフォール4〜6 mg/kg IVの単独投与で麻酔導入でき，短時間の全身麻酔(5〜10分間)が得られる。麻酔導入と麻酔回復は円滑であるが，急速投与すると無呼吸を生じる。

　現在のところ，アルファキサロンは，経済性の問題から小型の反芻動物や子牛での使用が検討されている。子牛では，アルファキサロン2〜3 mg/kg IVで気管挿管可能な麻酔導入を得られ，30〜40分間で起立するが，麻酔回復期に筋振戦やパドリングなどを示す。麻酔前投薬としてキシラジン0.1 mg/kg IMを投与した後にアルファキサロンを用いると，1.0〜1.5 mg/kg IVで気管挿管可能な麻酔導入が得られ，25〜50分間で起立し，麻酔回復は円滑になる。

(4)気管挿管

　牛の全身麻酔では，唾液や逆流した第一胃内容の誤嚥を防止するために，気管チューブで気管挿管して気道を確保することが強く推奨される。麻酔中に第一胃内容の逆流を認めた場合には，口腔内に残った内容物をすべて取り除き，口腔洗浄して気管チューブ抜管後の誤嚥を防ぐ必要がある。

　成牛では，安全開口器を設置して口から喉頭部に手を挿入し，喉頭を指で触知しながら気管チューブを気管挿管する。この方法では挿管作業中に気道を閉塞することから，1分間を経過しても気管挿管できない場合には，口から手を抜き出して牛を呼吸させ，再度，気管挿管を試みる(図7-8)。

　小型〜中型の反芻動物(例：緬羊，山羊，ラマ，アルパカ)や子牛では，伏臥位に保定して頭頸部を上方にまっすぐ伸展させた状態に保ち，ブレードの長い喉頭鏡を用いて喉頭を確認する。続いて，気管チューブに長いスタイレット(1 m程度)を挿入し，スタイレット先端を喉頭より気管内に浅く挿入し，これをガイドとして気管チューブを気管へ挿管する(図7-9)。

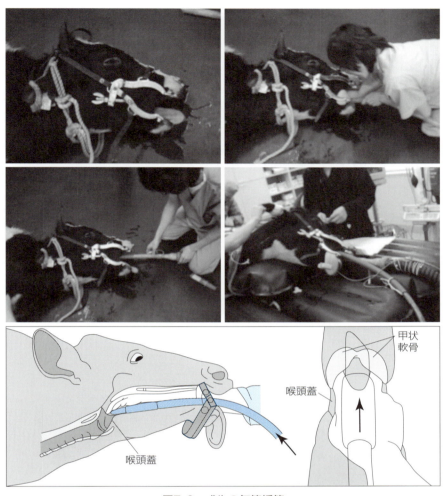

図7-8　成牛の気管挿管

(5) 全身麻酔下でのポジショニング

　横臥した反芻動物では，麻酔中に逆流してくる第一胃内容を円滑に口から排出させるために，少なくとも頭頸部に枕を敷いて吻側を下に向ける。反芻動物を長時間全身麻酔する場合には，気管チューブを気管挿管するとともに，食道に大口径のチューブを挿入することで，逆流してくる第一胃内容を効率よく口腔外に排出でき，誤嚥性肺炎を防止できる（図7-10）。また，第一胃チューブを挿入することでも鼓脹や誤嚥を防ぐことができる。

　全身麻酔する成牛では，厚いマット（10〜15 cm）の上に横臥または仰臥させるなど術後に筋障害を防止する対策が必要となる。また，横臥位保定では，下になる前肢を前方に引き出し，上方の前肢を後方に引いて，下側の橈骨神経への圧迫を軽減し，下になる前肢の橈骨神経麻痺を防止する。また，他の三肢については，小さなマットを敷くなどでして手術台または床面と平行になるように保持する。下になる眼の損傷を防ぐため，眼軟膏を点眼して眼瞼を閉じておく。

(6) 麻酔維持

　牛の麻酔維持には，グアイフェネシン-ケタミン-キシラジン混合液を用いたTIVAや吸入麻酔を用い

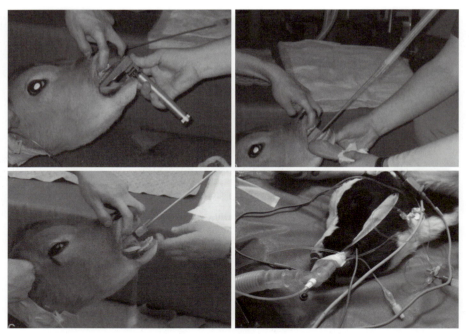

図7-9　子牛の気管挿管

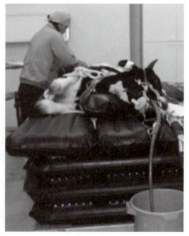
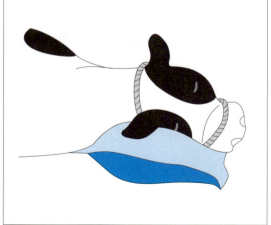

図7-10　横臥した牛への配慮

ることができる．外科手術や検査が短時間（15〜30分間）で終了する場合には，麻酔導入に用いた注射麻酔薬の追加投与で麻酔維持できる．また，30〜60分間程度の全身麻酔はTIVAで麻酔維持できる．グアイフェネシン（50 mg/mL）-ケタミン（1〜2 mg/mL）-キシラジン（0.05〜0.1 mg/mL）混合液を子牛で1.5 mL/kg/時間，成牛で2.0 mL/kg/時間程度でCRI投与することによって麻酔維持できる．60分間を超える全身麻酔は，調節呼吸による呼吸管理や静脈内輸液や薬物投与による循環管理が必要となることが多く，吸入麻酔器や人工呼吸器などの設備を備えた診療施設で実施することが望ましい．

　吸入麻酔では，イソフルランおよびセボフルランを利用できる．笑気は，血液/ガス分配係数が低い上に高濃度（50〜67％）で使用する必要があり，牛では全身麻酔中に生じる鼓脹を増悪することから，禁忌である．したがって，牛の吸入麻酔では，酸素-イソフルラン吸入麻酔あるいは酸素-セボフルラン

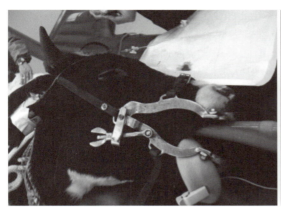
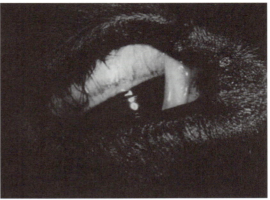

図7-11　外科麻酔期の牛の眼球の位置

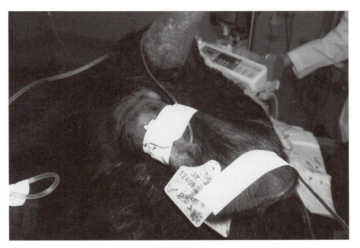

図7-12　牛の後耳介動脈への動脈留置

吸入麻酔を実施する。体重60 kgまでの子牛であれば小動物用吸入麻酔器，体重200 kgまでの子牛であれば人用吸入麻酔器を利用できる。体重250 kgを超える場合には，大動物用吸入麻酔器が必要となる。呼吸回路は再呼吸回路を用い，牛の体重が200 kgを超える場合には閉鎖回路で用いる。

(7) 麻酔モニタリングと麻酔管理（第6章「周術期管理」を参照）

　麻酔中には，動物の麻酔深度および換気・酸素化・循環をモニタリングする。麻酔深度は，眼球の位置（図7-11），手術操作に対する反応性（体動，心拍数・呼吸数・血圧の変動）をもとに判断する。牛では，麻酔深度が深くなるに応じて眼球が腹側に回転し，角膜が下眼瞼内に隠れていく（図7-11）。さらに，麻酔深度が深くなり浅い外科麻酔期（ステージⅢ 2～3相）に到達すると，眼球はより腹側に回転し，瞳孔が下眼瞼で覆われて見えなくなる（ステージⅢ 2～3相）。

　換気・酸素化・循環をモニタリングでは，麻酔中に，体温，心拍数，呼吸数，および血圧を5分毎に測定し，麻酔記録に記載する。また，心電図波形が大きくなるAB誘導で心電図を記録して心調律をモニタリングする。中等度から長時間の全身麻酔では，換気・酸素化・循環の状態を精度高くモニタリングすることが望ましく，観血的動脈血圧測定と動脈血の血液ガス分析の実施が推奨される。反芻動物の場合，後耳介動脈にカテーテル（子牛で22～24 G，成牛で20～22 G）を留置し（図7-12），動脈血圧

を観血的に測定できる。また，留置したカテーテルより定期的(15〜30分毎)または必要に応じて動脈血を採取し，血液ガス分析装置でPaO_2および$PaCO_2$を測定し，換気と酸素化の状態を確認する。

麻酔中には，乳酸リンゲル液などの等張晶質液を4〜6 mL/kg/時間で静脈内輸液する。麻酔中の動脈血圧に関しては平均血圧70 mmHgを目標とし，平均血圧60 mmHgを下回った時点で低血圧と判断して，循環管理を開始する。低血圧に対しては，適切な麻酔深度に調節するとともに，コロイド液投与による前負荷増大やドブタミン投与(1〜2 μg/kg/分CRI)による心収縮力増大で対応する。全身麻酔が90分間を超えるような場合には，低換気を改善するために調節呼吸による呼吸管理を考慮すべきである。反芻動物では，調節呼吸による循環抑制を最小限にするために，吸気時間を2〜3秒間，最大吸気圧を20〜25 cmH_2O，1回換気量を13〜18 mL/kg，換気回数6〜10回/分の範囲とする。

(8)麻酔回復

牛をはじめとする反芻動物の麻酔回復では，馬のように危険が伴うことはあまりない。しかし，第一胃内容の誤嚥をできるだけ防止するために，喉頭反射が回復するまで気管チューブを維持して抜管する。麻酔中や麻酔回復期に第一胃内容の逆流を認めた場合には，口腔内に残った内容物をすべて取り除き，口腔洗浄する。

獣医療において，術後疼痛管理は，動物の福祉に重要な側面となっている。わが国においても，フルニキシン(2 mg/kg IV)およびメロキシカム(0.5 mg/kg 皮下投与〈SC〉)などのNSAIDsが牛の消炎鎮痛薬として承認されている。また，牛の全身麻酔では，手術部位に応じた局所麻酔を併用することで経済性を考慮した疼痛管理が可能となる。

3. 犬の麻酔

犬の全身麻酔では，単独の薬物を用いた麻酔法はほとんど用いられなくなり，全身麻酔に用いる薬物の副作用や毒性を軽減するため，異なる作用機序の薬物を低用量で組み合わせたバランス麻酔法が好まれるようになっている。とくに，鎮痛効果を強化するために局所麻酔法の併用を考慮すべきである(第3章「局所麻酔」を参照)。麻酔管理では，静脈カテーテルによる血管確保と気管挿管による気道確保が強く推奨され，注意深い麻酔モニタリングが必須である。

(1)麻酔前の評価と術前準備(第6章「周術期管理」を参照)

稟告で症例の病歴および服用中の薬物を確認し，身体検査を実施する。身体検査の所見から，追加すべき術前検査の必要性を検討して追加検査を実施する。各種検査の結果を解析し，症例の術前の全身状態を評価する。

麻酔法は，症例の犬種と大きさ(体重)，気性，術前の全身状態，予定されている処置の内容，処置に要する麻酔時間，予想される疼痛の程度，服用中の薬物を考慮して選択する。また，診療施設の設備，使用する薬物に関する麻酔担当獣医師の習熟程度，補助人員の有無も考慮する必要がある。

超小型犬，超若齢犬，および術前の全身状態の悪い犬を除き，術前の約4〜6時間は絶食および絶水させる。すべての症例で麻酔導入前に静脈カテーテルを用いて血管確保すべきであり，橈側皮静脈が一般的に用いられる。また，大量出血の可能性がある場合や，麻酔中に何かしらの薬物のCRI投与を行う予定がある場合，複数の静脈カテーテルの留置を考慮する。

(2)麻酔前投薬

犬の麻酔前投薬には，抗コリン作動薬，トランキライザー，オピオイド，α_2-作動薬，NSAIDsなどが用いられ，症例の術前の全身状態および実施する処置の内容を考慮して薬物を選択する。また，外科手術を実施する場合には，先取り鎮痛とマルチモーダル鎮痛の概念を取り入れて薬物を選択併用する。

麻酔前投薬としてIMまたはSC投与する薬物は，麻酔導入の10〜20分前に投与する。

　麻酔前投薬として抗コリン作動薬を日常的に使用する必要はないが，術中鎮痛にフェンタニルなどのオピオイドを用いる場合には徐脈の防止，幼若犬では気道分泌抑制と徐脈の防止を目的に使用する。わが国では，アトロピン（0.02〜0.05 mg/kg IM, IV, SC）が広く用いられており，グリコピロレート（0.005〜0.01 mg/kg IM, IV, SC）も用いられている。

　トランキライザーは麻酔前投薬として鎮静と筋弛緩を得る目的で使用され，通常，鎮痛効果と鎮静効果を負荷するためにオピオイド（例：ブトルファノール，モルヒネ，フェンタニル）と併用する。犬では，アセプロマジン（0.01〜0.05 mg/kg IV, 0.02〜0.1 mg/kg IM，最大総投与量 3 mg），ドロペリドール（0.25 mg/kg IV），ジアゼパム（0.2〜0.4 mg/kg IV），ミダゾラム（0.2〜0.4 mg/kg IV, IM）が用いられている。ミダゾラムは，呼吸循環抑制が少なく広く用いられているが，高齢動物以外では単独投与での鎮静効果は非常に弱く，不安を除去して抑制性行動からの解放が生じることから，若齢犬や健康犬では扱いにくくなる場合や興奮する場合がある。

　オピオイドは強力な鎮痛効果を得るため，トランキライザーとも併用される。麻薬性オピオイドではモルヒネ（0.1〜0.3 mg/kg IM）やフェンタニル（術中鎮痛の負荷用量として5 μg/kg IVを投与），非麻薬性オピオイドではブトルファノール（0.2〜0.4 mg/kg IV, IM），トラマドール（2〜4 mg/kg IV, IM），ブプレノルフィン（0.01〜0.02 mg/kg IM）が用いられる。

　$α_2$-作動薬としては，メデトミジン（3〜5 μg/kg IV, 5〜20 μg/kg IM）やキシラジン（0.2 mg/kg IV, 0.2〜1.0 mg/kg IM）が犬の麻酔前投薬として用いられる。心機能に問題のない犬では，$α_2$-作動薬投与後に正常な反応として徐脈と一過性の高血圧を示す。一方，$α_2$-作動薬投与後の血管収縮に耐えられない症例では心拍出量が低下して低血圧に陥り，心拍数が増加する。したがって，$α_2$-作動薬を投与した場合には5〜10分後に心拍数を確認し，心拍数が増加しているようであれば，アチパメゾールで拮抗することを考慮すべきである。

　わが国で犬への術前投与が承認されているNSAIDsの注射薬には，カルプロフェン（4 mg/kg SC），メロキシカム（0.2 mg/kg SC），ロベナコキシブ（2 mg/kg SC）がある。これらのNSAIDsを犬の麻酔前投薬に用いた場合には，麻酔中の血圧維持にとくに留意し，適切に血圧を維持するように麻酔管理する必要がある。麻酔中の血圧管理を徹底できない場合には，NSAIDsを術前投与せず，麻酔回復後に投与すべきである。

(3) 麻酔導入

　術前の全身状態の悪い犬や短頭種の場合，マスクなどを用いて3〜5分間酸素吸入して酸素化する。静脈カテーテルより注射麻酔薬をゆっくりと投与し，追加投与する前に薬物濃度が平衡状態に至るまで待つ（15〜30秒）。犬の麻酔導入に一般的に使用されている注射麻酔薬には，プロポフォール（3〜7 mg/kg IV），チオペンタール（2〜5％溶液で8〜20 mg/kg IV），ケタミン（5〜10 mg/kg IV），およびアルファキサロン（2〜3 mg/kg IV）がある。

(4) 気管挿管

　犬の気管挿管には，気管チューブ，スタイレット，および喉頭鏡を用いる。症例の大きさ，犬種，処置内容に応じて，カフ付き気管チューブの直径を選択する（表7-2）。頸部の極度の屈曲が必要な処置（例：眼科手術，脳脊髄液採取）の場合には，気管チューブの屈曲閉塞防止のためにスパイラル入り気管チューブを使用する（図7-13b）。気管チューブを使用する前にカフを膨らまして漏れがないことを確認し，麻酔導入前にはカフ内の空気を抜いておく。小径の気管チューブやスパイラル入り気管チューブを使用する際にはスタイレットを使用する。気管チューブの先端に少量の滅菌潤滑剤を塗布しておく。

　通常，犬の気管挿管は伏臥で実施する。犬の頭頸部をまっすぐに保定し，犬の口を開いて舌をガーゼでつかみ，舌を左右の下顎犬歯の間に引き出して下顎を下げることで開口状態を維持する（図7-14a）。

表7-2 犬に用いる気管チューブのサイズの体重別目安

体重(kg)	気管チューブの サイズ(内径mm)
2〜4	5.0
4〜7	6.0
7〜9	7.0
9〜14	8.0
14〜20	9.0
20〜30	10.0
30〜40	12.0
40〜	14.0

ミニチュア・ダックスフンドやウェルシュ・コーギーなどの足の短い犬種では，体重で選択する気管チューブより1つサイズが大きなものが適切である。

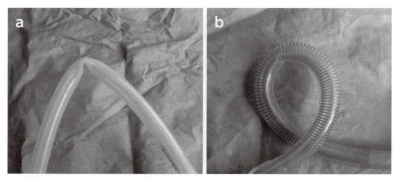

図7-13 気管チューブ

頸部の極度の屈曲が必要な処置には，気管チューブの屈曲による閉塞(a)の防止のためにスパイラル入り気管チューブ(b)を使用する。

喉頭の位置を確認し，気管チューブを挿入する。直視下でも気管挿管できる場合も多いが，喉頭鏡の照明で喉頭部を照らし，喉頭蓋を展開することで視認性が向上し，気管挿管が容易となる。喉頭鏡の使用や使用するブレードの大きさは，症例の大きさや喉頭部の解剖学的構造に応じて検討する。短頭種の多くは他の犬種に比べて気管径が小さく，軟口蓋過長や喉頭小嚢の外転で気道入り口が狭くなっていることもある(図7-14f)。喉頭痙攣は，2％リドカイン0.1 mLを喉頭軟骨にスプレーすることで軽減できる。軟口蓋過長では，軟口蓋を気管チューブで背側に押し上げ，喉頭蓋を見えるようにする。喉頭部や咽頭部の腫瘤では，小径の気管チューブを選択するか，気管切開を考慮する。

(5) 麻酔維持

短時間の全身麻酔では，麻酔導入に用いた注射麻酔薬を追加投与しても良い。長時間の麻酔維持には，通常，吸入麻酔薬(例：イソフルラン，セボフルラン)が用いられ，TIVA(例：プロポフォール0.25 mg/kg/分CRI，アルファキサロン0.07 mg/kg/分CRI)も利用できる。また，IVAAとして様々な鎮痛薬のCRI投与によって，吸入麻酔薬や注射麻酔薬の要求量を減少させることができる。例えば，短時間作用型のオピオイド(例：フェンタニル5 μg/kg IVの負荷用量の後に20〜40 μg/kg/時間CRI，負荷用量なしでレミフェンタニル40〜80 μg/kg/時間CRI，ブトルファノール負荷用量0.2 mg/kg IVまたは0.3 mg/kg IMの後に0.2 mg/kg/時間CRI)，ケタミン(負荷用量0.5 mg/kg IVの後に0.6 mg

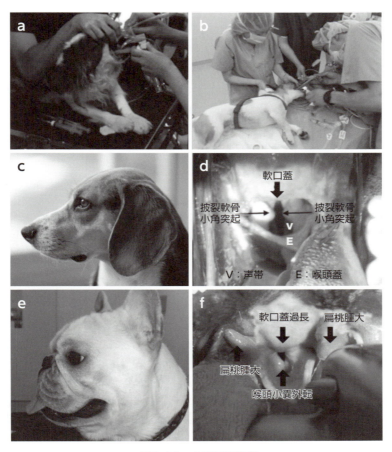

図7-14 犬の気管挿管
犬の気管挿管は通常伏臥で実施するが(a),横臥でも実施できる(b)。喉頭鏡で喉頭蓋を展開することで視認性が向上し,気管挿管が容易となる(c, d)。短頭種の多くは他の犬種に比べて気管径が小さく,軟口蓋過長や喉頭小囊の外転で気道入り口が狭くなっていることもある(e, f)。

/kg/時間CRI),またはリドカイン(負荷用量1 mg/kg IVの後に3 mg/kg/時間CRI)などを単独または併用CRI投与する。外科手術の内容によっては局所麻酔も有効である(例:去勢術では精巣内ブロック,肘関節以下の手術では腕神経叢ブロック,後肢の外科手術では腰仙椎硬膜外麻酔など)。

(6) 麻酔モニタリングと麻酔管理(第6章「周術期管理」を参照)

(7) 麻酔回復期

　麻酔薬の投与を中止し,気道内の分泌物を取り除き,犬を伏臥位にして頸部を伸展させ気道を維持する。犬の舌を引き出すことで可視粘膜の色を頻繁に確認し,必要に応じて酸素吸入を行って酸素化を維持する。気管チューブのカフ内の空気を抜き,嚥下や喉頭反射(発咳,バッキング)を認めたら抜管する。
　抜管後には,犬が伏臥を維持できるようになるまで観察を続ける。体温低下(36℃未満)を認める場合には,タオル,加温マット,温風加温装置などを用いて保温する。また,体位を頻繁に変更し,マッサージや四肢の屈伸を行って刺激する。麻酔回復期に犬が興奮,錯乱,疼痛を示す場合には,低用量の鎮静薬や鎮痛薬を追加投与する。必要に応じて輸液を継続し,状況に応じて循環治療を実施する(例:

ドパミン5～10 µg/kg/分 CRI，ドブタミン1～5 µg/kg/分 CRI）。また，麻酔回復が遅延している場合には，利用できる拮抗薬の投与を考慮する（例：ナロキソン，アチパメゾール，フルマゼニル）。

4. 猫の麻酔

猫は小型犬ではない。麻酔前投薬では，アセプロマジン，ブトルファノール，ジアゼパムなどの単独投与によって，犬に通常認められるような一貫した鎮静作用や保定への従順性を得ることはできない。しかし，猫においても他の動物種と同様の麻酔方法や麻酔テクニックを適用でき，鎮痛効果を強化するために局所麻酔法の併用を考慮すべきである。猫は低体温に陥りやすいため，麻酔時間の短縮と麻酔中の加温が重要となる。

(1) 麻酔前の評価と術前準備（第6章「周術期管理」を参照）

稟告で症例の病歴および服用中の薬物を確認し，身体検査を実施する。身体検査の所見から，追加すべき術前検査を検討して実施する。これらの検査結果を解析し，症例の術前の全身状態を評価する。超小型猫，超若齢猫，または病的な猫を除き，外科手術前には約6時間の絶食および約2時間の絶水を行う。麻酔中の緊急事態を考慮して血管確保が推奨され，一般的には橈側皮静脈または内側伏在静脈に静脈カテーテルを留置する。

(2) 麻酔前投薬

症例の術前状態および実施する処置を考慮して薬物を選択する。鎮静薬などをIMまたはSCする場合には，血管確保や麻酔導入の10～20分前に投与する。

通常，抗コリン作動薬（アトロピン0.02～0.04 mg/kg IM, IV, SC；グリコピロレート0.005～0.001 mg/kg IM, IV, SC）の投与は必要ないが，唾液量の減少や麻酔中の徐脈の治療目的に使用される。猫にトランキライザー（例：アセプロマジン0.025～0.2 mg/kg IM，ジアゼパムまたはミダゾラム0.1～0.2 mg/kg IV）を単独使用した場合，落ち着きのなさ，不安，見当識障害を示し，保定が困難になる可能性がある。したがってトランキライザーとオピオイド（ブトルファノール0.2～0.4 mg/kg IM，ブプレノルフィン0.005～0.02 mg/kg IM，モルヒネ0.1～0.2 mg/kg IM）の併用が推奨される。若い全身状態の良い症例では，$α_2$-作動薬（メデトミジン10～80 µg/kg IM，キシラジン0.2～1.0 mg/kg IM）によって強力な鎮痛・鎮静・筋弛緩作用を得られる。ケタミン（5～10 mg/kg IM）は，トランキライザーまたは$α_2$-作動薬と併用して用いる。

わが国において，猫に術前投与が承認されているNSAIDsには，メロキシカム（0.2 mg/kg SC）とロベナコキシブ（2 mg/kg SC）があるが，消化管障害や腎障害の発生に注意を払って使用する。

(3) 麻酔導入

猫の麻酔導入には，ケタミン（2～6 mg/kg IV），プロポフォール（3～10 mg/kg IV），チオペンタール（2～5％溶液を6～14 mg/kg IV），アルファキサロン（3～5 mg/kg IV）が用いられている。これらの注射麻酔薬をゆっくりとIV投与し（15～30秒），追加投与する前に薬物濃度が平衡状態に至るまで待つ。麻酔導入の1～2分前にフェンタニル（2～3 µg/kg IV）を投与することで，ハイリスク症例における注射麻酔薬の麻酔導入量を軽減できる。凶暴で非協力的な猫では，揮発性吸入麻酔薬（例：セボフルラン）を用いてボックス導入し（第4章「全身麻酔」図4-21を参照），おとなしくなったところでメデトミジン（20 µg/kg），ミダゾラム（0.3 mg/kg），およびケタミン（10 mg/kg）を混合IM投与して確実に鎮静し，血管確保した上で麻酔導入しても良い。

(4) 気管挿管

犬と同様に伏臥位で猫の頭部と頸部をまっすぐに保定し，口を開いて舌をガーゼでつかみ左右の下顎

表7-3　猫に用いる気管チューブのサイズの体重別目安

体重(kg)	気管チューブの サイズ(内径mm)
～1	2.0
1～2	3.0
2～5	4.0
5～	5.0

犬歯の間に引き出して下顎を押し下げて開口状態を維持する。直視下または喉頭鏡を用いて喉頭部を確認し，気管チューブを挿入する。喉頭痙攣は，喉頭部に2％リドカイン0.1 mLをスプレーすることで軽減できる。

　気管チューブは猫の大きさに応じて選択する（通常は内径2～5 mm，表7-3）。カフ付き気管チューブの使用の際は，カフを膨らまして漏れがないことを確認し，麻酔導入前にカフ内の空気を抜き少量の滅菌潤滑剤を塗布しておく。小径の気管チューブや柔らかい気管チューブを使用する際には，スタイレットを使用する。超小型猫には，カフなし気管チューブを使用する。

(5) 麻酔維持

　猫の麻酔維持には吸入麻酔が用いられる。麻酔薬要求量を減少させるため，オピオイド（例：フェンタニル6～30 µg/kg/時間CRI）やケタミン（負荷用量0.5 mg/kg IVの後に0.6 mg/kg/時間CRI）の持続静脈内投与が頻繁に使用される。

(6) 麻酔モニタリングと麻酔管理（第6章「周術期管理」を参照）

(7) 麻酔回復期（第4章「全身麻酔」を参照）

5. 豚の麻酔

　豚には，耳の背側面の耳介静脈以外に簡単に血管確保できる体表静脈がなく，耳標によって血管確保できない場合もある。豚は，口腔が小さく舌が大きい，軟口蓋が長い，咽頭憩室があるなどの理由から気管挿管が難しい。豚では，体脂肪による胸壁の拡張制限によって呼吸抑制が生じ易い，体重に対する体表面積の比が相対的に小さい，汗腺が比較的少ない，体温調節機能が未発達といった理由によって，体温上昇を生じ易い。また，遺伝的素因のある豚で悪性高熱を発症し，脱分極性筋弛緩薬や吸入麻酔薬の使用はその引き金となる。通常，豚の簡単な外科処置には，物理的保定と鎮静薬および局所麻酔法の組み合わせが用いられる。長時間の外科処置は，吸入麻酔法によって適切かつ安定した全身麻酔を実施できる。

(1) 麻酔前の評価と術前準備（第6章「周術期管理」を参照）

　病歴の聴取と体重測定を含めた身体検査を実施し，必要に応じて基本的な血液検査を実施する。成豚では6～10時間の絶食を行い，飲水制限はしない。ストレスを避けるため，鎮静するまで他の豚から隔離する。鎮静薬を頸部にIM投与した後，豚が鎮静したところで耳静脈に静脈カテーテルを留置する。

(2) 麻酔前投薬

　わが国では，豚用鎮静剤としてアザペロンの注射薬（40 mg/mL）が承認販売されていたが，2007年に販売中止となった（第2章「鎮静」を参照）。豚ではジアゼパム（0.2～0.5 mg/kg IM）やミダゾラム（0.1～0.5 mg/kg IM）で弱い鎮静と筋弛緩が得られる。また，キシラジン（1～2 mg/kg IM）で作用時間

は短いが横臥位になる程度の鎮静を得られ，メデトミジン（20〜40 μg/kg IM）でキシラジンよりも強力な鎮静状態が得られる。メデトミジン（40 μg/kg）-ミダゾラム（0.2 mg/kg）-ブトルファノール（0.2 mg/kg）の混合IM投与によって，投与10分後には完全に横臥し，血管確保等の処置を実施できる深い鎮静状態が得られる（図7-15a）。

(3) 麻酔導入

豚の麻酔導入では，鎮静薬と注射麻酔薬の混合IM投与または麻酔前投薬のIM投与で鎮静した後に耳静脈で血管確保して注射麻酔薬をIV投与する（図7-15d）。

例えば，前述のメデトミジン−ミダゾラム−ブドルファノール−の混合IM投与による麻酔前投薬の後に，プロポフォール（4〜6 mg/kg IV）をIV投与することで気管挿管可能な全身麻酔を得られる。

IM投与による麻酔導入では，キシラジン（2〜6 mg/kg）を投与した10分後にケタミン（10 mg/kg）を投与することで5分以内に鎮痛と筋弛緩効果が発現し，10〜15分間の全身麻酔を得られる。メデトミジン（20〜40 μg/kg）-ケタミン（4〜10 mg/kg）-ブトルファノール（0.2〜0.4 mg/kg）やメデトミジン（20〜40 μg/kg）-ケタミン（4〜10 mg/kg）-ブプレノルフィン（0.005-0.01 mg/kg）の混合IM投与でも横臥位を得られる。

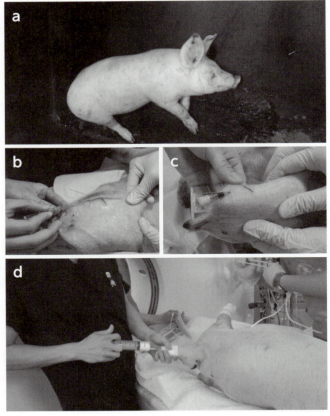

図7-15 豚の鎮静と血管確保

豚にメデトミジン40 μg/kg−ミダゾラム0.2 mg/kg−ブトルファノール0.2 mg/kgを混合IM投与すると深い鎮静状態を得られる（a）。豚の血管確保には耳静脈を用いる（b, c）。

(4) 気管挿管

　豚の吸入麻酔やTIVAでは，経口的に気管挿管することが推奨されるが，他の動物種よりも気管挿管は困難である。長さ20～30 cmのブレードを装着したミラー型喉頭鏡と気管チューブより長いスタイレットを用いることで気管挿管を行いやすくなる（図7-16）。まず，豚を開口させ，舌をガーゼで掴んで引き出す。この際，頭部の過伸展を避ける。豚の頭部を過剰に伸展すると，披裂軟骨の視認が困難になり，気道閉塞も起こしかねない。次に，喉頭鏡を用いてリドカインを噴霧し，喉頭を麻痺させる。長いスタイレットの先端を2 cmほど気管内に挿入し，このスタイレットをガイドとして気管チューブを挿入する。気管チューブの先端が咽頭憩室に至ると抵抗感があるので，この時点で気管チューブを180度回転させる。

　表7-4に豚に用いる気管チューブのサイズを示したが，豚の気管は予想より細い場合があり，様々なサイズの気管チューブを準備しておく必要がある。

(5) 麻酔維持

　豚の長時間麻酔では，麻酔導入後に気管挿管して吸入麻酔で麻酔維持することが望ましい。また，オピオイド投与（例：ブトルファノール0.1～0.2 mg/kg IM，モルヒネ0.05～0.1 mg/kg IM））ですぐれた鎮痛効果を得られる。

(6) 麻酔モニタリングと麻酔管理

　豚の麻酔モニタリングは，他の動物種の場合と同様であるが，末梢動脈の触知は難しい場合もある。

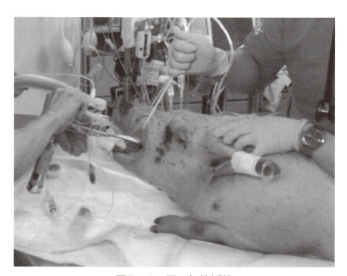

図7-16　豚の気管挿管

表7-4　豚に用いる気管チューブのサイズの体重別目安

体重(kg)	気管チューブの サイズ(内径mm)
～10	3.0～5.0
10～15	5.0～7.0
20～50	8.0～10
100～200	10～14
200～	16～18

耳の背側面に位置する耳介動脈にカテーテルを留置して観血的に動脈血圧を測定できる。また，動脈の検知にはドプラプローブを使用できる（尾，前肢）。その他，豚に利用可能なモニタリング法には，心電図，カプノメトリー，パルスオキシメータ，および体温測定がある。

豚には悪性高熱の遺伝的素因を持つ品種があり（例：ランドレース，ポーランドチャイナ），脱分極性筋弛緩薬や吸入麻酔薬の使用で悪性高熱を発症する。悪性高熱の徴候には，極端な筋硬直，$PaCO_2$上昇と頻呼吸，体温上昇（41.7℃以上），触って熱い，頻脈，不整脈，低血圧，低酸素症，チアノーゼ，代謝性アシドーシス，ミオグロビン尿（腎障害を示唆）がある。悪性高熱を発症した豚では，麻酔を中断し，ダントロレン（2～6 mg/kg IV，20 mg/kg PO）を投与して治療する。続いて，冷えた輸液，重炭酸ナトリウムによる酸-塩基平衡の補正，ステロイド投与，酸素吸入，過換気，体の冷却，二酸化炭素吸着剤の交換を実施する。

(7)麻酔回復

麻酔回復期の豚は，換気の良い静かな場所で伏臥位にし，他の豚と同じケージには入れず単独で覚醒させる。覚醒している豚は全身麻酔下の豚を補食する可能性がある。必要に応じて，酸素吸入や補助呼吸を行う。バイタルサイン（とくに体温）を定期的に評価する。

6. 実験動物の麻酔

動物実験では，一般的に，全身状態の良好な動物に全身麻酔を実施して外科的処置などが実施される。したがって，使用される実験動物の術前の全身状態はASA分類Class Iと判断される。しかしながら，対象となる動物種，動物の大きさ，実験の目的などによって，麻酔リスクが高くなる場合がある。

一方，動物の福祉を適切に維持するためには，実験動物が受ける苦痛を制御することが重要である。軽減されない痛みや持続する痛みは，末梢感作中枢感作を引き起こし，治療困難な非常に強い痛みを生じる。また，軽減されない痛みは重大なストレスを引き起こし，過剰な生物学的反応の結果，創傷治癒や感染への抵抗性など生理学的機能に大きな影響を及ぼし，実験成績にも影響する。制御されない痛みは，動物の健康と福祉を害し，重度の痛みは死を招くことさえある。実験動物を学術対象として扱う研究者は，実験操作による動物の苦痛を制御するため，痛みの排除や治療にたゆまぬ努力をすべきである。

現在，魚類，両生類，爬虫類，鳥類，齧歯類など多くの動物種が実験動物として利用されている。ここでは，実験動物として数多く利用されている齧歯類の麻酔管理について紹介する。

(1)麻酔前の評価と術前準備

身体検査では，ケージ内の動物を静かに観察することで，有益な情報を得ることができる（例：周辺環境の認識およびそれに対する反応，身体の形体および姿勢，皮膚や羽毛の状態，呼吸数）。例えば，2分間程度物理的に保定または追跡した後に通常の呼吸に戻るまでの回復時間は，正常で3～5分以内であるが，回復が異常に遅延する場合には全身麻酔すべきではない。

術後合併症の発生率および死亡率を減少させるため，外科手術前の血液量減少は避けるべきである。血液検査では，採血量が動物の全血液量の10％を超えてはならない（例：体重30 gのスナネズミの全血液量は2.3 mLでありその10％は0.23 mL）。主な齧歯類の全血液量は，マウスで約50～60 mL/kg，ラットで約60 mL/kg，スナネズミで約78 mL/kg，ゴールデンハムスターで約78 mL/kg，モルモットで約60～65 mL/kg，ウサギで約55～65 mL/kgである。齧歯類において，全身麻酔のリスクが高くなる血液検査の異常値は，ヘマトクリット値20％未満および50～60％以上，血漿総蛋白濃度3 g/dL未満，血糖値が80～100 mg/dL未満である。また，低カルシウム血症は8 mg/dL以上，低カリウム血症は3.5 mg/dL以上に補正する必要がある。

小型の齧歯類では，数時間の絶食で低血糖になる場合がある。麻酔前の絶食時間は，体重200 g未満の齧歯類で0～2時間，体重200 g以上の齧歯類で6時間以内，モルモットで6～8時間，ウサギで0～

24時間とすべきである。

(2) 麻酔前投薬

齧歯類の麻酔前投薬には，鎮静薬や鎮痛薬がSC投与，IM投与，または腹腔内投与で用いられている（表7-5）。齧歯類では，アトロピンまたはグリコピロレートが気道分泌減少と心拍数維持に有用である。一部のウサギはアトロピナーゼを持つことから，アトロピンの代わりにグリコピロレートを使用する。フェノチアジンやベンゾジアゼピンは麻酔前投薬として効果的であるが，痙攣の可能性があるためスナネズミへのアセプロマジンの使用は推奨されない。ハムスターでは高用量のアセプロマジン（5 mg/kg）を必要とする。

(3) 麻酔導入

齧歯類の麻酔導入には，注射麻酔薬（表7-5）や吸入麻酔薬（表7-6）が用いられている。ウサギやモルモットは，マスクや導入箱を用いて揮発性吸入麻酔薬で麻酔導入すると呼吸を止めた後に深く速い呼吸をすることが多く，麻酔濃度が高いとこの行動によって死を招くことがある。この危険を軽減するため，麻酔前投薬（例：ジアゼパム，ミダゾラム，メデトミジン）後に注射麻酔薬をIM投与し（例：ケタミン），麻酔導入に要する揮発性吸入麻酔薬の濃度を軽減することもできる。

(4) 気管挿管

齧歯類ではその小さく細長い口腔のために経口的な気管挿管が困難であり，短時間の処置であればマスクを使用した方が良い場合が多い。近年，ウサギ用および猫用のラリンジアルマスクが開発され，わが国でも利用できるようになっている（第4章「全身麻酔」図4-12を参照）。

長時間の外科手術，口腔内処置，および胸部外科では気管挿管が必要である。齧歯類では，経口的気管挿管が技術的に困難であり，習熟が必要である。気管挿管は，麻酔前投薬後の鎮静下で咀嚼運動の消失した状態または注射麻酔薬投与後に浅く麻酔された状況で行うことが最善である。まず，動物を仰臥，横臥，または伏臥にしてまっすぐに保定し，頭頸部を伸展させる。次に，舌をつかみ，前方または切歯の横に引き出す。スタイレットまたは気管チューブを口腔内に切歯の横から挿入し喉頭へと進める。呼気中に気管チューブ内が曇ったら，さらに押し進める。ウサギでは，小型の硬性鏡（関節鏡）または耳鏡を口腔内に挿入して声門を観察できるが，臼歯で機材を傷つける可能性がある。喉頭痙攣は，リドカインの局所投与で抑制できる。気管挿管の反復的な試みにより，致死的な出血や上部気道の腫脹を誘発する可能性がある。

動物実験の場合（とくに全身麻酔下での実験終了後に安楽死する場合），逆向的気管挿管法も利用できる。麻酔導入後，頸部腹側面を剪毛し無菌消毒する。気管内に静脈カテーテルを刺入し，喉頭に向かって逆行性に挿入する。このカテーテルをスタイレットとして経口的に気管チューブを気管挿管し，カテーテルを除去する。頸部の肉付きの良い動物では，切開して気管を露出させことが必要となる場合がある。

実験動物の齧歯類に使用される小径の気管チューブは，塞栓しやすく屈曲しやすいことから，気管挿管後には少なくとも2分毎に陽圧換気を実施することでチューブの開存性を確認する。チューブが塞栓した場合には，チューブ位置の変更または吸引を試み，塞栓が解消されない場合は新しいチューブに交換するか，マスクまたは注射麻酔薬で麻酔維持する。気管挿管した齧歯類では，医原性気管炎を起こさないように注意する。

(5) 麻酔維持

齧歯類の麻酔維持には，注射麻酔薬（表7-5）や吸入麻酔薬（表7-6）が用いられている。皮下投与や腹腔内投与による注射麻酔薬の効果には個体差があり，筋弛緩や鎮痛効果が不十分となる場合が頻繁にある。ペントバルビタールはすぐれた筋弛緩作用をもたらすが，安全域は非常に低く，安楽死に有用である。

ウサギの吸入麻酔は，犬猫で用いられる麻酔器と呼吸回路(非再呼吸回路が望ましい)で実施できる。また，マウスやラットでは実験動物用麻酔器を利用できる(図7-17)。齧歯類の酸素-イソフルラン吸入麻酔では，酸素流量を0.5L/分～2L/kg/分とし，気化器のダイアル設定を麻酔導入時には2～3％，麻酔維持期には1～2％とする。酸素-セボフルラン吸入麻酔では，気化器のダイアル設定を麻酔導入時には3～5％，麻酔維持期には2～3％とする。笑気の使用に関しては，他の動物種と同様である(第4章「全身麻酔」を参照)。

(6)麻酔モニタリングと麻酔管理

趾，耳，尾をつまんでも屈曲反応を示さなければ，外科麻酔に達していることを示唆する。反射に対する反応は動物種や個体で異なるが，麻酔深度の良い指標となり，反応のあった反射が消失した場合には麻酔深度を浅くする必要がある。ウサギでは耳の反射が有用である。角膜反射の喪失は個体や麻酔薬により非常に多様であるが，反応のあった反射が消失した場合には麻酔深度を浅くする必要がある。麻酔導入後に心拍数が平静時の80％未満に低下した場合，呼吸数の減少や持続性吸息または不規則な呼吸パターンを認められた場合には，麻酔深度を浅くする。

心電図は，皮膚に縫合針や金属製注射針を穿刺して電極クリップを取り付けると波形を記録し易くな

表7-5　齧歯類に用いる鎮静薬，鎮痛薬，および注射麻酔薬とその投与量

	薬物	ウサギ	マウス	ラット
鎮静薬	アセプロマジン	0.5～1.0 IM	3～5 IP, SC	2.5 IP, SC
	ジアゼパム	1～2 IM	5 IP	2.5 IP
	ミダゾラム	1～2 IM	5 IP	2.5 IP
	メデトミジン	0.25 SC	1 IP	0.5 IP
	キシラジン	5 IM	10 IP	10 IP
鎮痛薬	モルヒネ	2～5 SC	2～5 SC	2～5 SC
	ブプレノルフィン	0.01～0.05 SC	0.1 SC	0.01～0.05 SC
	ブトルファノール	0.1～0.5 SC	2 SC	2 SC
	カルプロフェン	4 SC	10 SC	5 SC
	メロキシカム	0.2 SC	5 SC	1～2 SC
注射麻酔薬	チオペンタール	30 IV	―	―
	ケタミン	15～50 IM	75～80 IM	75 IP
	プロポフォール	10 IV	―	―

特別な記載がない場合の投与量はmg/kg。IV：静脈内投与，IM：筋肉内投与，SC：皮下投与，IP：腹腔内投与

表7-6　齧歯類に用いる吸入麻酔薬とその最小肺胞濃度(MAC)

吸入麻酔薬	ウサギ	マウス	ラット
ハロタン	0.80～1.56	0.95～1.59	0.81～1.17
イソフルラン	2.05～2.12	1.31～1.41	1.17～1.58
セボフルラン	3.70	2.70	2.40～2.99
デスフルラン	8.90	6.6～9.1	5.72～7.10
笑気	―	150～275	136～235

最小肺胞濃度(MAC)とは，動物に痛み刺激を加えた際に50％の動物が反応(動き)し，50％の動物が反応しない時の吸入麻酔薬の肺胞濃度であり，この約1.5倍(麻酔前投薬等を使用した場合には1.1～1.2倍以下)を吸入させることで外科手術が可能となる麻酔深度を得られる。

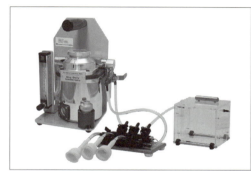 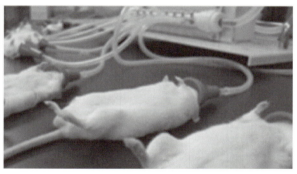

図7-17 マウスおよびラットの吸入麻酔
(写真左：バイオリサーチセンター株式会社，写真右：DSファーマバイオメディカル株式会社)

る。齧歯類でも，超音波ドップラー法によって血流音を検出できる。ウサギでは，ドップラークリスタルを耳，大腿，伏在，あるいは肉球に設置することで血流音を検知できる（足の剪毛は行わない）。小型齧歯類では，ドップラークリスタルを胸壁より心臓上に設置することで血流音を検知できる。また，パルスオキシメータでは，ヘモグロビン酸素飽和度と脈拍数を測定できる。パルスオキシメータでの測定は，色素沈着のない毛細血管床であれば測定でき，プローブの最適な配置部位は可視粘膜（例：舌，口腔粘膜，鼻粘膜，外陰部）であり，その他色素沈着のない部分の皮膚（例：耳，脇腹や腹部の薄い皮膚）にプローブを配置することで測定できる。齧歯類に使用する心拍数モニターは，ウサギでは350回/分まで，マウスでは600回/分以上の速い心拍数の測定が可能なものでなければならない。また，呼吸モニターは小さな換気量でも検出できる感度をもたなければならない。

　小型動物は，体表面積-体積比が高いために急速に熱を失うことから，低体温に陥りやすい。逆に，ウサギなど大量の羽毛で覆われた動物では高体温に陥りやすい。したがって，体温測定は重要なモニタリング項目であるが，皮温は信頼できないことから，深部体温を測定する必要がある（例：食道温，直腸温）。また，体温低下に対しては，温水循環マット，または温風加温装置による保温や，ビニール袋またはアルミホイル，気泡シート，毛刈り面積を最小に抑える，温かい消毒液および手術用洗浄液を使用する，開放された体表をドレープで素早く覆う，麻酔時間を最小限に抑えるなどの熱拡散防止策を実施する。

　体重1 kg未満の動物に輸液剤を用いる場合には，あらかじめ26〜35℃に加温しておく。麻酔中の輸液剤の投与経路はIV投与または骨内投与が最善であるが，小型齧歯類では実施できない。小型齧歯類では皮下輸液（通常，体重の5〜10％）を利用できるが，投与後に輸液剤が吸収されて術中に血液量が増加するためには，麻酔導入前に投与する必要がある。腹腔内輸液は，皮下輸液よりも吸収が速いが，腹膜炎を招く可能性がある。また，腹腔内輸液では，輸液剤を動物の体温と同じ程度に加温しておかなければならない。直腸輸液では，加温した等張液を浣腸することで直腸粘膜を介して皮下輸液よりも急速に吸収される。

　標準的な輸液速度は40〜100 mL/kg/24時間であり，術中には3〜5 mL/kg/時間で投与する。静脈内輸液では，輸液ポンプを用いて正確な投与速度で投与する。

(7) 麻酔回復期（第4章「全身麻酔」を参照）

　イソフルランやセボフルランを用いた1時間以内の吸入麻酔では5〜15分で覚醒する。保温を継続し，水和状態とエネルギーの必要性を看視する。

第8章 心肺蘇生

> 一般目標：心肺停止時の生理的変化と，これを最小限に食い止め回復させるための方法について，その理論と手法について理解する。

> 到達目標：1）一次救命処置の理論と基本的手技を説明できる。
> 2）二次救命処置の理論と基本手技を説明できる。

　心肺停止（cardiopulmonary arrest：CPA）に陥った犬や猫の生存退院率は6～7％にすぎない。医療では，国際蘇生法連絡委員会（ILCOR, the International Liaison Committee on Resuscitation）が大規模な文献調査による科学的根拠に基づいて心肺蘇生（cardiopulmonary resuscitation：CPR）のガイドラインを策定し，医療従事者に徹底的な訓練を実施した結果，CPRの生存退院率は13.7～22.3％に改善された。獣医療では，2012年6月にVeterinary Emergency and Critical Care SocietyおよびAmerican College of Veterinary Emergency and Critical CareがILCORの手法に従って科学的根拠に基づいた犬猫のCPRガイドラインを公表した。このCPRガイドラインに従って獣医療従事者を徹底的に訓練することにより，犬猫のCPRの治療成績は改善すると期待される。
　CPRは，CPAの診断，一次救命処置（basic life support：BLS），および二次救命処置（advanced life support：ALS）で構成される（図8-1）。CPRによって心拍動再開（return of spontaneous circulation：ROSC）を得られた後には，呼吸状態および循環動態の至適化ならびに症例の神経学的状態に応じた神経保護治療などの心肺停止後（post-cardiopulmonary arrest：PCA）の管理に移行する。

1. 心肺停止（CPA）の診断と一次救命処置（BLS）

　CPAの診断は，A（Airway：気道）→B（Breathing：呼吸）→C（Circulation：循環）の順で実施する。虚脱した動物を発見した場合には，まず指で口を開く。抵抗なく口が開く場合，その動物には意識がない。次に，喉頭部を観察して気道の開存性を確認し，続いて自発呼吸の有無を確認する。自発呼吸がない場合には股動脈を触知して拍動の有無を確認する。CPAの診断を15秒以内に完了し，CPAと診断された場合やCPAが強く疑われる場合には直ちにBLSを開始する。
　BLSは，C（Circulation：循環）→A（Airway：気道）→B（Breathing：呼吸）の順で実施する。まず，胸部圧迫を開始して心拍出を発生させる（Circulation）。続いて，気管挿管して気道確保し（Airway），人工呼吸を開始する（Breathing）。BLSを開始したら，最初の2分間は中止せずに胸部圧迫と人工呼吸を継続する。この間に，心電図（ECG）と終末呼気二酸化炭素分圧（$PETCO_2$）のモニタリングを開始し，血管を確保する。

（1）胸部圧迫

　胸部圧迫には，胸壁越しに心臓を直接圧迫して血流を得る方法（心臓ポンプ理論）と胸壁を圧迫して胸腔内圧を上昇させて二次的に大動脈と虚脱した大静脈を圧迫して血流を得る方法（胸郭ポンプ理論）がある。中型，大型，および超大型犬の大多数では胸郭が円筒形であり，横臥位で胸部を広い範囲で圧迫する胸郭ポンプ理論によって最大の胸腔内圧上昇を得る（図8-2a）。胸郭が平坦な犬（例：グレイハウンドなど）では，横臥位で胸壁から心臓の上に手を当て心臓ポンプ理論で胸部を圧迫する（図8-2b）。樽型の胸郭を持つ犬種（例：イングリッシュ・ブルドッグなど）では仰臥位で胸骨を圧迫する（図8-2c）。

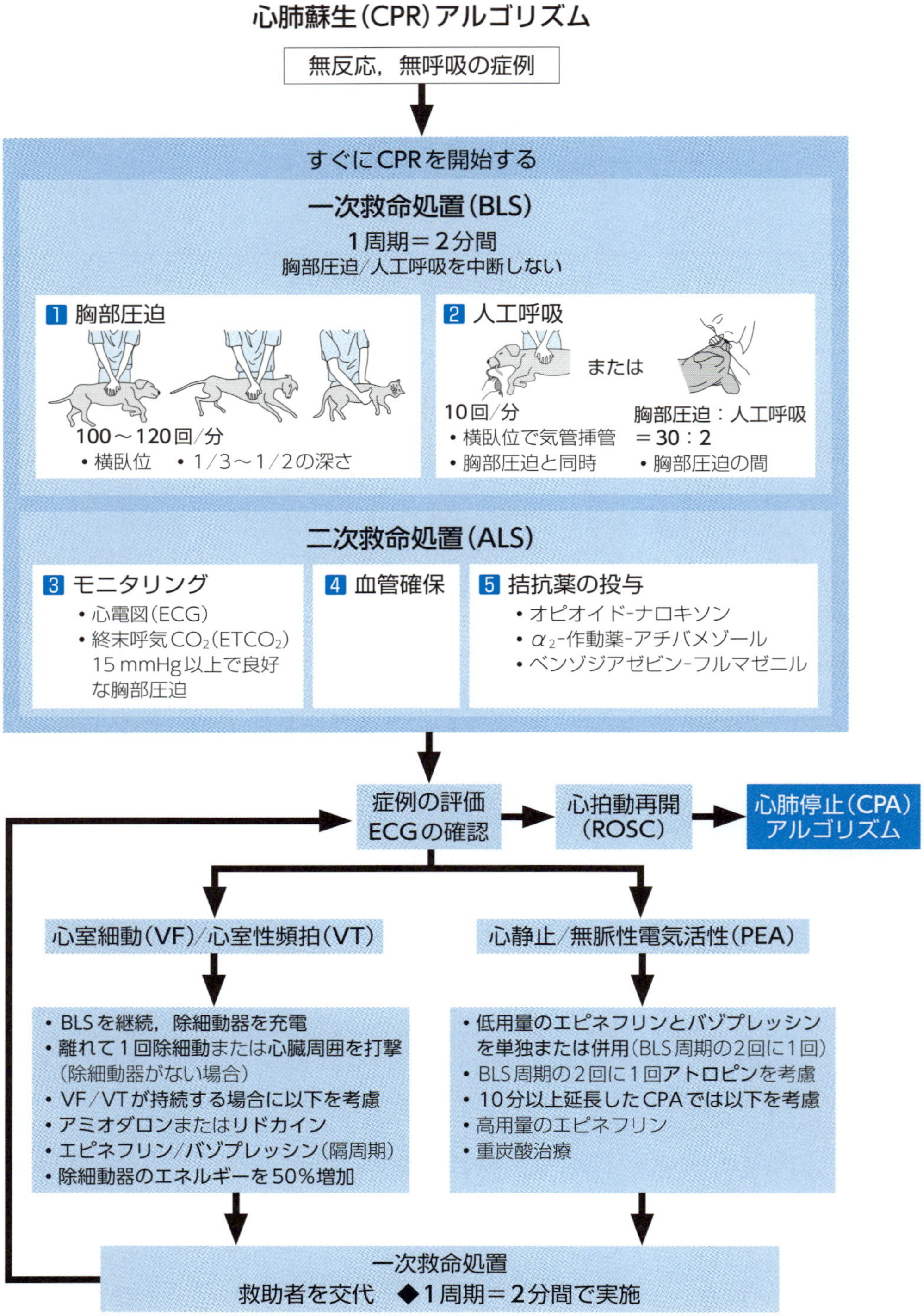

心肺蘇生(CPR)アルゴリズム

無反応，無呼吸の症例

すぐにCPRを開始する

一次救命処置(BLS)
1周期＝2分間
胸部圧迫/人工呼吸を中断しない

1 胸部圧迫
- 100〜120回/分
- 横臥位
- 1/3〜1/2の深さ

2 人工呼吸
- 10回/分
- 横臥位で気管挿管
- 胸部圧迫と同時
または
- 胸部圧迫：人工呼吸＝30：2
- 胸部圧迫の間

二次救命処置(ALS)

3 モニタリング
- 心電図(ECG)
- 終末呼気CO_2(ETCO$_2$) 15 mmHg以上で良好な胸部圧迫

4 血管確保

5 拮抗薬の投与
- オピオイド-ナロキソン
- α_2-作動薬-アチパメゾール
- ベンゾジアゼピン-フルマゼニル

↓

症例の評価 ECGの確認 → **心拍動再開(ROSC)** → **心肺停止(CPA)アルゴリズム**

↓

心室細動(VF)/心室性頻拍(VT)
- BLSを継続，除細動器を充電
- 離れて1回除細動または心臓周囲を打撃(除細動器がない場合)
- VF/VTが持続する場合に以下を考慮
- アミオダロンまたはリドカイン
- エピネフリン/バゾプレッシン(隔周期)
- 除細動器のエネルギーを50%増加

心静止/無脈性電気活性(PEA)
- 低用量のエピネフリンとバゾプレッシンを単独または併用(BLS周期の2回に1回)
- BLS周期の2回に1回アトロピンを考慮
- 10分以上延長したCPAでは以下を考慮
- 高用量のエピネフリン
- 重炭酸治療

↓

一次救命処置
救助者を交代 ◆1周期＝2分間で実施

図8-1 犬猫の心肺蘇生(CPR)アルゴリズム

図は，Flecher, D. J., Boller, M., Brainard, B.M., et al. (2012): RECOVER evidence and knowledge gap analysis on veterinary CPR. Part 7: Clinical guidelines. J. Vet. Emerg. Crit. Care 22(S1): S102–S131. より改変引用

猫や小型犬では，横臥位で胸骨周囲より心臓を片手で覆って胸部圧迫を実施するか（片手法，図8-2d），両手で胸部圧迫する（両手法，図8-2e）。犬猫の胸部圧迫では，100〜120回/分の頻度で胸郭幅の1/3〜1/2の深さまで圧迫し，胸部圧迫と次の胸部圧迫の間には弾性反跳によって胸壁を完全に再拡張させる。緊張性気胸や心膜滲出などの胸腔内疾患を持つ症例では，開胸CPRを考慮する。

(2) 人工呼吸

複数の救助者と器材が確保されている状況であれば，胸部圧迫しながら敏速に気管チューブを気管挿管し，換気回数10回/分，1回換気量10 mL/kg，および吸気時間1秒間で人工呼吸を実施する。救助者が一人しかいない場合には，救助者が動物の口をしっかりと閉鎖し，自分の口で動物の鼻を塞いで鼻孔に息を吹き込む（口-鼻人工呼吸，図8-2f）。この場合，胸部圧迫（100〜120回/分）を30回実施した後に敏速に2回の口-鼻人工呼吸を実施することを繰り返す。

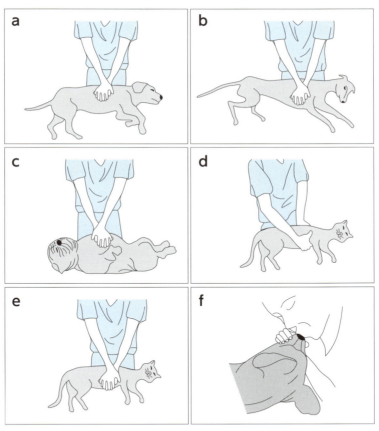

図8-2 胸部圧迫と口-鼻人工呼吸

中型，大型，および超大型犬の大多数では胸郭が円筒形であり，胸部を広い範囲で圧迫する（a）。これに対して，胸郭が平坦な犬では胸壁から心臓を圧迫する（b）。樽型の胸郭を持つ犬種では，仰臥位で胸骨を圧迫する（c）。猫や小型犬では，片手法（d）または両手法（e）で胸壁より心臓を圧迫する。救助者が一人しかいない場合には，口-鼻人工呼吸を適用する（f）。図は，Flecher, D. J., Boller, M., Brainard, B.M., et al. (2012): RECOVER evidence and knowledge gap analysis on veterinary CPR. Part 7: Clinical guidelines. J. Vet. Emerg. Crit. Care 22(S1): S102-S131. より改変引用

(3) CPR周期

BLSでは，胸部圧迫と人工呼吸を2分間中断せずに実施する．胸部圧迫担当者の疲労による胸部圧迫の効果減少を回避するために，救助者を複数確保できる場合には2分間周期で胸部圧迫担当者を交代させる．

(4) モニタリング

CPRではECGとPETCO$_2$測定が有用である．ECGは心調律の診断に不可欠である．PETCO$_2$は，CPRの効果およびROSCの指標として利用できる．CPRが効果的に実施されていればPETCO$_2$ 15 mmHg以上となり，ROSCが達成されるとPETCO$_2$が突然急上昇する．

2. 二次救命処置（ALS）

ALSはROSCを達成するまでの蘇生治療であり，昇圧治療と副交感神経遮断治療および除細動が含まれる（図8-1）．まず，CPR周期で胸部圧迫の担当者が交代する際に短時間（5秒以内）で心調律を評価する．ECGで心静止／無脈性電気活性（PEA）または心室細動（VF）／無拍動性心室性頻拍（VT）を認めた場合には，BLSを継続しながら以下に示すALSを開始する．これら以外の不整脈ではROSCを確認し，無呼吸の場合は調節呼吸を継続して呼吸循環状態の安定化を図る．ALSでは，緊急薬投与量早見表（表8-1）を利用して迅速に対応する．

(1) 心静止／PEAの場合

胸部圧迫では正常の30％程度の心拍出量しか得られない．したがって，心臓の冠循環を得るためには強力に冠血管を収縮させて灌流圧を発生させる必要がある（昇圧治療）．まず，低用量エピネフリン（0.01 mg/kg 静脈内〈IV〉または骨内投与〈IO〉）あるいはバゾプレッシン（0.8単位/kg IVまたはIO）を単独または併用投与する．アトロピン（0.04 mg/kg IVまたはIO）を併用しても良い（副交感神経遮断治療）．ROSCが得られるまで，BLSを継続しながら3～5分毎（CPR周期×2）に薬物投与を繰り返す．

表8-1 犬猫の二次救命処置（ALS）における緊急薬投与量早見表

	薬物	投与量	体重(kg) 2.5 mL	5 mL	10 mL	15 mL	20 mL	25 mL	30 mL	35 mL	40 mL	45 mL	50 mL
心停止	低用量エピネフリン（1 mg/mL）一次救命処置 2周期に1回×3	0.01 mg/kg	0.03	0.05	0.1	0.15	0.2	0.25	0.3	0.35	0.4	0.45	0.5
	高用量エピネフリン（1 mg/mL）	0.1 mg/kg	0.25	0.5	1.0	1.5	2.0	2.5	3.0	3.5	4.0	4.5	5.0
	バゾプレッシン（20 U/mL）	0.8 U/kg	0.1	0.2	0.4	0.6	0.8	1.0	1.2	1.4	1.6	1.8	2.0
	アトロピン（0.5 mg/mL）	0.04 mg/kg	0.2	0.4	0.8	1.2	1.6	2.0	2.4	2.8	3.2	3.6	4.0
不整脈	アミオダロン（50 mg/mL）	5 mg/kg	0.25	0.5	1.0	1.5	2.0	2.5	3.0	3.5	4.0	4.5	5.0
	リドカイン（20 mg/mL）	2 mg/kg	0.25	0.5	1.0	1.5	2.0	2.5	3.0	3.5	4.0	4.5	5.0
拮抗薬	ナロキソン（0.2 mg/mL）	0.04 mg/kg	0.5	1.0	2.0	3.0	4.0	5.0	6.0	7.0	8.0	9.0	10
	フルマゼニル（0.1 mg/mL）	0.01 mg/kg	0.25	0.5	1.0	1.5	2.0	2.5	3.0	3.5	4.0	4.5	5.0
	アチパメゾール（5 mg/mL）	100 μg/kg	0.05	0.1	0.2	0.3	0.4	0.5	0.6	0.7	0.8	0.9	1.0
除細動	胸腔外除細動(J)一相性	4～6 J/kg	10	20	40	60	80	100	120	140	160	180	200
	胸腔内除細動(J)一相性	0.5～1 J/kg	2	3	5	8	10	15	15	20	20	20	25

表は，Flecher, D. J., Boller, M., Brainard, B.M., et al. (2012): RECOVER evidence and knowledge gap analysis on veterinary CPR. Part 7: Clinical guidelines. J. Vet. Emerg. Crit. Care 22(S1): S102-S131. より改変引用

CPRを10〜15分以上継続してもROSCを得られない場合には，高用量エピネフリン（0.1 mg/kg IVまたはIO）と重炭酸ナトリウム（1.0 mEq/kg IV）の投与を考慮する。IVまたはIO投与が困難な場合には，IV投与量の2倍の薬物を生理食塩水や滅菌水で2倍希釈し，気管チューブ内に挿入した栄養カテーテル等を用いて気管分岐部を越えた気管内に投与する（IT投与）。エピネフリン，バゾプレッシン，およびアトロピンはIT投与できるが，重炭酸ナトリウムはできない。

(2) VF/無拍動性VTの場合

VFや無拍動性VTは心室筋細胞群の異常収縮であり，直ちに電気的除細動によって心筋細胞群を脱分極させて洞性調律の回復または心静止を得る。経胸壁電気的除細動（4 J/kg）では，心室を通過する電流を最大にするため仰臥位で左右胸壁から心臓を挟むように2つのパドルを配置する。最初の除細動に失敗した場合には，エネルギーを50%増加して（6 J/kg）再度除細動を実施する。その際，CPA発生からの経過時間が4分以内であれば，直ちに除細動を繰り返す。そうでない場合はBLSを2分間実施した後に除細動する。電気的除細動に反応しない場合には，アミオダロン（2.5〜5 mg/kg IV/IO）またはリドカイン（2 mg/kg ゆっくりとIV/IO）の投与を考慮する。電気的除細動によって心静止を得た場合には，心静止/PEAと同様のALSを開始する。

(3) モニタリング

CPRでは，心調律の診断にECGが不可欠であり，BLSの効果およびROSCの指標としてPETCO$_2$を利用できる。BLSが効果的であればPETCO$_2$15 mmHg以上となり，ROSCが達成されるとPETCO$_2$が突然急上昇する。

(4) その他の治療

オピオイド，ベンゾジアゼピン，α_2-アドレナリン受容体作動薬が投与されている場合には，その拮抗薬を投与する。血清電解質異常が明確であれば治療を考慮する。CPRにおける副腎皮質ホルモン投与は推奨されない。高濃度の酸素吸入では大量の活性酸素が発生して組織損傷を増悪する可能性があるが，低酸素血症はよりリスクが高いことから，CPRでは吸入酸素濃度100%（FiO$_2$ 1.0）を用いても良い。CPR中の静脈内輸液は中心静脈圧を上昇させて冠循環と脳循環を妨げることから，循環血液量が正常または過剰な動物のCPRでは必要ない。

3. 心肺停止後の管理（PCA管理）

虚血と再灌流，低酸素性脳損傷，蘇生後心筋機能不全，および継続する病的状態に対する全身反応によって，個々の症例に必要なPAC管理の内容が決まる。PCA管理の初期には，CPAの原因を特定して修正するとともに，換気，酸素化，および組織灌流を確実に至適化することによって心停止の再発を防止することに重点を置く（図8-3）。換気の至適化では，動脈血二酸化炭素分圧（PaCO$_2$）を正常範囲（犬でPaCO$_2$ 32〜43 mmHg，猫でPaCO$_2$ 26〜36 mmHg）に保つことが求められ，人工呼吸が必要となる場合もある。ROSC後早期には，動脈血酸素飽和度（SaO$_2$）や経皮的酸素飽和度（SpO$_2$）を94〜98%または動脈血酸素分圧（PaO$_2$）を80〜100 mmHgに維持することを目標として再酸素化し，低酸素血症と高酸素血症を避ける。ROSC後の循環動態の至適化では，静脈内輸液，昇圧剤，強心剤，および血液製剤の投与などによって，平均動脈血圧（MABP）を80 mmHg以上，中心静脈血酸素飽和度（ScvO$_2$）を70%以上，および血中乳酸値を2.5 mmol/L未満に維持する。ROSC後に昏睡状態の症例では，人工呼吸と高度な集中治療を実施できる体制であれば，軽度低体温療法（MHT；深部体温32〜34℃）を24〜48時間継続することが推奨される。追加の神経保護療法には，偶発的に生じた軽度低体温の放置，ゆるやかな復温（0.25〜0.5℃/時間），浸透圧治療，および全身痙攣発作の予防がある。危篤状態の症例のPCA管理は，救命救急対応のできる二次診療施設に委託すべきである。

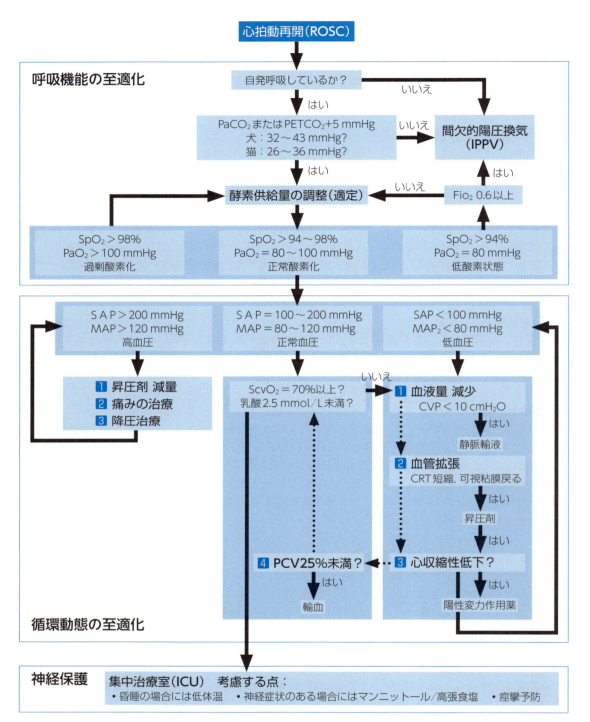

図8-3 心拍動再開後の呼吸機能と循環機能の至適化

$PaCO_2$：動脈血二酸化炭素分圧，$PETCO_2$：終末呼気二酸化炭素分圧，FiO_2 0.6以上：吸入酸素濃度60％以上，SpO_2：経皮的酸素飽和度，PaO_2：動脈血酸素分圧，SAP：収縮期血圧，MAP：平均血圧，$ScvO_2$：中心静脈血の酸素飽和度，CVP：中心静脈圧，PCV：血中赤血球容積（＝ヘマトクリット値），CRT：毛細血管再充満時間，ICU：集中治療室。図は，Flecher, D. J., Boller, M., Brainard, B.M., et al. (2012): RECOVER evidence and knowledge gap analysis on veterinary CPR. Part 7: Clinical guidelines. J. Vet. Emerg. Crit. Care 22(S1): S102-S131. より改変引用

第9章 安楽死

一般目標：倫理的な安楽死法を正しく理解する。

到達目標：1）倫理的な安楽死法を説明できる。
2）安楽死の具体的な方法と適切な選択を説明できる。

1. 倫理的な安楽死法

　安楽死の決断は，動物が不治の疾患や制御不能の強い痛みに直面している際に下される。死とは，心拍，呼吸，および脳の活動を含むあらゆる生命機能の停止と定義される。安楽死とは，動物に痛み，ストレス，不安，懸念を与えずに無意識に死をもたらす行為であり，心肺停止と脳機能の喪失を導く方法で実施しなければなければならない。安楽死では，いかなる状況においても非人道的な方法や安楽死の実施者に危険性が及ぶ方法は容認されず，常に最小限の苦痛で人道的な死をもたらす方法を用いなければならない。したがって，安楽死を実施する際には，その動物の鎮静や物理的保定が必要になることがある。

(1) 容認できる安楽死法

　安楽死法は，疼痛，ストレス，不安，および懸念を伴わずに，意識消失および死をもたらす方法でなくてはならない。安楽死法は，意識消失に至るまでの時間が短時間であり，死に至る過程が一定で予想でき，実施者にとって安全な方法でなければならない。安楽死の実施者や傍観者の感情への影響を考慮すべきである。また，死後評価，検屍，および組織使用（例：食肉）など，安楽死後の目的を考慮して安楽死法を選択することも必要である。

　安楽死のための薬物を投与する前には，鎮静薬（例：α_2-作動薬）を投与して動物を鎮静することが推奨される。これによって，安楽死の審美性が改善され，興奮しやすい動物や攻撃的な動物では実施者の安全性も向上する。とくに，大動物の安楽死では，通常の全身麻酔と同様に鎮静薬で麻酔前投薬した後に注射麻酔薬の静脈内投与（IV）で速やかに麻酔導入し，全身麻酔下で安楽死に用いる薬物（例：ペントバルビタール）を投与すべきである。

(2) 容認されない薬物および方法

　覚醒状態の動物では，頭部への鈍性外傷や窒息，放血殺，急速凍結，空気塞栓，減圧，溺死，感電などは安楽死法として容認されない。また，安楽死に脱分極性および非脱分極性神経筋遮断薬（いわゆる筋弛緩薬），ストリキニーネ，塩化カリウム，硫酸マグネシウム，およびニコチンなどの薬物を単独で用いることは絶対に認められない。しかし，全身麻酔下の動物であれば，塩化カリウムまたは筋弛緩薬の投与を死に至らせる方法として用いることは許容される。

2. 安楽死の具体的な方法

　安楽死の方法は，動物種，動物の大きさと体重，性格や気性，使用できる保定方法，飼い主の趣向，社会の認識，実施者の経験，技術，熟練した人員の人数，危険性の度合い，安楽死する動物の頭数，薬物や器材の価格，および遺体の処理方法などを考慮して選択する。

　安楽死の方法にはガス法，化学的方法，および物理的方法（例：機械的方法，電気的方法）がある。安

楽死の方法は，①低酸素，②中枢神経系の直接的抑制（例：麻酔薬の過剰投与），③脳活動の物理的破壊および生命維持に必要な神経の破壊（例：頭部の銃射撃）といった3つのメカニズムのいずれかによって死をもたらす。飼育動物の安楽死に用いられる最も一般的な薬物は，ペントバルビタールナトリウム（150 mg/kg IV）である。

　大動物では，銃射撃や空気銃も安楽死に用いることができ，正しい方法で用いられた場合，脳組織の破壊と死が瞬時に導かれる。銃や空気銃を両眼の間に目掛けて頭蓋骨に直角になるように向けることで発射物が脊髄へ直接届くが，充分な訓練を積んだ熟練した者が行われなければならない。いずれの方法を用いた場合でも，意識喪失後に動物が筋肉活動（筋痙攣，末期呼吸）を現すことがあるが，反射によるものであり随意的な動きではない。とくに，脳活動の物理的破壊を引き起こす低酸素による安楽死法を用いた場合に頻繁に認められる。

3. 死の確認方法

　死の確定は，安楽死にとって最も重要なことである。死の確定では，心血管系機能，呼吸器機能，および中枢神経機能について，バイタルサインの停止を確認し，この確認作業を5～10分間繰り返すべきである。心血管機能では，触知可能な脈の喪失または胸壁拍動の喪失，心音の喪失，および可視粘膜色の色調の悪化を確認する。呼吸器機能では，5分以上の呼吸停止を確認する。中枢神経系機能では，眼反射（眼瞼，角膜）の喪失および光に対する瞳孔反射の喪失を確認する。また，心電図や脳波が利用できる場合には，心筋や脳の電気的活動の喪失を確認し，死を確定する。

索 引

【あ】

アーサーブロック 38
IT投与 157
アカシジア 15
アキネジー 15
悪性高熱 55, 71, 121
アザペロン 17, 29, 134, 145
亜酸化窒素 56
アセチルコリン 50
アセプロマジン 16, 25, 26, 28, 29, 91, 96, 120, 121, 135, 141, 144, 149, 150
アチパメゾール 21, 26, 29, 121, 134, 135, 141, 144, 154, 156
圧マノメーター 60, 61
アデノシン三リン酸(ATP) 85
アトロピン 75, 90, 117-119 135, 141, 144, 149, 156
アマンタジン 91, 96
アミオダロン 156, 157
アミド型局所麻酔薬 34
アラキドン酸 76
アルドステロン 84
α-アミノ-3-ヒドロキシ-5-メチル-4-イソオキサゾールプロピオン酸受容体 84
アルファキサロン 50, 68, 126, 127, 130, 136, 141, 142, 144
α_2-アドレナリン受容体作動薬 18
α_2-作動薬 18, 25-28, 91, 93, 129, 131, 135, 140, 144
α_2-受容体拮抗薬 19
アレンドロン酸 91
安楽死 149, 159

【い】

イオンチャネル内蔵型受容体 49, 50
イソフルラン 9, 50-52, 54, 55, 121, 126, 129, 131, 138, 142, 150
痛み
　――の増強 87
　――の伝達経路 84
　――の抑制系 86
　生理的な―― 84, 85
　病的な―― 84, 85
一次救命処置(BLS) 153, 154
一次知覚神経 84
異痛 86
1回換気量 106, 116
1回拍出量 117
一方弁 61
犬の慢性痛判定シート 93, 94
インカドロン酸 91
インターロイキン(IL)-6 83
インターロイキン(IL)-1 83

【う】

ウイーニング 116
ウィリアム・モートン 8
運動療法 92

【え】

ASA分類 99, 148
AB誘導 109, 139
エステル型局所麻酔薬 34
エスモロール 118, 119
エドロホニウム 72
NMDA受容体 50, 87
NMDA受容体拮抗薬 91, 93
NK_1受容体 87
N-メチル-d-アスパラギン酸(NMDA)受容体 24, 50, 85
エピネフリン 84, 118, 119, 156, 157
エピネフリン誘発性頻脈性不整脈 55
エフェドリン 117, 133
エンケファリン 87
塩酸プロカイン 9
エンドルフィン 87

【お】

オシロメトリック法 103, 108, 109
オトガイ神経ブロック 42
オピオイド 21, 28, 89, 93, 129, 130, 140, 144, 145, 147
オピオイド拮抗薬 24, 89
オピオイド作動-拮抗薬 89
オピオイド作動薬 22, 89
オピオイド部分的作動薬/作動-拮抗薬 23
オメプラゾール 78
温熱療法 92

索引

【か】

解離性麻酔 — 7
回路外気化器（VOC）— 58
回路内気化器（VIC）— 59
化学受容体引金帯（CTZ）— 15
拡散性低酸素症 — 56
拡散性無酸素症 — 54
下行性疼痛抑制系 — 87, 93
下歯槽神経ブロック — 43
カタレプシー — 68
ガバペンチン — 91, 96
カプノグラム — 106, 107
カプノメータ — 78, 103, 106, 112, 117, 132
カプノメトリー — 148
カルプロフェン — 77, 78, 95, 134, 141, 150
カルボキシヘモグロビン — 105
眼窩下神経ブロック — 41, 43
眼窩上神経ブロック — 41
眼球振盪 — 129, 132
観血的動脈血圧測定 — 109, 132
観血的血圧測定法 — 103, 108, 132
観血的動脈血圧 — 132
還元ヘモグロビン — 105
眼神経ブロック — 43
癌性疼痛 — 86, 93
γ-アミノ酪酸（GABA）— 50, 85
γ-アミノ酪酸$_A$（GABA$_A$）受容体 — 18
顔面神経麻痺 — 129
関連痛 — 86

【き】

気化器 — 58
気管挿管 — 78, 80, 128, 136-138, 141, 143, 144, 147, 149, 155
気管チューブ — 62, 63, 78, 128, 136, 141, 142, 145, 147, 155
キシラジン — 20, 25-27, 29, 91, 126, 130, 133-138, 141, 144-146, 150
揮発性吸入麻酔薬 — 144
逆L字ブロック — 36
逆V字ブロック — 40
GAVA$_A$受容体 — 50
吸気時間 — 116
吸気時間/呼気時間比 — 116
吸気弁 — 59, 61
急性相反応 — 83
急性耐性 — 65
急性痛 — 86, 93
吸入麻酔 — 10, 79, 129, 131, 137, 145, 147, 150, 151

吸入麻酔薬 — 50, 120, 149
胸郭ポンプ理論 — 153
胸部圧迫 — 153-155
局所麻酔法 — 9, 134
局所麻酔薬 — 31, 90, 93
筋弛緩薬 — 69
グアイフェネシン — 74, 121, 126, 127, 130, 132, 136-138
グアヤコールグリセリンエーテル（GGE）— 74

【く】

区域麻酔法 — 9, 35
ロ-鼻人工呼吸 — 155
グリコピロレート — 75, 141, 144, 149
グリシン — 50
グリシン受容体 — 50
グルタミン酸 — 50
クロルプロマジン — 17

【け】

ゲートコントロール説 — 87
経静脈局所麻酔（IVRA）— 9, 40, 45
軽度低体温療法 — 157
経皮的酸素飽和度（SpO$_2$）— 81, 105, 157, 158
外科（的）麻酔期 — 104, 139
外科麻酔 — 7
劇薬 — 10
ケタミン — 24, 50, 68, 77, 91, 93, 96, 121, 126, 129-132, 134, 136-138, 141, 142, 144-146, 149, 150
血液ガス分析 — 103, 105, 106, 132, 139
血液/ガス分配係数 — 51
血管確保 — 101, 102, 154
血管分布
　――が中等度の組織（MG）— 53, 65
　――が乏しい組織（VPG）— 53
　――が豊かな組織（VRG）— 53, 65
血漿浸透圧 — 116
血中乳酸値 — 157
ケトプロフェン — 77, 78, 134
ケンブリッジ法 — 37

【こ】

コーネル法 — 37
抗コリンエステラーゼ薬 — 72
抗コリン作動薬 — 74, 140, 144
膠質浸透圧 — 116
甲状腺刺激ホルモン（TSH）— 83, 84
向精神薬 — 12
高体温 — 121, 151

光電式容積脈波	105
喉頭鏡	62, 64, 136, 141
喉頭反射	143
高二酸化炭素血症	112
後負荷	117
後方硬膜外麻酔	42
硬膜外麻酔	9
抗利尿ホルモン(ADH)	83, 84
誤嚥性肺炎	134, 137
コキシブ系NSAIDs	77
呼気弁	59, 61
呼吸回路	59
呼吸性アシドーシス	112, 133
国際蘇生法連絡委員(ILCOR)	153
コルチゾル	84
コロイド液	116-118, 132, 140
コロイド溶液	111
昏睡	7

【さ】

再呼吸回路	59-61, 131
再呼吸バッグ	60, 61
最小肺胞濃度(MAC)	54, 104, 120, 131
サイトカイン	87
再分配	67
再分布	64, 65
催眠	7
先取り鎮痛	74, 91, 92, 102, 122, 140
サクシニルコリン	70, 121
サブスタンスP	85
酸素化ヘモグロビン	105
酸素フラッシュ弁	58

【し】

ジアゼパム	18, 27, 28, 91, 96, 121, 126, 128, 130, 135, 141, 144, 145, 149, 150
耳介眼瞼神経ブロック	41
時間設定式	113
時間設定式人工呼吸器	115
シクロオキシゲナーゼ(COX)	76, 89
脂質説	50
指定医薬品	10
自発呼吸	114-116
ジフェンヒドラミン	78
脂肪組織(FG)	53, 65
シメチジン	78
従圧式	113
従圧式人工呼吸器	115
収縮期血圧(SAP)	158
修飾	84, 86

重炭酸ナトリウム	157
集中治療	157
集中治療室(ICU)	158
終末呼気CO_2	154
終末呼気二酸化炭素分圧($PETCO_2$)	106, 117, 153
終末呼気麻酔ガス濃度	104
従量式	113
従量式人工呼吸器	115
術後疼痛	121
術後疼痛管理	121
術後の悪心嘔吐(PONV)	78
術前の全身状態の分類	101
術中鎮痛	79, 132
術中麻酔	80
腫瘍壊死因子(TNF)α	83, 84
上顎神経ブロック	43
笑気	50-52, 54, 56, 138, 150
晶質液	111, 116, 117, 129, 140
承認外使用	11
静脈内輸液	116, 117, 140
除細動	156, 157
心因性疼痛	88
侵害刺激	84
侵害受容器	84, 85
沈黙した――	86-88
侵害受容線維	84
神経因性疼痛	86
神経可塑性	87
神経筋遮断薬(NMBD)	69, 70, 72, 73
神経遮断鎮痛	7, 15
神経ペプチド	87
人工呼吸	154, 155
心室細動(VF)	154, 156, 157
心室性頻拍(VT)	154
浸潤麻酔	9, 35
心静止	154, 156
心臓ポンプ理論	153
人体用医薬品	10
心電図(ECG)	103, 109, 110, 112, 139, 148, 150, 153, 154, 156
心肺蘇生(CPR)	153, 154
心肺蘇生周期	156
心肺停止	153
心肺停止後(CPA)の管理	153, 157
心拍出量	108, 117
心拍数	98, 108, 117
心拍動再開(ROSC)	153, 154, 156-158
心不整脈	119

索引

【す】

水中トレッドミル運動	92
水中療法	92
スイングドア	78, 79, 126, 127
スガマデックス	72
スキサメトニウム	71
スタイレット	136, 141, 145, 147
スリーピングベビー	66

【せ】

生活の質（QOL）	95
精神安定	7
精巣内ブロック	41, 42, 46, 132, 143
成長ホルモン（GH）	83, 84
脊椎麻酔	9
セボフルラン	9, 50-52, 54, 55, 126, 129, 131, 138, 142, 144, 150
セロトニン	85, 87
線状ブロック	36
全静脈麻酔法（TIVA）	10, 64, 67, 68, 79, 129-132, 137, 138, 142, 147
全身血管抵抗	108
全身麻酔法	7, 10
浅速呼吸	106
前負荷	117

【そ】

ゾレドロン酸	91, 96

【た】

体温	98, 120
体温管理	118
体温調節機構	118
代謝型グルタミン酸受容体（mGluR）	85, 87
代謝調節型受容体	49
体性痛	86
大動物用麻酔器	131
タイトレーション投与	117, 118
蛇管	60, 61
脱分極性筋弛緩薬	70
ダントロレン	148
ダントロレンナトリウム	71
蛋白質説	50

【ち】

チアノーゼ	97, 105
チアミラール	50, 136
チアミラールナトリウム	67
チオペンタール	9, 50, 126, 127, 130, 136, 141, 144, 150
チオペンタールナトリウム	66
知覚過敏	86
注射麻酔薬	62, 149
中心静脈圧（CVP）	110, 111, 158
中心静脈血酸素飽和度	157, 158
中枢感作	87, 88
中枢作用性筋弛緩薬	127
中枢性筋弛緩薬	69, 73, 121
超音波ドップラー法	108, 109, 151
調節呼吸	113, 114, 116
鎮静	7, 15
鎮痛	7
鎮痛ラダー	93, 95

【つ】

痛覚過敏	86
角神経ブロック	39

【て】

低血圧	108, 117
低酸素血症	133
低体温	118, 144, 151
低体温麻酔法	10
適応外使用	11
適応性疼痛	84, 85
デキサメタゾン	78
デクスメデトミジン	21, 28, 29
デスフルラン	50-52, 54, 55, 150
テトラカイン	34
電位開口型チャネル	50
電気刺激	93
天井効果	90
伝達	84, 86

【と】

橈骨神経麻痺	129
投射	85, 86
導入	84, 86
倒馬	126
動物用医薬品	10
動脈血圧	108, 117
動脈血液ガス分析	100
動脈血酸素分圧（PaO_2）	100, 102, 157
動脈血酸素飽和度	157
動脈血二酸化炭素分圧（$PaCO_2$）	100, 106, 157
動脈血のHb酸素飽和度（SaO_2）	105, 106, 120, 157
毒薬	10
突出痛	86
ドパミン	50, 111, 117, 118, 144
ドブタミン	111, 117, 118, 132, 140, 144

【な】

トラマドール — 24, 90, 95, 141
トランキライザー — 91, 140, 144
トリプルドリップ法 — 129, 130, 132
ドロペリドール — 17, 29, 91, 96, 141
トロンボキサン(TX) — 76
トロンボキサン A_2(TXA_2) — 77

【な】

内因性オピオイド — 50, 85, 87, 93
内臓痛 — 86
ナフィールド方式 — 113
ナルコーシス — 113
ナロキソン — 24, 89, 90, 120, 144, 154, 156

【に】

ニコチン性アセチルコリン受容体 — 69
二酸化炭素吸収剤キャニスター — 59, 61
二次ガス効果 — 56
二次救命処置(ALS) — 153, 154, 156
二次知覚神経 — 84
ニューロキニン1(NK_1)受容体 — 85
Ⅱ誘導 — 109
乳頭浸潤ブロック — 40
認知 — 85, 86

【ね】

ネオスチグミン — 70, 72

【の】

ノルアドレナリン — 50
脳波(EEG) — 103, 104
ノルアドレナリン — 85
ノルエピネフリン — 84

【は】

肺胸郭コンプライアンス — 114, 115, 116
肺コンプライアンス — 114, 115
背側腰椎分節硬膜外麻酔 — 38
バイトブロック — 128
肺胞−静脈血麻酔薬分配の較差 — 52
肺胞相プラトー — 106, 107
バソプレッシン — 83, 156
発揚期 — 67, 74, 104
華岡青洲 — 8
パミドロン酸 — 91
バランス麻酔 — 7, 10, 80
鍼治療 — 93
鍼麻酔 — 10
パルスオキシメータ — 103, 105, 106, 112, 148, 151
バルビツレート — 64

【ひ】

ハロタン — 9, 50-52, 54, 150
ハンギングドロップ法 — 38, 42
パンクロニウム — 70, 71
半閉鎖回路 — 61
Bierブロック — 40, 45

【ひ】

尾椎硬膜外麻酔 — 38
非再呼吸回路 — 59, 60, 150
非侵襲的血圧測定 — 108
非侵襲的動脈血圧測定 — 109
ヒスタミン — 76, 87
非ステロイド系抗炎症薬(NSAIDs) — 76, 77, 89, 121, 133
ビスホスホネート — 91
非脱分極性筋弛緩薬 — 71
尾椎硬膜外麻酔 — 42
非麻薬性オピオイド鎮痛薬 — 23
非麻薬性鎮痛薬 — 89, 90
表面麻酔 — 9, 35
ピンインデックス方式 — 57, 58

【ふ】

ファモチジン — 78
フィロコキシブ — 77, 78, 95
フェニレフリン — 117
フェノチアジン — 15, 25, 26, 28, 29, 149
フェンタニル — 23, 28, 89, 95, 121, 141, 142, 144, 145
フェンタニルパッチ — 89, 90, 95
腹腔内ブロック — 46
副腎皮質刺激ホルモン(ACTH) — 83, 84
副腎皮質刺激ホルモン放出因子(CRF) — 83
不整脈 — 118
ブチロフェノン — 15
不適応性疼痛 — 84, 85
ブトルファノール — 24, 28, 29, 89, 90, 95, 131, 132, 141, 142, 144, 146, 150
ブピバカイン — 35, 90, 96
ブプレノルフィン — 23, 28, 29, 89, 90, 95, 141, 144, 146, 150
部分的作動薬 — 89
ブラジキニン — 76, 87
プリロカイン — 34
フルニキシン — 77, 78, 133, 134, 140
フルマゼニル — 18, 27, 121, 144, 154, 156
プレシスモグラフ — 105, 106
プロカイン — 34
プロスタグランジン(PG) — 76, 85, 87, 89
プロスタサイクリン(PGI_2) — 77

索引

プロポフォール ─── 50, 67, 120, 126, 127, 130, 131,
　　　　　　　　 136, 141, 142, 144, 146 150
分時換気量 ──────────────── 106, 116

【へ】

β_1-アドレナリン受容体 ─────────── 117
平均血圧（MAP） ──────────── 107, 158
平均動脈血圧（MABP） ────────── 98, 157
閉鎖回路 ─────────────────── 61, 131
ペインスケール ────────────── 93, 122, 123
ベクロニウム ───────────────────── 71
ヘモグロビン（Hb） ───────────── 97, 102, 105
ヘモグロビン−酸素解離曲線 ──────── 105, 120
ベローズ ─────────────────────── 113
ベンゾカイン ───────────────────── 34
ベンゾジアゼピン ─────────────────── 149
ベンゾジアゼピン化合物 ─── 18, 27, 28, 73, 128, 135
ペントバルビタール ────────── 135, 149, 159, 160
ペントバルビタールナトリウム ─────────── 67

【ほ】

補助呼吸 ─────────────────────── 113
ボックス導入 ────────────────── 78, 79, 144
ポップオフ弁 ──────────────────── 59, 61
ボディ・コンディション・スコア ───────── 97, 98

【ま】

麻酔 ────────────────────────── 7
　犬の── ─────────────────────── 140
　馬の── ─────────────────────── 125
　実験動物の── ──────────────────── 148
　猫の── ─────────────────────── 144
　反芻動物の── ──────────────────── 134
　豚の── ─────────────────────── 145
麻酔維持 ─────── 79, 129, 137, 142, 145, 147, 149
麻酔回復 ────────── 80, 112, 133, 140, 148, 151
麻酔回復期 ────────────────────── 143
麻酔係 ──────────────────────── 112
麻酔関連偶発死亡例 ────────────────── 125
麻酔器 ──────────────────────── 57
麻酔ステージ ───────────────────── 103
麻酔前投薬 ───────────────── 74, 140, 144, 149
麻酔導入 ─────── 78, 104, 136, 141, 144, 146, 149
麻酔モニタリング ─────────── 102, 132, 139, 147, 150
麻酔モニタリング指針 ──────────────── 112
麻酔用人工呼吸器 ────────────────── 113
マスク ──────────────────────── 62
マスク導入 ───────────────────── 78, 79
MAC減少効果 ───────────────────── 54
マッサージ ────────────────────── 92

末梢感作 ─────────────────── 87, 88
末梢神経ブロック ────────────────── 9
マバコキシブ ───────────────────── 77
麻薬 ────────────────────── 11, 89
麻薬管理者 ───────────────────── 11
麻薬性オピオイド ────────────────── 93
麻薬性オピオイド鎮痛薬 ─────────────── 22
麻薬施用者免許 ───────────────────── 11
マルチモーダル鎮痛 ──────── 74, 80, 91, 93, 102,
　　　　　　　　　　　　　　 122, 132, 140
マロピタント ───────────────────── 78
慢性痛 ────────────────────── 86, 93

【み】

ミダゾラム ───── 18, 27-29, 91, 96, 121, 126, 128,
　　　　　　　130, 135, 141, 144-146, 149, 150
脈圧 ────────────────────────── 110
ミラー型喉頭鏡 ──────────────────── 147

【む】

ムスカリン受容体 ───────────────── 117
ムスカリン性アセチルコリン受容体 ────────── 70
無拍動性心室性頻拍 ─────────────── 156, 157
無脈性電気活性（PEA） ──────────────── 154

【め】

MeyerとOvertonの脂質説 ─────────── 50, 51
メデトミジン ─── 20, 25-29, 91, 96, 126, 130-136,
　　　　　　　　　　　 141, 144, 146, 149, 150
メトクロプラミド ────────────────── 78
メトヘモグロビン ───────────────── 105
メピバカイン ───────────────────── 35
メロキシカム ─── 77, 78, 95, 134, 140, 141, 144, 150

【も】

毛細血管再充填時間（CRT） ─────── 97, 110, 158
モニタリング
　換気の── ─────────────────── 105, 112
　筋弛緩の── ───────────────── 72, 112
　五感を用いた── ────────────────── 112
　酸素化の── ─────────────────── 105, 112
　循環の── ─────────────────── 107, 112
　体温の── ─────────────────── 111, 112
　麻酔深度の── ────────────────── 103
モルヒネ ─────────── 22, 28, 89, 95, 121, 132,
　　　　　　　　　　　　　 141, 144, 147, 150

【よ】

陽圧換気 ──────────────── 114, 115, 133
要指示薬 ─────────────────────── 10

腰仙椎硬膜外麻酔	45, 47, 143
腰椎側神経ブロック	36
余剰ガス排気装置	61
四連刺激(TOF)	73

【ら】

ラニチジン	78
ラリンジアルマスク	62, 63, 78, 149

【り】

理学療法	92
リガンド開口型受容体	49
リドカイン	34, 90, 96, 118, 119, 129, 131, 132, 143, 156
リハビリテーション	92
流量計	57
リングブロック	40, 44

【れ】

レニン	84
レミフェンタニル	23, 89, 142

【ろ】

ロイコトリエン(LT)	76
ロクロニウム	72
肋間神経ブロック	46
ロピバカイン	35, 90, 96
ロベナコキシブ	77, 78, 95, 141, 144

【わ】

Yピース	60, 61
ワインドアップ	87
枠場保定	134, 135
腕神経叢ブロック	44, 143

【欧文】

acupunctual anesthesia	10
adrenocorticotropic hormone(ACTH)	83, 84
advanced life support(ALS)	153, 154, 157
American Society of Anesthesiologists(ASA)	99, 148
analgesia	7
antidiuretic hormone(ADH)	83, 84
balanced anesthesia	7, 10
Base Excess	100
basic life support(BLS)	153, 154
bispectral index	104
breakthrough pain	86
cardiopulmonary arrest(CPA)	153, 157
cardiopulmonary resuscitation(CPR)	153, 154
chemo receptor trigger zone(CTZ)	15
context sensitive half-time	23
corticotropic-releasing factor(CRF)	83, 84
dissociative anesthesia	7
electroencephalogram(EEG)	103, 104
epidural anesthesia	9
growth hormone(GH)	83, 84
HCO_3^-	100
hypnosis	7
hypothermic anesthesia	10
infiltration anesthesia	9
inhalation anesthesia	10
intravenous analgesic adjuncts(IVAA)	132, 142
intravenous regional anesthesia(IVRA)	9, 40, 45
minimum alveolar concentration(MAC)	54, 104, 120, 132
narcosis	7
neuroleptanalgesia(NLA)	7, 15
neuroplasticity	87
peripheral nerve block	9
pHa	100
post-cardiopulmonary arrest(PCA)	153, 157
postoperative nausea and vomiting(PONV)	78
quality of life(QOL)	95
return of spontaneous circulation(ROSC)	153, 154, 156-158
sedation	7
spinal anesthesia	9
surgical anesthesia	7
the International Liaison Committee on Resuscitation(ILCOR)	153
thyroid stimulating hormone(TSH)	83, 84
TNFα	83, 84
topical anesthesia	9
total intravenous anesthesia(TIVA)	10, 64, 67, 68, 79, 129-132, 137, 138, 142, 147
train of four(TOF)	73
tranquilization	7

■著者略歴

山下和人（やました かずと）

酪農学園大学獣医学群獣医学類伴侶動物医療学分野
酪農学園大学附属動物医療センター麻酔科/集中治療科

1987年	鳥取大学農学部獣医学科卒業
1989年	同大学院農学研究科修士課程修了
1992年	北海道大学大学院獣医学研究科博士課程単位取得退学
1994年	獣医学博士（北海道大学）
1995年	酪農学園大学酪農学部（現獣医学群）獣医学科獣医外科学教室講師
2002年	同助教授
2004年	酪農学園大学獣医学部獣医学科伴侶動物医療部門准教授
2007年	酪農学園大学獣医学群獣医学類伴侶動物医療学分野教授（獣医麻酔学）
2015〜2016年	酪農学園大学附属動物医療センター センター長
2017年	酪農学園大学獣医学群獣医学類 学類長
	（現在に至る）

獣医学教育モデル・コア・カリキュラム準拠

獣医臨床麻酔学
（じゅういりんしょうますいがく）

定価（本体3,000円＋税）

2017年 4月 7 日　第1刷発行
2019年 4月15日　第2刷発行
2023年 2月27日　第3刷発行

編　集　日本獣医麻酔外科学会
著　者　山下和人
発行者　山口勝士
発行所　株式会社 学窓社
　　　　〒113-0024　東京都文京区西片2-16-28
　　　　TEL：03（3818）8701
　　　　FAX：03（3818）8704
　　　　http://www.gakusosha.com
印　刷　株式会社シナノパブリッシングプレス

ISBN 978-4-87362-755-7

落丁本・乱丁本は購入店名を明記の上，学窓社営業部宛へお送りください。

本書の複写にかかる複製，上映，公衆送信（送信可能化を含む）の各権利
は株式会社学窓社が管理の委託を受けております。

JCOPY 〈出版者著作権管理機構　委託出版物〉

本書(誌)の無断複製は著作権法上での例外を除き禁じられています。
複製される場合は，そのつど事前に，出版者著作権管理機構
（電話03-5244-5088，FAX03-5244-5089，e-mail：info@jcopy.or.jp）
の許諾を得てください。